# 全球气象发展报告

**2023**

中国气象局气象发展与规划院　编著

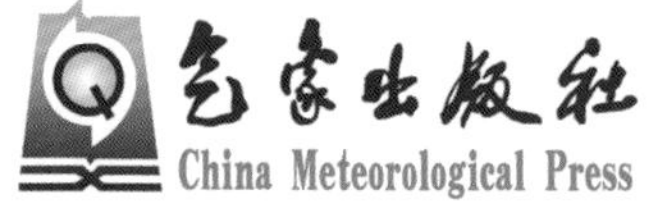

图书在版编目（CIP）数据

全球气象发展报告. 2023 / 中国气象局气象发展与规划院编著. -- 北京 : 气象出版社, 2023.12
ISBN 978-7-5029-8132-7

Ⅰ. ①全… Ⅱ. ①中… Ⅲ. ①气象－工作－研究报告－世界－2023 Ⅳ. ①P4

中国国家版本馆CIP数据核字(2024)第004760号

**全球气象发展报告2023**
Quanqiu Qixiang Fazhan Baogao 2023

出版发行：气象出版社
地　　址：北京市海淀区中关村南大街46号　　邮政编码：100081
电　　话：010-68407112（总编室）　010-68408042（发行部）
网　　址：http://www.qxcbs.com　　E-mail：qxcbs@cma.gov.cn
责任编辑：宿晓凤　　终　　审：张　斌
责任校对：张硕杰　　责任技编：赵相宁
封面设计：艺点设计
印　　刷：北京地大彩印有限公司
开　　本：710mm×1000mm 1/16　　印　　张：18
字　　数：260千字
版　　次：2023年12月第1版　　印　　次：2023年12月第1次印刷
定　　价：150.00元

# 《全球气象发展报告 2023》编委会



---

① Yinka R. Adebayo 博士：WMO 教育培训办公室主任兼会员服务与发展司副司长。

# 序 言

在人类发展的历史活动中，很早就有了对天气现象的观察认知和文字记录，尤其是文艺复兴和工业革命的推动，使气象真正成为了一门科学。20 世纪以来，随着大气科学基础理论的不断突破以及全球气候变化的影响，全球气象发展日益成为世界各国共同关注的话题。

1950 年至今是世界气象组织（WMO）快速发展的时期，也是全球气象发展的井喷期。截至目前，在世界气象组织全球综合观测系统中，地基气象观测系统（包括地面自动站、人工站和各类船舶观测等）每隔 6 小时开展 24 万次以上观测；世界气象组织推动在全球范围内建立了 22 类 137 个专门气象中心来支持、强化国家气象和水文部门的预报及服务能力，高准确度天气预报的时效从 20 世纪 50 年代的 1 天发展到今天的 10 天左右；各国气象服务已经融入社会经济的各个行业和领域，如全球 84% 的气象部门提供农业和粮食安全服务，82% 的气象部门提供水资源相关服务，79% 的气象部门提供能源服务等。这些仅是众多案例中的一角，各国在推动气象科技、观测、预报、服务以及气象治理等方面均取得显著进展。

中国自 1972 年恢复在世界气象组织合法席位以来，已逐渐成为全球气象发展的重要贡献者，特别是中国的优秀气象理念和经验不断传播到世界。此外，中国还以实际行动积极帮助发展中国家以及最不发达国家发展气象事业，例如中国向非洲国家捐助的合作项目，在世界气象组织都是里程碑式的。世界气象组织秘书长塔拉斯先生曾多次赞赏近年来中国气象事业发展的成就。他表示，50 多年来，中国作为世界气象组织重要成员，在维护和不断升级世界气象组织全球业务系统、应对全球气候变化、防御极端自然灾害、国际气象合作及援助等方面成绩显著。中国日益成为全球气象能力的建设者和全球气象发展的贡献者，并将在气象国际合作中发挥更加重要的积极作用。

2022 年，中华人民共和国国务院印发《气象高质量发展纲要（2022—2035 年）》，对中国气象提升国际竞争力和国际影响力提出明确要求。而改革开放以来中国气象科技的加速发展，也需要我们持续瞄准国际领先水平、全面推动气象现代化建设。与此同时，对于世界气象组织来说，作为联合国系统关于天气、气候和水文方面的权威机构，在天气、气候、水文和相关环境服务方面的国际合作中提供领导作用和专业知识时，非常需要系统、全面地了解全球气象发展，也非常关注和支持开展相关研究。鉴于此，系统开展全球气象发展相关研究对于推进中国气象监测、预报和服务水平达到全球领先水平,促进气象国际合作等方面具有重要意义。作为中国气象智库，中国气象局气象发展与规划院主动担当，组织编研了《全球气象发展报告》。本书基于大量翔实的数据和资料，系统梳理了重要国际组织和部分国家气象核心业务领域主要进展与未来发展方向，客观分析了全球气象观测、预报、服务、科技创新和管理等领域的发展现状与发展态势，并对全球气象核心业务能力发展水平进行了国际对比研究。本报告有助于中国气象工作者、支持者和关注者全面了解当今全球气象发展状况，也让更多关注中国气象发展的国际组织、专家学者及时了解中国气象发展状况，值得充分肯定。

2023 年恰逢国际气象组织（IMO，世界气象组织前身）成立 150 周年，本书作为国内外第一部全面阐述全球气象发展情况的著作，可以说具有划时代的历史意义。虽然国内外并不缺乏全球气象发展相关研究成果，但从全面系统介绍全球气象发展情况来看，本书弥补了相关领域综合性研究成果的空白，很高兴这一力作能够出版。期望发展规划院的研究人员能够持续关注全球气象发展动态，在今后的编研中进一步丰富和发展，使这一重要研究成果日臻完善；也衷心希望此成果为推进气象国际合作，为全球气象发展贡献更多中国方案、中国智慧可以发挥更大作用。

联合国世界气象组织助理秘书长

张文建

2023 年 10 月

# 前 言

《气象高质量发展纲要（2022—2035 年）》提出“到 2035 年，气象监测、预报和服务水平全球领先，国际竞争力和国际影响力显著提升”。2023 年初，中国气象局印发《气象国际合作高质量发展行动计划（2023—2025 年）》，对加强国际气象合作战略政策、国别、全球重大气象问题等研究作出一系列重要部署。在此背景下，全面了解把握全球气象发展动态与趋势，无论是对立足全球视野，支撑中国气象事业发展科学决策，还是对提升气象工作社会影响力，都具有重要意义。

为此，作为中国气象智库建设主阵地，中国气象局气象发展与规划院成立国际气象发展研究团队，编研《全球气象发展报告》，旨在密切跟踪全球主要国家和国际组织气象发展动态，系统分析全球气象发展重点、热点与发展水平，探索研判全球气象发展趋势，力图为政府决策者和气象从业人员全面了解和把握全球气象发展状况、客观认知我国气象事业发展的全球定位提供参考，同时提升全社会对气象发展的关注度和认可度，助力我国气象事业高质量发展。

《全球气象发展报告（2023）》（以下简称《报告》）是在过去出版 8 部《领略·中国气象发展报告》的基础上另开生面，系统呈现全球气象发展动态与趋势的第一部读本。《报告》以习近平新时代中国特色社会主义思想为根本遵循，以支撑气象事业高质量发展为主要目标，编研过程中确立了三项基本原则：一是开放性原则，注重拓展研究对象与研究内容的广度和宽度，为政府决策者、气象从业人员、社会公众呈现全球气象发展动态和发展态势；

二是前沿性原则，注重采用全球主要国家和国际组织最新公开的数据资料，突出 2021 年度、2022 年度气象发展热点和重点，反映全球气象发展最新进展；三是客观性原则，注重以官方机构公开、客观的统计数据和文献资料为基础，系统呈现和客观分析全球气象发展情况。

《报告》共有四篇十三章。综述篇主要呈现全球气象观测、预报、服务、科技创新和管理等重大领域主要进展、国际对比情况及未来发展趋势。国际组织篇基于世界气象组织、地球观测组织、欧洲中期天气预报中心、欧洲航天局等主要国际组织的重要会议文件、公开出版物及官方网站信息等，梳理和呈现其气象相关活动和主要进展。国别篇基于中国、美国、英国、法国、德国、加拿大、澳大利亚、日本、韩国等国家气象机构年度报告、战略规划、官方网站信息，以及世界气象组织相关国别资料，重点对上述国家气象核心业务领域主要进展、未来发展方向进行分析，其中中国的相关资料尚未包括香港、澳门特别行政区和台湾省。专题篇聚焦读者共同关注的前沿热点及重点问题，以中国气象局气象发展与规划院《领略资讯》相关内容及其他国际气象相关研究成果为基础，着重反映和呈现 2021 年、2022 年重点、热点领域气象发展。此外，附录部分整理呈现了重要国际气象活动和会议等情况。需要说明的是，全书主要聚焦全球部分主要国家和国际组织的重要进展，由于各国财年划分差异及资料更新情况的影响，各章内容的时间节点会有一定差异。

《报告》由程磊担任主编，廖军、梁海河、冷春香担任副主编，肖芳、于丹、唐伟担任执行副主编。各章主要执笔人有：第一章唐伟、樊奕茜、刘冠州、郝伊一、王喆；第二章唐伟、于丹、刘冠州、李萍、吕丽莉、樊奕茜、朱永昶；第三章樊奕茜、杨丹；第四章于丹、王喆、张阔；第五章于丹、肖芳；第六章于丹、朱永昶；第七章、第八章于丹；第九章唐伟、李萍、于丹、张阔；第十章唐伟、周勇、李欣；第十一章肖芳、吕丽莉、李萍；第十二章肖芳、贾朋群；第十三章樊奕茜；附录吕丽莉、杨丹。全书由肖芳、贾朋群、贾宁、姜海如统稿。

《报告》在编研过程中,得到中国气象局国际合作司的大力支持;王守荣、矫梅燕、曾沁、刘厚堂、全文杰、王邦中、张洪政、臧海佳、李林、王建林、袁佳双、宏观、王志强、姜海如、李晔、李栋、张继文、钱鑫等众多专家给予悉心指导;中国气象局办公室、应急减灾与公共服务司、预报与网络司、综合观测司、科技与气候变化司、政策法规司、国际合作司等有关领导对相关内容进行了审核把关，特别是编写组邀请中国气象局办公室宣传科普处对《第四章 中国气象发展与主要贡献》进行了严格审核；WMO 教育培训办公室主任兼会员服务与发展司副司长因卡 · R. 阿德巴约（Yinka R. Adebayo）博士对此项工作给予高度认可和支持；同时，气象出版社在编辑出版方面提供了专业的指导与帮助，在此一并表示衷心感谢!

《报告》引用了大量国内外有关机构的资料和数据，部分已在正文或参考文献中标注，但由于涉及资料较多，未予全列。书中涉及的一些述评仅限于编研人员的认识，不代表任何政府部门和单位的观点。作为阶段性研究成果，限于资料搜集方面的困难以及编研人员的学识、经验等，难免存在疏漏与不妥，诚恳地希望广大读者提出宝贵意见和建议。

作者

2023 年 10 月

# 目 录



## 综述篇



## 国际组织篇

# 国别篇



# 专题篇

# 综述篇

# 第一章 全球气象重大进展与发展趋势（上）*

20 世纪以来，科学技术迅猛发展，大气科学基础理论不断突破，加之气候变化明显呈加剧之势，全球气象发展日益成为世界各国共同关注的话题，各国在推动气象科技、观测预报服务和气象治理等方面取得了显著进步。特别是世界气象组织（World Meteorological Organization，WMO）在其 70 多年的运行中，推动形成了统一规范、覆盖较好、运行稳定、效益突出的全球气象基础设施网，为全球气象发展奠定了坚实基础。目前，总数超过 30 万的来自全球气象水文机构、学界和相关企业的气象工作者，正通过气象业务、技术开发和基础科学研究等多种方式，努力为超过 80 亿的人口提供更加便捷、质量更高的气象服务。本章重点介绍全球气象观测和预报领域的重大进展。

## 一、全球气象观测

### （一）发展概况

气象观测是气象事业和大气科学发展的基础。从近现代大气探测技术发展的进程来看，气象探测大致经历了以下发展阶段：17 世纪中叶以气压计、温度计、湿度计等发明和使用为标志的传统地面器测；20 世纪 20 年代以现代高空探测开始为标志的高空器测；20 世纪 40—60 年代以 1942 年天

* 执笔人员：唐伟 樊奕茜 刘冠州 郝伊一 王喆

气雷达首次观测、1960 年气象卫星首次观测为标志的遥测遥感；现代的地基、空基、天基相结合的地球系统综合协同观测。

20 世纪 60 年代，为了在全世界范围收集、分析、加工和分发天气和其他环境信息，世界气象组织建立了由全球观测系统、全球通信系统和全球资料数据处理系统共同构成的世界天气监视网计划（World Weather Watch，WWW）作为 WMO 的国际合作平台，开展全球观测和数据交换协调合作，为推动全球气象业务发展发挥了巨大作用。2005 年成立的地球观测组织（Group on Earth Observations，GEO）提出全球综合地球观测系统（Global Earth Observation System of Systems，GEOSS）十年执行计划，旨在整合地基、空基和天基观测系统，建立综合、协调和可持续的地球观测系统。从 2010 年开始，为进一步推进全球协同观测，提升全球气候服务能力，世界气象组织开始着手整合地面观测、高空探测、船舶观测、海洋浮标观测、飞机观测、卫星观测等观测系统，建立 WMO 全球综合观测系统（WMO Integrated Global Observing System，WIGOS）。

截至目前，WMO 全球综合观测系统中，全球地基气象观测系统（包括地面自动站、人工站和各类船舶观测等）每隔 6 小时开展 24 万次以上观测。截至 2023 年 6 月，全球地面 / 船舶（自动站、人工站）观测 24 小时观测数据达到 107339 个（气压），全球海洋浮标观测 24 小时观测数据为 19441 个（气压）。截至 2023 年 6 月，全球陆地探空气象观测 24 小时观测数据为 1239 个（500 百帕高度场）；全球民用飞机观测 24 小时观测数据超过 22 万个（300 ～ 150 百帕风场）；全球卫星观测对 400 ～ 150 百帕卫星云迹风场 24 小时观测数据超过 250 万个，对 1000 ～ 700 百帕卫星云迹风场 24 小时观测数据超过 350 万个。另外，相关数据显示，自 2019 年以来，全球交换的地面观测数据稳中有升，但 2021—2022 年高空观测和飞机观测数据较 2019—2020 年有所下降（图 1.1），飞机观测尤其明显。

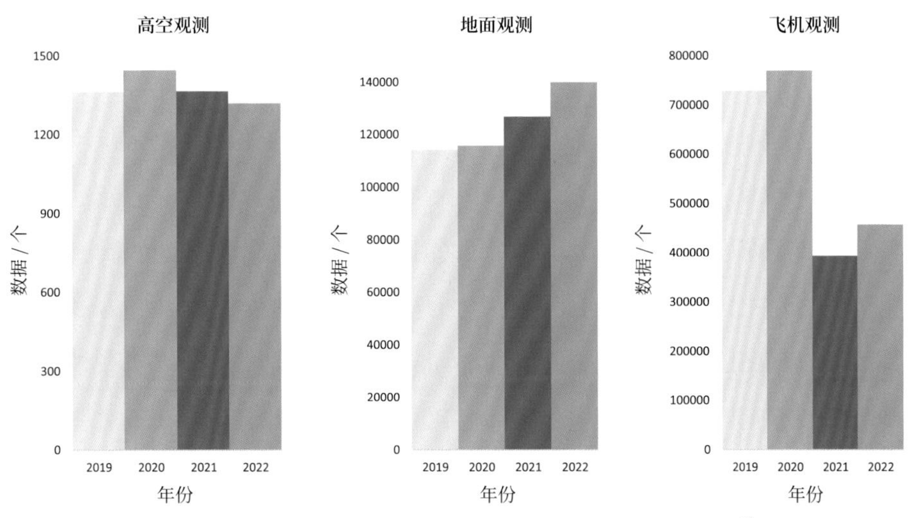


图 1.1 2019—2022 年全球交换的 24 小时观测数据对比[①]

## （二）2022 年气象观测领域全球重大进展

2022 年，全球气象界的一个基本共识是，气象数据尤其是高质量的一手观测数据，是支撑传统预报和新兴天气气候乃至地球系统预报的关键。特别是在海量数据可以依靠越来越强大的人工智能（Artificial Intelligence，AI）技术进行自动识别和处理，气象可以容纳、消化和利用的数据体量不断提升的情况下，如何获得最急需的数据，怎样得到廉价和可持续的数据，成为本年度利用新技术拓展气象观测的主旋律。这种扩展从天基、空基和地基 3 个领域全面展开。

1. 天基领域

在中国，2022 年新增 2 颗气象卫星——极轨卫星风云三号 E 星、第二代静止卫星风云四号 B 星投入业务运行，完善了极轨、静止气象卫星组网运行观测体系。极轨卫星每 6 小时提供一次全球观测资料。第二代静止卫

① 数据来源：WMO 官方网站。

星完成规定区域扫描所用时间缩短为原来的 1/5，扫描精度提高 1 倍。中国成为世界唯一同时运行上午星、下午星、黎明星的国家。

2022 年，美国军方在摇摆了数年后，终于决定用两个系列卫星（包括 WSF-M 和 EWS 两个系列地球极轨和小卫星）来替代实施了 60 多年的国防气象卫星计划（DMSP）。美国新一代民用地球静止卫星 GOES-18 和新一代极轨气象卫星 JPSS-2（发射后改名为 NOAA-21）也按计划升空。与此同时，美国下一代民用静止轨道气象卫星 GeoXO 的理念也在 2022 年初亮相并获得政府预算支持。另外，考虑到商业卫星的发展，未来美国气象卫星资源的数量和质量或将大幅提升。

在欧洲，孕育多年的第三代地球静止气象卫星系列的第一颗星 MTG-I1 于 2022 年底升空，开启了欧洲气象业务卫星换代的窗口。在哥白尼计划等项目的支持下，2022 年欧洲继续在地球探索者（EE）项目上发力：确定 EE10 项目——和谐卫星未来将提供云高和云移速等关键信息；快速启动能有效提升预报模式性能的“风神 -2”卫星项目，实现了研究类卫星“倒逼”业务卫星的发展。

地球观测卫星委员会（CEOS）2022 年 12 月的统计数据显示，2022 年全球地球观测类卫星共计发射 36 项任务（全球更新的卫星任务总数达到了 324 个），47 个全新卫星仪器载荷进入不同的地球观测轨道（全球更新的卫星载荷仪器达到 177 个）。2022 年最新入轨的卫星及其载荷仪器带来了 103 项新的卫星遥感产品。

2. 空基领域

2022 年成为无人系统的竞相展示期，很多技术和设备开始批量应用，在未来或将改变气象目标观测和精准观测的格局。美国国家海洋大气管理局（National Oceanic and Atmospheric Administration，NOAA）于 2022 年飓风季开展了无人系统观测试验，首次采用无人驾驶船只 Saildrone Surveyor 与无人驾驶飞机 ALTIUS-600 实现海洋和大气协同观测，对飓风附近的海洋和大气实时采样，以获取飓风环境区域高分辨率数据，更好地认识飓风及飓风强烈影响下的海气相互作用。

3. 地基领域

美国为克服运行了 25 年的下一代天气雷达（Next Generation Weather Radar，NEXRAD）计划不断“老化”带来的隐患，于 2015 年启动了雷达系统延长寿命计划（SLEP）。该计划已接近尾声（2024 年全部完成），可确保到 2035 年雷达网基本能力的维持。其 2040 年以后的换代雷达网的主要竞争方案——相控阵雷达已经浮出水面。这一技术实施后，雷达系统将具有瞬时采样、低成本和灵活等特征，或将彻底改变大气观测的方式。2022 年，在多次遭受严重气象灾害的澳大利亚，雷达网也开始向适用、多样和动员更多方参与的方向发展。

在中国，2022 年新增 67 部天气雷达，全国雷达监测覆盖率提升 3.3%，具有独立自主知识产权的新一代天气雷达业务软件（ROSE2.0）在全国推广运行，粤港澳大湾区率先建成相控阵雷达协同监测网。

## （三）2022 年气象观测国际比较

1. 地面气象观测

全球已建成较为完备的地面自动气象观测系统。目前，中国、欧洲、美国、日本等国家级地面观测站点的站距在 16 ~ 31 千米。其中，中国国家级地面观测站有 10930 个，站距为 30 千米；欧洲有近 2 万个，站距为 23 千米；美国有 1 万多个，站距为 31 千米；日本有 1452 个，站距为 16 千米（表 1.1）。同时，欧美等国家和地区还拥有社会化观测站点数万个；中国设有省级自动气象观测站 5 万余个，并在积极推进社会化观测。

表 1.1 2022 年全球部分国家 / 地区国家级地面气象观测站概况[①]

| 国家 / 地区 | 中国 | 欧洲 | 美国 | 日本 |
|---|---|---|---|---|
| 数量 | 10930 个 | 近 2 万个 | 1 万多个 | 1452 个 |
| 站距 | 30 千米 | 23 千米 | 31 千米 | 16 千米 |
| 站网特点 | 依照行政区划布设站点，西少东多；<br>国家级台站均为有人值守；<br>快速提高自动化程度 | 以德国为例：<br>根据地理位置和空间距离规划站点布局；<br>自动化程度高；<br>数据质量控制严格 | 自动化程度高；<br>直接面向服务；<br>三级数据质量控制体系和问题反馈机制；<br>观测系统维护维修机构健全 | 站址分布相对均匀；<br>建在气候变化敏感地区；<br>长期高质量气候记录；<br>为卫星观测提供校准；<br>测站无人值守；<br>太阳能供电为主 |

2. 天气雷达观测

天气雷达观测网主要覆盖人口密集区域，不同国家和地区的覆盖率差别较大。截至 2022 年，中国已建成新一代天气雷达 236 部，欧洲建成 224 部，美国建成 160 部，日本建成 20 部，澳大利亚建成 38 部，加拿大建成 19 部（表 1.2）。

表 1.2 2022 年全球部分国家 / 地区新一代天气雷达数量[②] 单位：部

| 国家 / 地区 | 中国 | 欧洲 | 美国 | 日本 | 澳大利亚 | 加拿大 |
|---|---|---|---|---|---|---|
| 数量 | 236 | 224 | 160 | 20 | 38 | 19 |

3. 海洋气象观测

相关统计显示，截至 2022 年 8 月，全球海洋观测系统（Global Ocean Observing System，GOOS）共有观测站 8239 个，其中，Argo 浮标 3948 个、漂流浮标 1417 个、锚碇浮标 445 个、冰浮标 71 个、船舶站 1637 个，以及其他站点 721 个，形成了观测数量庞大、设备种类丰富、覆盖海域广阔的全

① 资料来源：中国气象局综合观测司。
② 资料来源：中国气象局综合观测司。

球海洋气象观测网。

4. 高空气象观测

数据显示，截至目前，中国设有高空观测站点 120 个（其中 88 个站进行全球资料交换），站距为 284 千米；欧洲有 83 个，站距为 350 千米；美国有 92 个，站距为 319 千米；日本有 16 个，站距为 154 千米（表 1.3）。

**表 1.3　2022 年部分国家 / 地区高空观测情况**[①]

| 国家 / 地区 | 中国 | 欧洲 | 美国 | 日本 |
|---|---|---|---|---|
| 数量 | 120 个 | 83 个 | 92 个 | 16 个 |
| 站距 | 284 千米 | 350 千米 | 319 千米 | 154 千米 |
| 站网特点 | 基本满足 WMO 要求，但东部较密，西部稀疏 | 分布均匀 | 分布均匀 | 沿海分布 |

5. 卫星气象观测

极轨气象卫星和静止气象卫星共同组成了全球卫星观测网。目前，在轨业务运行的极轨气象卫星主要包括中国的风云三号气象卫星、美国的 Sumi-NPP 和 JPSS-1 卫星、欧洲的 Sentinel 和 JASON 卫星等，在轨业务运行的静止气象卫星主要包括中国的风云二号和风云四号气象卫星、美国的 GOES-R 和 GOES-W 卫星、欧洲的 METEOSAT 卫星、日本的 HIMAWARI 卫星、韩国的 GEO-KOMSAT 卫星和印度的 INSAT 卫星等。世界气象组织通过空间方案协调各会员气象部门与其全球天基观测系统有关的活动，促进全球卫星观测的持续性和互用性。

目前，中国与欧洲、美国是世界上少数几个同时具有极轨和静止两个系列气象业务卫星的国家和地区。中国风云气象卫星在轨运行 7 颗，是世界上在轨数量最多、种类最全的气象卫星星座，并实现了全球覆盖、全谱段、

① 资料来源：中国气象局综合观测司。

多要素观测，卫星综合性能达到国际先进水平。欧洲、美国和日本在轨气象卫星分别有 13 颗、19 颗和 2 颗，拥有较高的探测精度和完整的探测产品（表 1.4）。

**表 1.4　2022 年部分国家 / 地区气象卫星发展情况**①

<table>
<tr><td colspan="2">国家 / 地区</td><td>中国</td><td>欧洲</td><td>美国</td><td>日本</td></tr>
<tr><td colspan="2">在轨卫星数量</td><td>7 颗*</td><td>13 颗</td><td>19 颗</td><td>2 颗</td></tr>
<tr><td rowspan="4">探测能力</td><td>全球数据接收能力</td><td>南北极布局</td><td>南北极布局</td><td>南北极布局</td><td>南北极布局</td></tr>
<tr><td>全球数据获取时效</td><td>2 小时</td><td>2.25 小时</td><td>2 小时</td><td>无</td></tr>
<tr><td>区域观测能力</td><td>优于<br>5 分钟级</td><td>优于<br>5 分钟级</td><td>优于<br>5 分钟级</td><td>优于<br>5 分钟级</td></tr>
<tr><td>综合探测能力</td><td>全谱段、<br>多要素</td><td>全谱段、<br>多要素</td><td>全谱段、<br>多要素</td><td>全谱段、<br>多要素</td></tr>
<tr><td rowspan="2">探测精度</td><td>可见光定标误差</td><td>5%</td><td>3%</td><td>3%</td><td>3%</td></tr>
<tr><td>红外与微波定标误差</td><td>0.4 K<br>0.8 K</td><td>0.2 K<br>0.4 K</td><td>0.2 K<br>0.4 K</td><td>0.2 K<br>0.4 K</td></tr>
<tr><td>探测产品</td><td>大气—陆地—海洋—空间天气产品体系</td><td>完整但缺少产品精度信息</td><td>完整</td><td>完整</td><td>部分</td></tr>
</table>

注：* 2023 年中国新发射两颗气象卫星，即风云三号 F 星和 G 星。

## （四）未来发展趋势

1. 更加注重自动化、智能化、组网协同观测

纵观全球，气象观测技术正在向自动化、智能化、组网协同方向发展，各国更加强调跨平台和多设备间协同观测，重视综合观测系统滚动需求评估，更加注重提高综合气象观测数据质量效益。世界气象组织已将所有地基和空基观测计划并入单一系统——世界气象组织全球综合观测系统（WMO Integrated Global Observing System，WIGOS），通过对观测网络的综合设计，制定和推广国际标准、质量控制机制，协调全球和区域计划，利用优化重

① 资料来源：张鹏 等，2022。

组原有观测网络和与外部其他观测的协同，进一步提升综合观测系统覆盖率，提高观测质量。美国、欧洲、日本等国家和地区已通过改进设备性能、优化站网布局，部分实现了多种型号观测设备协同观测业务运行。

2. 更加注重面向多圈层的地球系统观测

面向地球系统的观测已成为今后观测站网布局发展的国际普遍共识。根据 WMO 基本气候要素列表，未来观测将从大气圈为主的观测拓展到水圈、岩石圈、冰冻圈和生物圈，建立地球系统观测网，未来力求为全球地球系统观测奠定基础，满足从天气到气候无缝隙预报预测能力及数值模式研发的需求。

3. 更加注重自动化遥测和定量观测

各国更加关注自动化遥感遥测和定量观测，更加注重卫星和雷达等观测技术的研发。气象卫星从目前少数几个国家拥有为主，向更多参与国家加入转变；卫星星座也从以业务气象环境卫星为主，向业务卫星与先进的研发卫星系统相结合的多星座体系转变，小卫星技术正加快发展。天气雷达技术向多极化、高时空分辨率和多波段协同观测方向发展。目前，美国、欧洲、加拿大等国家和地区已建立了各自的双偏振雷达系统。地基遥感垂直定量探测效益不断发挥，美国、欧洲、日本不断完善风廓线雷达网并且十分注重数据质量控制，以准确获取高时空分辨率的风场信息，显著提高数值天气预报模式准确率。

4. 专业观测与非专业观测相结合

未来的观测将是传统专业观测与非传统非专业观测相结合的观测。《国际气象技术》杂志（*Meteorological Technology International*）邀请包括美国国家天气局局长、欧洲中期天气预报中心（European Centre for Medium-Range Weather Forecasts，ECMWF）技术团队等政府官员和研发人员在内的 10 位专家，就 10 年后全球气象及其支撑技术做出了预测。该预测认为，未来的气象观测将不再是一个扁平网络，而是一个分层观测网，其最下端是通过物联网可以看到的来自消费者的气象数据。世界气象组织 WIGOS 系统的投入使用，允许会员利用所有由相关政府机构、研究实体、非营利组织和私营公司运营的观测系统，包括非传统数据采集工具。世界气象组织《WWRP 世界天气研究计划（2016—2023 年）》明确提出，要设计一个更全面的全球观测系统，利用非传统数据源（人群来源、手机等）的更大优势。《澳大利亚气象局研发规划（2020—2030 年）》提出，到 2025 年，要加强非传统观测能力建设；2030 年，在系统中大量增加数据同化、传统和非传统数据资源。

## 二、全球气象预报

### （一）发展概况

气象预报是天气预报和气候预测的总称。科学意义上的天气预报起源于 19 世纪。天气预报业务的发展可分为传统天气预报业务和现代天气预报业务两个阶段。第一阶段开始于 19 世纪中叶，以 1851 年世界第一张地面天气图在英国诞生为标志。第二阶段发达国家大约开始于 20 世纪 70 年代末 80 年代初，中国则开始于 20 世纪 90 年代，以数值天气预报在天气预报中的广泛应用为标志。

进入 21 世纪，天气预报技术快速发展，数值天气预报取得了重大突破。平均每 10 年数值预报的可用预报时效提高 1 天左右，且南北半球预报日趋接近。目前，6.5 天之内的 500 百帕形势预报已经同实况非常接近，距平相关达 80% 以上。预报内容不仅包括大尺度环流和天气形势，也包括如温、压、湿、雨、雪、冰雹、雾、雷暴、晴空湍流、能见度等诸多气象要素。

近年来，国际上各天气预报中心采取多样本或多模式集合预报方法，在一定程度上减小了由大气混沌现象产生的随机性内部误差，进一步提高了天气预报的准确性和稳定性。在气候预测方面，随着大气环流和气候模拟试验的成功，气候预测的动力或数值方法得到了迅速发展。目前，主要采用海气耦合或海–陆–气–冰耦合模式预测气候，尤其是在热带和海洋地区，厄尔尼诺–南方涛动（El Niño–Southern Oscillation，ENSO）事件和海洋的年代际变率、陆面过程和大气环流的区域模态已成为气候预测的主要信号来源。全球许多国家（包括中国）也相继建立了气候中心开展气候业务服务，气候业务也已发展成为与天气预报和服务相当的业务系统，成为无缝隙气象预报系统的重要组成部分。

截至目前，WMO 在全球范围内推动建立了 22 类总计 137 个专门气象中心，来支持和强化国家气象水文部门（National Meteorological and Hydrological Service，NMHS）的预报和服务能力。相关数据显示，一方面，WMO 193 个会员（国家或地区）中，运行数值天气预报（Numerical Weather Prediction，NWP）模式的比例持续增加（图 1.2）。WMO 的 83 个会员建立了包括天气分析、预报和可视化的综合业务系统。但另一方面，运行全球 NWP 模式的机构却不到 30 个，更多的国家和地区（75 个）选择了有限区域模式，来满足 3 天左右的预报需求（图 1.3）。值得注意的是，临近预报模式和海浪模式均超过了 40 个，是发展较快的领域和模式类型。

### （二）2022 年气象预报领域全球重大进展

2022 年，全球更加关注全球模式性能升级和改进，欧洲中期天气预报中心、美国、中国等在预报预测模式发展和人工智能应用方面都取得了新的进展。

全球各主要气象中心加大了对“看家”的全球模式性能升级的投入。欧洲中期天气预报中心调整了近年来每年 2 次小规模模式升级的做法，而

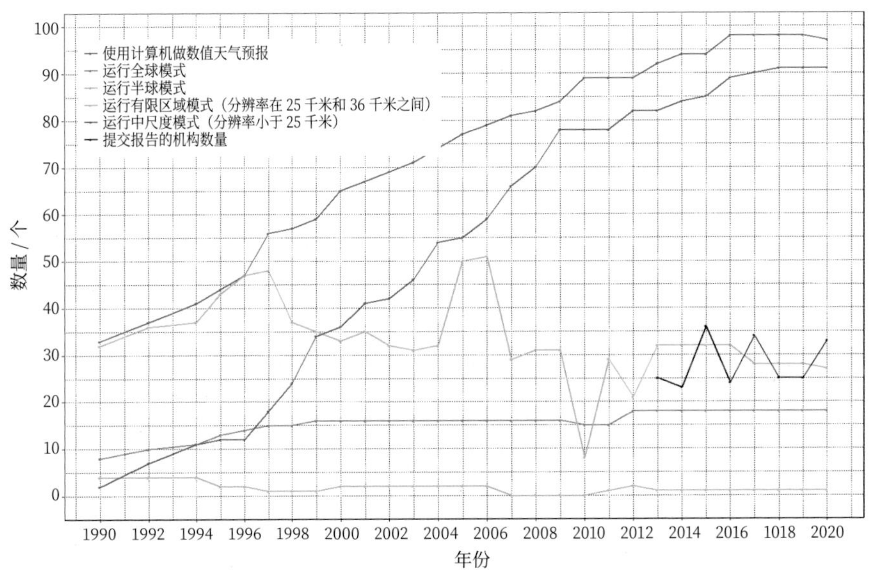


图 1.2　1990—2020 年 WMO 会员拥有各类数值模式的变化①

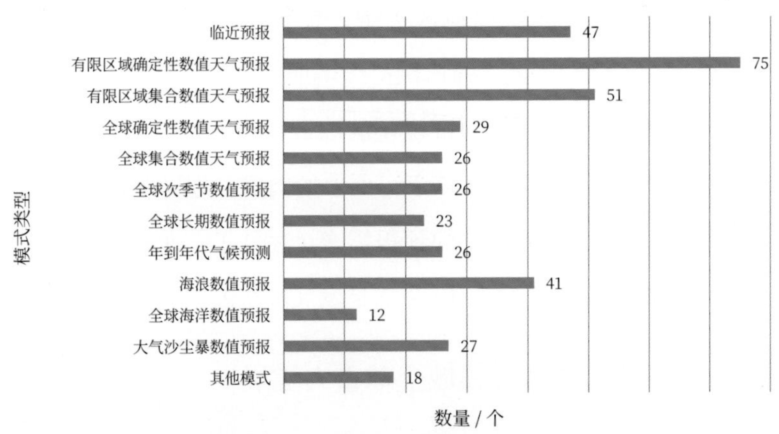


图 1.3　WMO 会员中运行的数值预报模式类型和数量统计②

① 数据来源：WMO 官方网站。

② 数据来源：WMO 官方网站。

是放慢了脚步，例如在 2022 年便为 2023 年模式版次号从 47 提升到 48 进行了充分的技术准备和评估。与此同时，加快了新的高性能计算设施在意大利新址博洛尼亚的落地工作。可以预期，这次欧洲中期天气预报中心综合预报系统（IFS）的软件硬件同步升级，会给全球气象界带来更多启示：一是即使是全球最高水平、已经摸到可预报性天花板的模式系统，其性能尚有提升的空间；二是欧洲中期天气预报中心率先从 2020 年初着力打造以机器学习（ML）等新技术接入综合预报系统全过程的做法，是面对 AI 驱动的智能预报的最佳选择。也就是说，采取物理驱动和数据驱动混合建模的方式，在某些 AI 擅长的领域引入深度学习（DL）等技术改进数值天气预报。2022 年，是美国气象部门为计划在 2024 年推出基于统一预报系统（Unified Forecast System，UFS）的全球预报系统（Global Forecasting System，GFSv17）打基础的关键一年。全新的 GFS 既是美国气象部门过去模式发展的传承，更因融入了开发社区模式等因素，有望使新模式集中更多美国高校和企业智慧，实现基于 FV3（Finite-Volume on a Cubed-Sphere，立方球有限体积）大气动力核心的下一代预报模式水平的显著提升。

2022 年还是欧美数值模式开放走得最快的一年。在美国 UFS 的面向社区开放政策之后，欧洲中期天气预报中心也开始分步骤开放其综合预报系统。开放业务模式将激励来自广泛气象社区的“众创”，再通过建立研究向业务转化（R2O）机制，反馈到业务模式发展中。2022 年，先后有欧洲中期天气预报中心、德国气象局、法国气象局和英国气象局“抢先”将科研属性的“风神 -1”卫星数据进行业务化，并倒逼“风神 -2”准业务卫星快速研发被提到议事日程。

2022 年，企业的预报模式创新也取得很大进展。包括美国英伟达公司、中国华为等多家 IT 企业深度介入数值预报，携 AI 技术和气象大数据，以数据驱动为特征，分别推出了新的预报模式。其中，华为推出的盘古气象数据驱动模型/式，基于欧洲中期天气预报中心的再分析数据，得到了改进的预报结果。这类非实时预报以及尚显稚嫩的企业 AI 大模型/式在未来实际预报的比拼中是否真的具有优势，也将拭目以待。

## （三）2022 年气象预报国际比较

数值预报是现代预报的基础，预报模式水平是衡量各国气象预报水平的核心指标。全球气象预报发展比较主要集中在数值天气预报、气候预测模式、地球系统模式、高性能计算等发展水平的比较。此外，作为重要检验领域，还对台风路径预报误差、定量降水预报水平等进行了比较。

1. 全球数值天气预报

2022 年，全球数值天气预报模式（确定性预报）中，欧洲中期天气预报中心的模式 IFS 水平分辨率最高，达到 9 千米，中国为 25 千米；集合预报模式（概率性预报）中，欧洲中期天气预报中心的模式水平分辨率为 16 千米，中国为 50 千米（表 1.5）。数据显示，近 10 年来，中国北半球 500 百帕高度场第 5 天预报的距平相关系数逐年上升（图 1.4）。另外，不同气象中心北半球集合预报的相关数据表明，2019—2021 年中国气象局全球集合预报系统在中期预报时效上与欧美等先进国家技巧相近（图 1.5）。

**表 1.5　2022 年世界部分国家/组织数值天气预报系统核心参数对比**①

| 国家/组织 | 全球数值天气预报系统/水平分辨率 | 全球集合预报系统水平分辨率（集合成员） | 区域中尺度数值预报系统/水平分辨率 | 区域集合预报系统水平分辨率（集合成员） |
| --- | --- | --- | --- | --- |
| 美国国家环境预报中心 | 谱模式 GFS/TL1534，13 千米 | 25 千米（32） | WRF/3 千米 | 3 千米（36） |
| 英国气象局 | 半隐式半拉格朗日格点模式 UM/10 千米 | 20 千米（18） | UKV/1.5 千米 | 2.2 千米（20） |

① 资料来源：中国气象局地球系统数值预报中心。

续表

| 国家 / 组织 | 全球数值天气预报系统 / 水平分辨率 | 全球集合预报系统水平分辨率（集合成员） | 区域中尺度数值预报系统 / 水平分辨率 | 区域集合预报系统水平分辨率（集合成员） |
|---|---|---|---|---|
| 法国气象局 | 谱模式 ARPEGE/ TL1198，7.5 ~ 36 千米 | 10 ~ 60 千米（35） | 谱模式 AROME/ 1.3 千米 | 2.5 千米（12） |
| 德国气象局 | 半静力准均匀网格模式 ICON/13 千米 | 40 千米（40） | 非静力格点模式 COSMO-DE/ 2.8 千米 | 2.8 千米（20） |
| 加拿大气象局 | 半隐式半拉格朗日阴阳格点模式 GDPS/17 千米 | 39 千米（32） | 有限区域 HRDPS/2.5 千米 | 2.5 千米（21） |
| 日本气象厅 | 谱模式 GSM/ TL959，0.1875 度 | 25 千米（51） | 非静力格点模式 NHM/ 2 千米 | 5 千米（21） |
| 欧洲中期天气预报中心 | 谱模式 IFS/ T1279，9 千米 | 16 千米（51） | 无 | 无 |
| 中国气象局 | 半隐式半拉格朗日非静力格点模式 CMA-GFS/ 25 千米 | 50 千米（31） | CMA-Meso/ 3 千米 | 10 千米（15） |

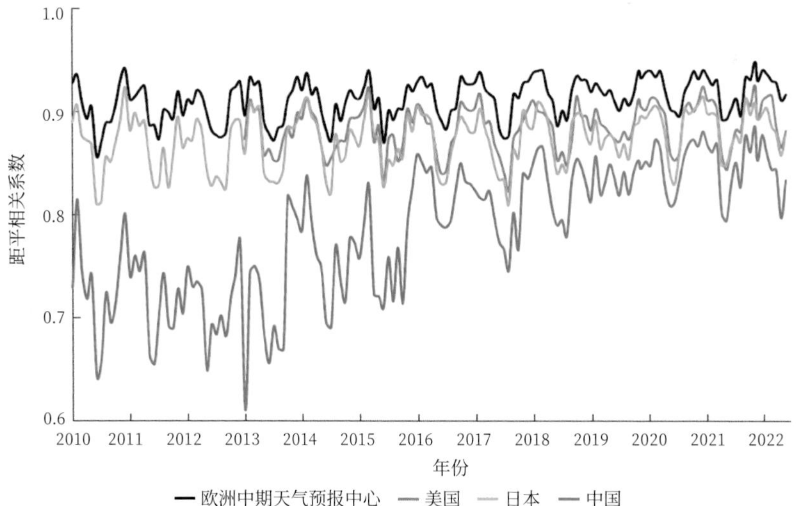


图 1.4　国际主要数值预报中心预报水平①

① 来源：《全球天气气候与服务》。

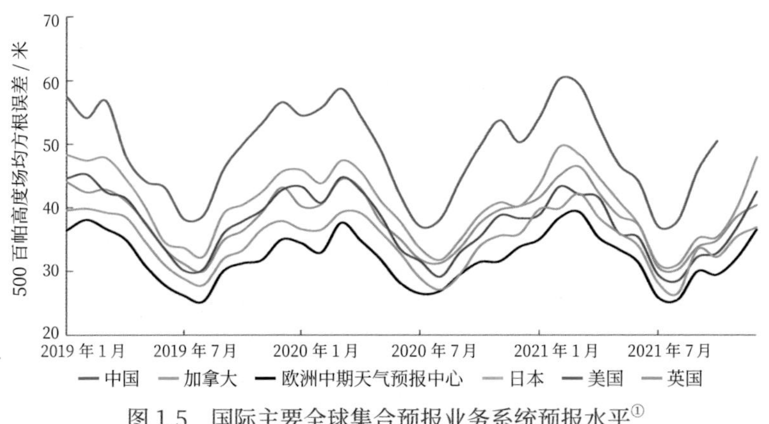


图 1.5　国际主要全球集合预报业务系统预报水平①

2022 年，中国气象局全球同化预报系统（CMA-GFS）北半球可用预报时效达到 7.8 天，较 2019 年提高 0.3 天，较 2016 年提高 0.4 天，发展速度较快；东亚可用预报时效达到 8.4 天，较 2020 年提高 0.5 天，均为业务化以来最高水平（图 1.6）。

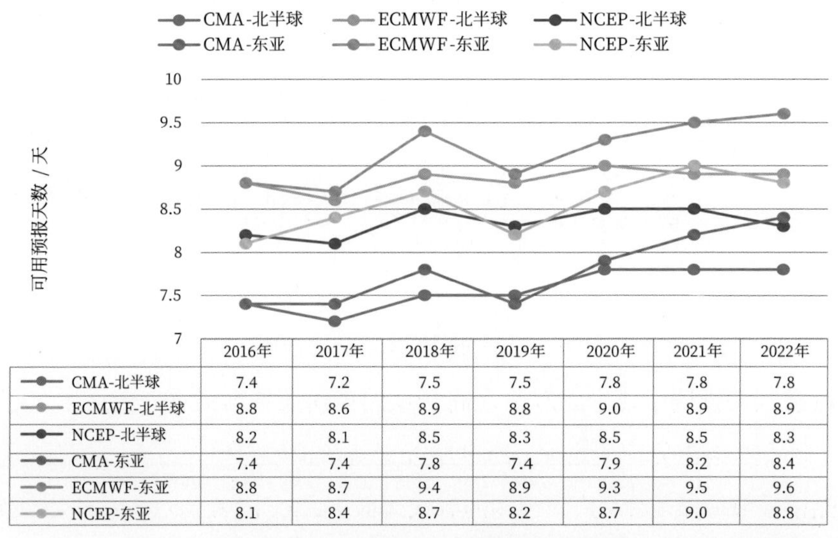


| | 2016年 | 2017年 | 2018年 | 2019年 | 2020年 | 2021年 | 2022年 |
|---|---|---|---|---|---|---|---|
| CMA-北半球 | 7.4 | 7.2 | 7.5 | 7.5 | 7.8 | 7.8 | 7.8 |
| ECMWF-北半球 | 8.8 | 8.6 | 8.9 | 8.8 | 9.0 | 8.9 | 8.9 |
| NCEP-北半球 | 8.2 | 8.1 | 8.5 | 8.3 | 8.5 | 8.5 | 8.3 |
| CMA-东亚 | 7.4 | 7.4 | 7.8 | 7.4 | 7.9 | 8.2 | 8.4 |
| ECMWF-东亚 | 8.8 | 8.7 | 9.4 | 8.9 | 9.3 | 9.5 | 9.6 |
| NCEP-东亚 | 8.1 | 8.4 | 8.7 | 8.2 | 8.7 | 9.0 | 8.8 |

图 1.6　2016—2022 年中国气象局（CMA）和欧洲中期天气预报中心、美国国家环境预报中心（NCEP）全球数值天气预报模式可用预报时效对比（北半球和东亚）②

① 来源：《全球天气气候与服务》。

② 数据来源：中国气象局地球系统数值预报中心。

2. 气候预测模式

全球主要气候预测模式核心参数对比如表 1.6 所示。中国气象局气候预测系统的大气水平分辨率为 45 千米，海洋水平分辨率为 25 千米，与英国、美国、日本的业务模式水平基本相当。

**表 1.6　世界主要国家和组织气候模式预测系统核心参数**①

| 国家 / 组织 | 次季节气候预测系统 | 季节—年际气候预测系统 |
| --- | --- | --- |
| 中国 | 大气：水平 45 千米，垂直 56 层，模式顶 65 千米<br>海洋：水平 25 千米，垂直 50 层 | 大气：水平 45 千米，垂直 56 层，模式顶 65 千米<br>海洋：水平 25 千米，垂直 50 层 |
| 欧洲中期天气预报中心 | 大气：水平 16~32 千米，垂直 91 层，模式顶 80 千米<br>海洋：水平 25 千米，垂直 75 层 | 大气：水平 36 千米，垂直 91 层，模式顶 80 千米<br>海洋：水平 25 千米，垂直 75 层 |
| 英国 | 大气：水平 50 千米，垂直 85 层，模式顶 80 千米<br>海洋：水平 25 千米，垂直 75 层 | 大气：水平 50 千米，垂直 85 层，模式顶 80 千米<br>海洋：水平 25 千米，垂直 75 层 |
| 美国 | 大气：水平 100 千米，垂直 64 层，模式顶 75 千米<br>海洋：水平 25~50 千米，垂直 40 层 | 大气：水平 100 千米，垂直 64 层，模式顶 75 千米<br>海洋：水平 25~50 千米，垂直 40 层 |
| 日本 | 大气：水平 40 千米，垂直 100 层，模式顶 80 千米<br>海洋：无 | 大气：水平 55 千米，垂直 100 层，模式顶 80 千米<br>海洋：水平 25 千米，垂直 60 层 |
| 加拿大 | 大气：水平 39 千米，垂直 85 层，模式顶 65 千米<br>海洋：水平 25 千米，垂直 50 层 | 大气：水平 155 千米，垂直 79 层，模式顶 66 千米<br>海洋：水平 110 千米，垂直 50 层 |

对比中、欧、英、日、美气候预测最新指标可以发现，在亚洲夏季风环流指数的预测中，中国水平最高，欧洲中期天气预报中心次之；在厄尔尼诺区夏季海温异常预测中，欧洲中期天气预报中心水平最高，中国次之；在热带季节内振荡（MJO）预测的有效天数中，欧洲中期天气预报中心最高，中国次之（表 1.7）。

① 资料来源：《全球天气气候与服务》。

**表 1.7 中国气象局次季节—季节—年际尺度一体化气候模式预测业务系统（CMA-CPSv3）与国际其他主流模式对一些关键气候预测性能指标的对比**[①]

| 系统 / 模式名称 | 国家和地区 | 亚洲夏季风环流指数预测技巧（预测与观测相关系数） | 厄尔尼诺区夏季海温异常预测技巧（预测与观测相关系数） | 热带季节内振荡预测技巧（预测有效天数）/ 天 |
|---|---|---|---|---|
| BCC-CPSv3* | 中国 | 0.72 | 0.70 | 24 |
| ECMWF-SYSTEM5 | 欧洲中期天气预报中心 | 0.62 | 0.73 | 30 |
| UKMO-GloSEA5 | 英国 | 0.37 | 0.56 | 23 |
| JMA-CPS2 | 日本 | 0.33 | 0.65 | 20 |
| NCEP-CFSv2 | 美国 | 0.20 | 0.47 | 21 |

注：* CMA-CPSv3 是中国自主研发的第三代气候模式预测系统，大气：T266（全球近 45 千米），56 层（模式顶 0.1 百帕），海洋：全球 0.25° ×0.25°，50 层。

3. 地球系统模式

在世界气候研究计划耦合模拟工作组组织的第六次国际耦合模式比较项目（CMIP6）中，有来自全球 33 家机构的约 112 个气候模式版本注册参加（表 1.8），其模拟数据为联合国政府间气候变化专门委员会（Intergovernmental Panel on Climate Change，IPCC）第 6 次评估报告提供了科学基础。

与参与上一轮比较的 CMIP5 模式相比，参与 CMIP6 的模式有两个特点：一是考虑的过程更为复杂，以包含碳氮循环过程的地球系统模式为主，许多模式实现了大气化学过程的双向耦合，包含了与冰盖和多年冻土的耦合作用；二是大气和海洋模式的分辨率明显提高，大气模式的最高水平分辨率达到了全球 25 千米。中国有 8 家机构报名参加 CMIP6，注册的地球系统模式版本有 12 个（表 1.9）。

① 资料来源：中国气象局地球系统数值预报中心。

**表 1.8　参与 CMIP6 地球系统模式的研发单位及其国家 / 地区[①]**

| 研发单位 | 国家 / 地区 | 研发单位 | 国家 / 地区 |
| --- | --- | --- | --- |
| 阿尔弗德·魏格纳研究所（AWI） | 德国 | 中国科学院大气物理研究所 LASG 国家重点实验室（LASG-IAP-CAS） | 中国 |
| 国家（北京）气候中心（BCC） | 中国 | 德国空间中心大气物理研究所（MESSY-Cons） | 德国 |
| 北京师范大学（BNU） | 中国 | 英国气象局哈德莱中心（MOHC） | 英国 |
| 中国气象科学研究院（CAMS） | 中国 | 马普气象研究所（MPI-M） | 德国 |
| 中国科学院大气物理研究所 CasESM 研发团队（CAS） | 中国 | 日本气象局气象研究所（MRI） | 日本 |
| 加拿大环境署（CCCma） | 加拿大 | 美国航空航天局戈德空间研究所（NASA-GISS） | 美国 |
| 印度热带气象研究所气候变化研究中心（CCCR-IITM） | 印度 | 美国国家大气科学研究中心（NCAR） | 美国 |
| 欧洲地中海气候变化中心（CMCC） | 意大利 | 挪威气候中心（NCC） | 挪威 |
| 国家气象研究中心（CNRM） | 法国 | 自然环境研究院（NERC） | 英国 |
| 科学与工业研究院（CSIR-CSIRO） | 南非 | 韩国气象局气象研究所（NIMS-KMA） | 韩国 |
| 联邦科学与工业研究组织（CSIRO-BOM） | 澳大利亚 | 国家大气海洋局地球流体动力学实验室（NOAA-GFDL） | 美国 |
| 美国能源部（DOE） | 美国 | 南京信息工程大学（NUIST） | 中国 |
| 欧盟地球系统模式联盟（EC-Earth-Cons） | 欧盟 | “中央研究院”环境变化研究中心（RCEC-AS） | 中国台湾 |
| 自然资源部第一海洋研究所（FIO-RONM） | 中国 | 国立首尔大学（SNU） | 韩国 |
| 俄罗斯科学院计算数学研究所（INM） | 俄罗斯 | 清华大学（THU） | 中国 |
| 空间研究国立研究所（INPE） | 巴西 | 东京大学（U.Tokyo） | 日本 |
| 皮埃尔 - 西蒙拉普拉斯研究所（IPSL） | 法国 | | |

① 资料来源：周天军 等，2019。

**表 1.9 中国参与第六次国际耦合模式比较项目（CMIP6）的地球系统模式①**

| 部门 | 研发单位 | 模式名称 | 大气模式 | 海洋模式 | 陆面模式 | 海冰模式 | 耦合器 |
|---|---|---|---|---|---|---|---|
| 中国气象局 | 国家气候中心 | BCC-ESM1.0 | BCC-AGCM3-Chem（T42，～280千米，L26） | MOM4-L40 gx1v1 | BCC-AVIM2 | SIS | CPL5 |
| | 国家气候中心 | BCC-CSM2-MR | BCC-AGCM3-MR（T106，～120千米，L46） | MOM4-L40 gx1v1 | BCC-AVIM2 | SIS | CPL5 |
| | 国家气候中心 | BCC-CSM2-HR | BCC-AGCM3-HR（T266，45千米，L56） | MOM5-L50（0.25°） | BCC-AVIM2 | SIS | CPL5 |
| | 中国气象科学研究院 | CAMS-CSM | ECHAM5（T106，～120千米，L31） | MOM4（高纬度地区 1.0°，赤道经向加密至0.3°，L50） | CoLM | SIS | FMS-coupler |
| 自然资源部 | 第一海洋研究所 | FIO-ESM v2.0 | CAM5（～100千米，L30） | POP2（高纬度地区 1.1°，赤道地区加密为0.3°～0.5°，L61） | CLM4.0 | CICE4 | CPL7 |
| 中国科学院 | 大气物理研究所 | CAS FGOALS-f3 | FAMIL2.2（100千米，25千米，L32） | LICOM3（1°/L30，0.1°/L55） | CLM4.0 | CICE4 | CPL7 |
| | 大气物理研究所 | CAS FGOALS-g3 | GAMIL3（2°[～200千米]，L26） | LICOM3（1.0°，赤道经向加密至0.5°，L30） | CAS-LSM | CICE4 | CPL7 |
| | 大气物理研究所 | CAS-ESM | IAP AGCM5（1.4°[～140千米]，L35） | LICOM2（1.0°，赤道经向加密至0.5°，L30） | CoLM | CICE4.0 | CPL7 |
| 高校 | 清华大学 | CIESM | Modified CAM5（～100千米，L30） | POP2（1°，L60） | CLM4.0 | CICE4.1 | C-coupler2 |

① 资料来源：周天军 等，2020。

续表

| 部门 | 研发单位 | 模式名称 | 大气模式 | 海洋模式 | 陆面模式 | 海冰模式 | 耦合器 |
|---|---|---|---|---|---|---|---|
| 高校 | 北京师范大学 | BNU-ESM-1-1 | CAM3.5（2.8°[～280千米]，L26） | MOM4p1（高纬度地区1.0°，接近赤道加密至0.3°，L40） | CoLM | CICE4.1 | CPL |
| 高校 | 南京信息工程大学 | NESM v3 | ECHAM v6.3（T63，～200千米，L47） | NEMO v3.4（高纬度地区1.0°，赤道地区加密至0.3°，L46） | JABACH | CICE4.1 | OASIS3-MCT |
| 台湾“中研院”环境变化研究中心 | | TaiESM | CAM5.3（～100千米，～200千米，L30） | POP2（1.0°，L70） | CLM4.0 | CICE4.0 | CPL7 |

对比 CMIP5 和 CMIP6 发现，后者的评估结果中性能优于中位数的越来越多，证明了模式的进步。此外，一些 CMIP6 模式的性能优于 CMIP5 性能最佳的模式，所有 16 个评估变量的进展都很明显。然而，CMIP6 模式中仍然存在一些性能不佳的实例。对比 CESM2/CESM2（WACCM）、CNRM-CM6-1/CNRM-SM2-1、NorCPM1/NorESM2-LM 和 HadGEM3-GC31-LL/UKESM1-0-L 等模式发现，高复杂度版本模式得分与低复杂度版本模式得分相比相似甚至更优，表明通过添加地球系统特征来增加模式的复杂性不一定会降低模式的性能，反而提高了模式的性能。总而言之，CMIP6 模式对于涵盖大气、海洋和陆地领域的平均历史气候态模拟结果通常比上一代的表现更好（高信度）；以附加生物地球化学反馈为特征的地球系统模式总体与缺乏这些反馈的复杂性较低的模式一样好甚至更好（中等信度）。此外，CMIP6 多模式均值很好地捕捉了观测到的气候变化的大部分方面（高信度）。

4. 台风路径预报

2022 年，各国台风路径 24 小时、48 小时、72 小时、96 小时和 120 小时预报时长的预报误差，中国分别为 72 千米、138 千米、184 千米、221 千米和 334 千米（图 1.7），台风路径预报性能总体保持稳定，24 小时台风路径预报误差 2015—2022 年基本保持在 66 ～ 75 千米波动。2022 年，日本各时长台风路径预报误差分别为 75 千米、124 千米、183 千米、192 千米和 271 千米；美国分别为 78 千米、138 千米、203 千米、242 千米和 312 千米。中国的台风路径预报自 2018 年起连续 5 年保持世界先进水平。

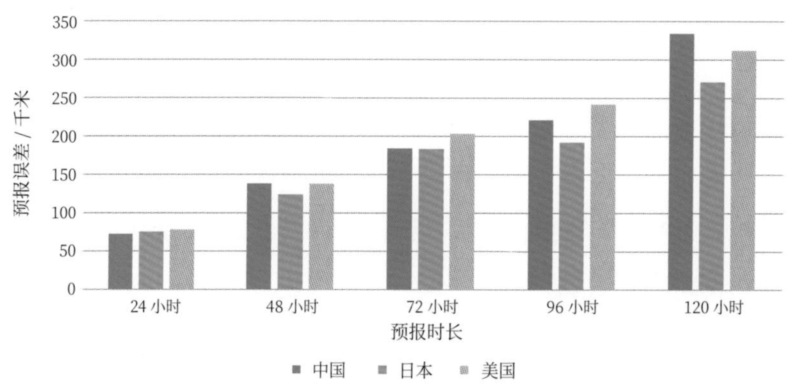


图 1.7　2022 年中国、美国、日本对西北太平洋台风路径预报误差对比[①]

5. 定量降水预报

2022 年，中国气象局全球同化预报系统（CMA-GFS）模式的小雨 24 小时和 48 小时预报能力与欧洲中期天气预报中心（ECMWF）模式相当，对中雨、大雨、暴雨等的预报能力相对落后于欧洲中期天气预报中心。但中国预报员 24 小时、48 小时定量降水预报各量级预报准确率均比欧洲中期天气预报中心模式高（图 1.8、图 1.9），充分体现了中国预报员较高的模式订正能力。

① 数据来源：中国气象局预报与网络司。

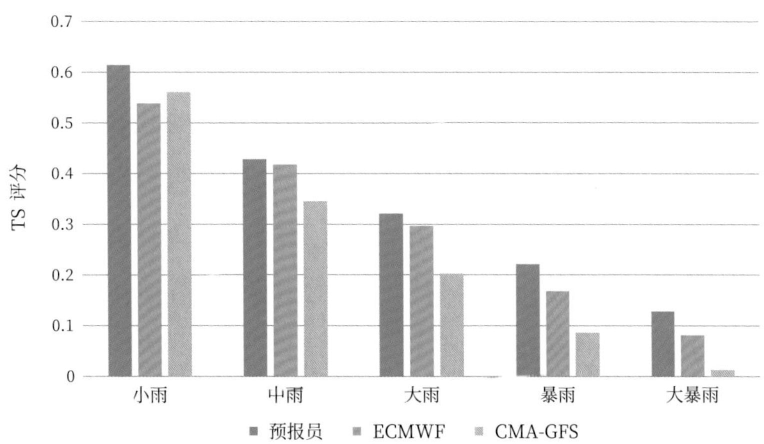


图 1.8　2022 年 08 时次 24 小时定量降水预报 TS 评分的中国预报员和 ECMWF、CMA-GFS 模式预报能力对比①

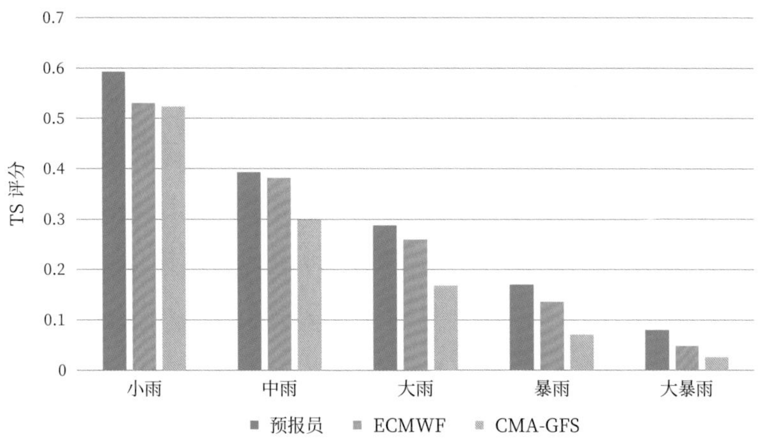


图 1.9　2022 年 08 时次 48 小时定量降水预报 TS 评分的中国预报员和 ECMWF、CMA-GFS 模式预报能力对比②

① 数据来源：中国气象局。
② 数据来源：中国气象局。

6. 高性能计算

2022 年，全球主要发达国家气象部门高性能算力情况为：韩国气象厅 53.8 PFlops，欧洲中期天气预报中心 45.3 PFlops，美国国家天气局 42.0 PFlops，美国大气研究中心 30.5 PFlops，法国气象局 25.9 PFlops，日本气象厅 18.3 PFlops，英国气象局 14.2 PFlops（表 1.10）。中国气象局高性能计算机峰值运算能力为 9.8 PFlops，国际同行业排名第 8（2022 年）。

**表 1.10　2022 年 8 个气象机构高性能计算峰值能力对比**[①]　　单位：PFlops

| 机构 | 韩国气象厅 | 欧洲中期天气预报中心 | 美国国家天气局 | 美国大气研究中心 | 法国气象局 | 日本气象厅 | 英国气象局 | 中国气象局 |
|---|---|---|---|---|---|---|---|---|
| 高性能计算峰值能力 | 53.8 | 45.3 | 42.0 | 30.5 | 25.9 | 18.3 | 14.2 | 9.8 |

## （四）未来发展趋势

1. 注重在地球系统科学框架下发展多尺度一体化数值预报

为了更好地应对无缝隙预报需求、适应大规模并行计算环境，构建和发展新一代多尺度天气气候一体化模式系统成为当前国际数值模式领域发展的主流趋势。实现“无缝隙”的一个重要前提是实现地球系统多圈层的耦合。

资料显示，近年来，多圈层耦合的气候系统模式正逐渐向地球系统模式方向发展，已涵盖大气、地表、海洋和海冰、气溶胶、碳循环、动态植被、大气化学和陆地冰盖等过程，且随着分量模式的不断丰富更加注重多圈层、多过程、多要素的耦合。目前，发达国家的天气预报、气候预测模式正逐步演变为多圈层耦合的复杂模式系统。利用多圈层耦合的高分辨率数值模

① 资料来源：周勇 等，2022。

式开展天气预报、次季节—季节—年际尺度的业务预测已成为国际重点前沿领域。

美国国家海洋大气管理局（NOAA）2020年上半年发布人工智能战略、无人系统战略和云战略，无一例外地都提到通过建立地球预测创新中心（EPIC），重新获得在全球天气模拟领域的世界先进地位。《地球预测创新中心2020—2025年战略计划（草案）》也明确提出，2022—2025年，将把统一预报系统（UFS）打造成完全耦合的地球预测系统，能够大范围兼容NOAA主要模式，并将其应用于业务中，显著提高业务部门3周以上天气预报能力。

《欧洲中期天气预报中心战略（2021—2030年）》明确提出改进无缝隙地球系统模式。

《澳大利亚气象局研发规划（2020—2030年）》明确提出其发展目标之一是加强地球系统数值预报能力。到2022年，初步实现将未来计算环境、地球系统耦合应用到业务实际；2025年，引进匹配未来高性能计算体系的下一代模式系统；2030年，建立全国范围的数值地球集合预报系统。

2. 重视发展更高分辨率、更精细化的无缝隙全覆盖的精准预报技术

近年来，世界天气开放科学大会、WMO、地球系统科学家学会等国际科学组织，均强调要努力构建从分钟到年代际，从局地到全球，从天气、水、气候到环境及其影响的无缝隙、全覆盖全球预报系统，并将其作为未来几十年气象科学界的发展方向。基于多源观测资料和多种类、多尺度数值预报模式产品，采用动力、统计、人工智能等方法开展模式解释应用，并开展多源预报融合生成最优客观预报，已成为美国、英国等开展无缝隙全覆盖天气气候预报的主流技术路线。

地球系统科学框架下的数值模式和预报技术的快速发展是大势所趋。就长远发展来看，全方位获取地球系统观测数据、解决地球系统模式相应

的科学问题、提升预报预测能力、强化高性能计算和计算科学技术是应重点考虑的问题和优先发展的方向。

3. 重视发展数据同化技术

《欧洲中期天气预报中心战略（2021—2030 年）》明确提出，未来 10 年，数值天气预报的技术突破将建立在数据同化、模式开发、不确定性估算和地球系统组件耦合的基础之上，同时还需要解决气象界面临的主要计算难题，即大数据和计算效率。在“科学技术战略行动”中提出，要强化在地球系统数据同化方面的领导地位。加强在耦合同化、算法开发和方法整合方面的进展，包括机器学习、四维变分数据同化技术。使用对流解析模式提供精确的中尺度预报初始场，努力实现从数据同化到综合预报系统的无缝集成。发展地球系统所有组成（海洋、陆地、积雪、海冰等）的同化算法，与大气分析相结合，形成一个更先进的集合变量框架。将大气四维变量逐步延伸到交互场，以提高地球系统不同要素初始化的物理一致性。成果指标是，使用对流解析模式形成精确的全球预报初始场，加强地球系统不同组成间同化方法的一致性和最优耦合水平。

《澳大利亚气象局研发规划（2020—2030 年）》提出的四大发展目标之一就是提高观测数据质量，将合适的时间、地点的定量观测数据加载到模式同化分析中，提供更加精细、准确、可靠的信息。在未来 5 年，要大幅增加适用同化的观测量，实现 90% 以上的卫星观测数据可用于同化，陆地表面观测用于水文模式，并以领先的全球中心为基准。

4. 重视高性能计算在数值模式中的高效能应用

地球系统模式的发展、海量数据价值的挖掘、更加精细化的服务等都需要更加集约高效的信息采集、加工与处理。各国以服务需求为出发点，主动适应高新技术的发展，从并行计算、智能计算、高效计算三方面加强自身气象高性能计算能力建设。

数值预报模式发展需要适应高性能计算未来的“CPU+ 加速器”架构。部分发达国家已启动异构超算的模式升级研究。瑞士气象局宣布已实现全面运行于 NVIDA 英伟达 GPU 之上的区域中尺度模式 COSMO 改造；美国国家大气科学研究中心研发的 WRF 模式打造了 GPU 版本；欧洲中期天气预报中心（ECMWF）则更具雄心，希望打造与硬件无关的模式软件包 DSL（Domain Specific Language），在其战略中明确提出要在数值天气预报中运用高性能计算机技术和计算科学，并将气象超算发展纳入欧盟超算生态发展框架，启动了“芯片—应用”全栈优化的超算计划。

# 第二章 全球气象重大进展与发展趋势（下）*

本章重点介绍全球气象科技创新、气象服务和气象治理领域的重大进展与发展趋势。

## 一、全球气象科技

### （一）发展概况

近现代气象科学是在人类对天气气候长期观察和不断总结实践的基础上逐步形成的，主要经历了以下发展阶段：

在 18—19 世纪，气压计、温度计和湿度计被先后发明，天气学和气候学形成，动力气象学诞生，电报被发明并应用于天气信息传送。气象学从一门认识自然界的科学逐渐发展成为有实用经济价值和社会价值的应用性科学。

20 世纪初期至 60 年代，以数学与物理为基础的精确科学的应用，推动了气象学的快速发展，主要表现为锋面、气旋、大气长波、极锋急流和副热带急流理论，以及人工降雨学说等的重大突破。数值天气预报的发展成为现代气象学标志性成就。另外，气象观测技术尤其是高空观测技术的快速发展、气象雷达和气象卫星的广泛应用，开启了气象观测的新时代。

* 执笔人员：唐伟 于丹 刘冠州 李萍 吕丽莉 樊奕茜 朱永昶

20 世纪 60 年代以后，气象学发生了重大变化。一是大气科学的研究对象从大气圈逐渐扩展到研究大气圈与水圈、岩石圈、冰冻圈、生物圈之间的相互作用；二是大气层研究不再限于大气低层（以对流层为主），而是逐步扩展到平流层、中层、热层和外层，近年来更扩展到行星空间的研究；三是大气运动驱动力和影响因子的研究不再限于自然的强迫和内部变率，而是增加了人类活动影响，如温室气体、气溶胶以及土地利用变化等因子的作用；四是气候预测模式和气候变化研究从主要考虑大气圈变化的数值天气预报模式发展成为海—陆—气—冰耦合的气候模式与包括地球生物化学过程的地球系统模式；五是国际和区域大气科学外场试验成为推动大气科学发展的重要手段，外场观测试验和实验室模拟使气象学成为一门实验性的学科。

进入 21 世纪，全球大气科学的发展取得了新的进展。大气观测技术，特别是空基遥感技术的发展应用，以及云计算、物联网、大数据、人工智能技术的应用，使大气科学获得了空前的发展。大气科学已发展成为由大气探测、天气学与大气环流、大气动力学、气候学、大气物理学、大气环境学、大气化学、全球气候变化、人工影响天气和应用气象学等众多分支学科构成的综合性科学，大气科学应用也逐渐从定性描述的科学变成严格的、可量化的数理科学，特别是利用计算机对各种大气过程进行数值模拟，形成的数值预报产品不仅已经成为制作现代气象预报的基础，也大大延长了气象预报预测的有效时间。

自 2020 年以来，全球气象科技研发呈现出更加鲜明的特征。一是应用和需求端“倒逼”气象科技研发节奏加快，“边研究边应用”成为一些需求旺盛领域的新常态。比如次季节—季节（S2S）预报，无论是机理认识还是实际预报效果，都尚属研究中的科学命题，但次季节—季节预报产品却已被广泛使用。二是伴随着大数据和人工智能（AI）技术在气象预报中的应用，美国的谷歌和微软以及中国的华为等企业研发的大数据模型 / 式给传统的以动力模拟为主的模型 / 式带来了不可忽视的影响。

## （二）2022 年气象科技领域重大进展

2022 年，在全球新冠疫情持续的背景下，气象科技依然取得了一些新的进展。欧美国家加快气象卫星换代，欧洲中期天气预报中心预报水平继续保持全球领先，美国、英国和日本的模式研发也渐入佳境，而 AI 的应用更加令人瞩目，其影响越来越广泛和深远。

在数值预报模型 / 式研发方面，各国科学家和研究人员都专注于开发下一代地球系统模型 / 式，这些模型 / 式结合了对地球系统更全面的了解，包括大气、海洋、陆地表面和冰冻圈等的相互作用；建模技术的进步有助于提升天气气候一体化预报能力；高分辨率卫星、雷达和地面传感器等先进观测手段的协同集成提高了模型 / 式的精度和预报能力。此外，持续改进的高性能计算和大数据技术使气候变化预测更加准确。

在新技术应用方面，人工智能技术的深度应用成为天气气候模式，乃至地球系统模式研发的一个重要影响要素。谷歌、微软和华为等多家公司推出的数据驱动天气预报大模型 / 式，是人工智能技术在气象领域应用的生动实践。数字孪生技术是衔接数据端、模拟端和广阔应用端最有效和最具前途的技术。2022 年，数字孪生稳步推进，欧洲中期天气预报中心依托其强大的数据整合能力和领先的模拟水平，基于欧盟“目标地球”计划，提出了建设天气和地球物理极端事件数字孪生和气候适应数字孪生的计划。

在数据共享方面，更加重视气象科学领域的国际协作。许多国家和国际组织间建立了更紧密的合作关系，共同分享气象观测数据、研究成果和最佳实践，促进气象数据的可访问性和互操作性。数据、研究成果和最佳实践的共享增强了全球气象监测和预报能力。

## （三）2022 年气象科技国际比较

1. 气象科技论文产出

中、美两国气象科技论文数量持续领跑。2022 年，全球共发表气象科技论文 16291 篇，较 2020 年和 2021 年有所下降（表 2.1）；中国和美国分别发表 5298 篇和 4497 篇，显著高于其他国家，两国论文发表量占全球总量的 60.13%。

**表 2.1　部分国家气象科技论文发表数量**[①]　单位：篇

| 国家 | 2020 年 | 2021 年 | 2022 年 |
|---|---|---|---|
| 中国 | 4493 | 5234 | 5298 |
| 美国 | 5318 | 5634 | 4497 |
| 英国 | 1621 | 1746 | 1397 |
| 德国 | 1689 | 1772 | 1509 |
| 加拿大 | 876 | 969 | 788 |
| 澳大利亚 | 811 | 866 | 678 |
| 日本 | 798 | 917 | 706 |
| 总计 | 16853 | 18706 | 16291 |

产出机构方面，美国机构数量最多，中国机构具有较强竞争力。气象科技论文发表量排名前 20 的机构中有 7 个美国机构，为机构数量最多的国家，中国和法国各有 4 个，并列第 2 位，另有 3 个英国机构、2 个德国机构和 1 个俄罗斯机构。排名前 5 的机构分别为中国科学院、中国气象局、法国国家科学研究中心、南京信息工程大学和加州大学。

气象期刊影响力方面，根据 2021 年主要国家气象期刊影响力评价结果（表 2.2），美国期刊影响力最高，H 指数达 522；英国和德国期刊影响力次之，

① 资料来源：Web of Science 平台核心合集科学引文索引（SCI）数据库收录的“气象和大气科学”领域的研究论文和综述文献。

H 指数分别为 326 和 302。中国期刊发文数量高于其他国家，但期刊影响力还有较大提升空间。2021 年,全球共发表国际气象科技高被引论文[①] 160 篇。从高被引论文发文量看（图 2.1），美国排名第 1，发表 78 篇;中国位居第 2，

**表 2.2　2021 年部分国家气象期刊影响力评价[②]**

| 国家 | 文献数量 / 篇 | 平均引用频次 | H 指数 |
|---|---|---|---|
| 中国 | 6032 | 1.03 | 249 |
| 美国 | 5164 | 1.26 | 522 |
| 英国 | 1633 | 1.72 | 326 |
| 德国 | 1604 | 1.56 | 302 |
| 法国 | 1021 | 1.52 | 269 |
| 加拿大 | 843 | 1.45 | 250 |
| 澳大利亚 | 680 | 1.78 | 220 |
| 日本 | 815 | 1.08 | 220 |

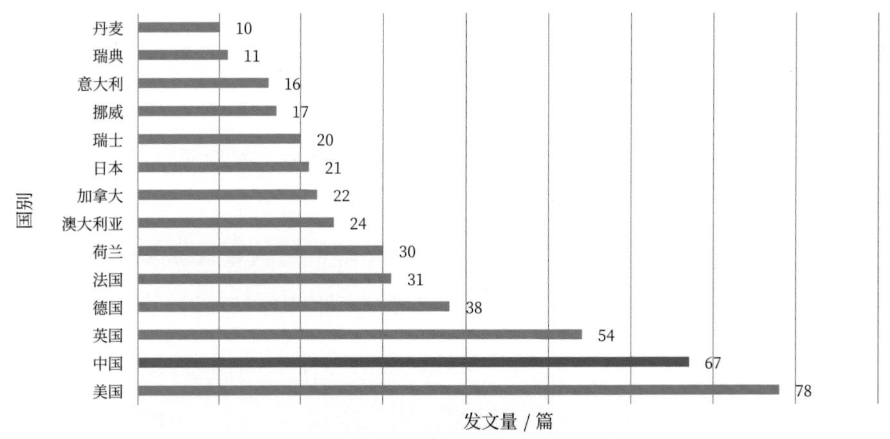


图 2.1　2021 年国际气象科技高被引论文国家分布[③]

① 高被引论文是指按照同一年同一个基本科学指标（ESI）学科发表论文的被引用次数按照由高到低进行排序，排在前 1% 的论文。

② 资料来源：SCI magoJournalRank（SJR）https://www.scimagojr.com/countryrank.php。SJR 是国际上对 Scopus 数据库收录期刊进行影响力评估的权威平台。与传统评价方式不同，SJR 使用 PageRank 算法，SJR 指数排除了文章自引情况，并且衡量了期刊的声望，计算时给予来自高声望期刊的引用更高的权重。

③ 数据来源：《2022 气象科技论文统计分析年度报告》。

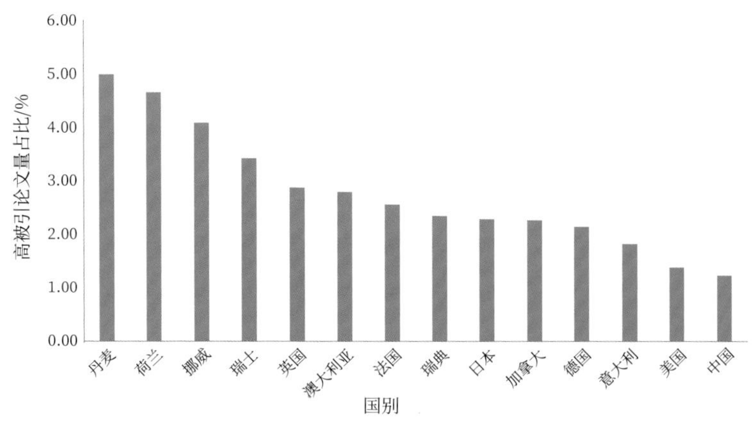


图 2.2　2021 年国际气象科技高被引论文量占比分布[①]

发表 67 篇；其次是英国和德国，高被引论文量分别为 54 篇和 38 篇。从高被引论文量相对国家总发文量的占比来看（图 2.2），欧洲国家的占比普遍更高，丹麦、荷兰和挪威的高被引论文量占比均大于 4%，美国和中国的占比较低（不到 1.5%）。

2. 气象科技研发投入

近年来，美国、英国气象部门研发经费支出呈上升趋势（表 2.3）。美国国家天气局 2015—2022 年研发经费年平均支出为 150.94 百万美元；2022 年科技一体化经费支出为 174.74 百万美元，占当年总支出的 13.35%。

**表 2.3　美国和英国气象部门科技研发投入**[②]

| 国家（单位） | 项目 | 2015 年 | 2016 年 | 2017 年 | 2018 年 | 2019 年 | 2020 年 | 2021 年 | 2022 年 |
|---|---|---|---|---|---|---|---|---|---|
| 美国（百万美元） | 科技一体化 | 134.32 | 139.10 | 139.88 | 144.83 | 161.54 | 163.18 | 149.90 | 174.74 |
| 英国（百万英镑） | 研发支出 | — | — | 53.82 | 57.98 | 59.02 | 59.32 | 60.06 | — |

注：英国财政年度始于每年 4 月 1 日，止于次年 3 月 31 日，故 2021 年数据截止日期为 2022 年 3 月 31 日，并以此类推。

① 数据来源：《2022 气象科技论文统计分析年度报告》。
② 资料来源：美国国家海洋大气管理局预算报告、英国气象局年度报告。

英国气象局2017—2021年研发经费年平均支出58.04百万英镑；2021年研发项目支出为60.06百万英镑，占当年总支出的24.33%。

## （四）未来发展趋势

1. 重视人工智能等新一代信息技术在气象领域的应用

气象信息化发展迈入大数据智能时代。WMO《未来的天气气候》报告认为，以机器学习为代表的人工智能等新信息技术已经或将在气象领域全面应用。NOAA密集出台了人工智能战略、云服务战略等，并围绕大数据和智能应用，启动了从基础设施到平台应用的全方位行动。欧洲中期天气预报中心（ECMWF）认为，机器学习和人工智能将在其长期战略中发挥重要作用，人工智能技术的潜在应用领域包括数据质量控制、数据同化中的偏差校正、仿真模式组件以及量化不确定性等，并加快开展“全工作流”人工智能应用，从资料预处理、模式同化、物理过程优化到模式输出后处理等全面引入人工智能技术。

云计算的发展基于计算设备、网络通信技术等的充分发展，其在气象领域的应用，可以帮助平台用户降低数据存储、使用和传输成本，提升预报模式的预报精度和运行速度。目前，美国国家天气局（National Weather Service，NWS）已开展基于云的天气预报应用。基于NWS云数据平台，启动内部研发项目（Internal Research & Development Project，IP&D），实现针对灾害天气的实时数据挖掘，提高天气预报能力。同时，根据NWS天气预报台（Weather Forecast Offices，WFO）的需要，对数据挖掘和机器学习算法进行针对性研发改进。另外，该计划还结合亚马逊网络云服务（Amazon Web Services，AWS），通过机器学习预测该区域洪水灾害的可能性和严重程度。

2. 重视科研成果的转化应用

NOAA将“研究成果业务化、商业化”作为其研发管理原则之一，并提出，研发活动应尽可能达成 NOAA 战略目标，同时确保研发质量、相关性和性能的持续加强。《NOAA 人工智能战略》也强调，要加强人工智能由研究向业务转变的能力，逐步将基于人工智能的环境类研究项目业务化。NOAA 基于影响的决策支持服务（Impact-Based Decision Support Services，IDSS）系统也提出，推动研究指导业务和业务促进研究，加强与相关研究组织的合作，并简化技术流程，将创新科学技术投入业务使用，以适应预报员不断扩展的职责，并提升研究与业务互动反馈的效率。

《欧洲中期天气预报中心战略（2016—2025 年）》在其科学技术战略行动中提出，要优化系统设计及研发与业务之间的双向转换。为实现最高效率，要加强不同系统间（如中期到季节性系统、数值天气预报到哥白尼计划）的协同，以融合和巩固业务流程；要简化合作方式，开放源代码并允许外部代码参与，且保证过程透明化；要对软件基础设施进行现代化改造，关注研究成果向业务应用的转化，发布具有世界领先水平的产品。

《澳大利亚气象局研发规划（2020—2030 年）》则在地球数值预报系统能力建设的三年目标中提出，通过建立业务研究计划，初步实现未来计算环境、地球系统耦合和高效研究等业务的实现。

3. 注重科技研发的协同与开放

WMO《WWRP 世界天气研究计划（2016—2023 年）》认为，尽管已经在科学理解、监测、预测、计算和专业服务等方面取得了进展，但重大损失事件统计数据仍然提醒我们，气象科学知识与其在社会中的应用之间仍存在巨大的差距。要想缩小这一差距，需要气象科学、社会科学、跨学科等科技工作者与受气象及相关灾害影响的行业、气象企业各方的密切合作。NOAA 在其 2020—2026 年研究与开发愿景中提出，加强与跨机构、学术机构、公司和其他单位的合作是研发管理的重要原则。新建的外部虚拟机构——地球预测创新中心，也将通过让研究人员、建模人员和业务人员等参与开发的每个阶段，每年至少组织两次专题研讨会和至少一次代码竞赛，扩充投融资信息和营销（渠道），成立由改进业务模式系统的建模人员和工程师组成的团体等途径，促进行业内的分享和合作。

## 二、全球气象服务

### （一）发展概况

气象服务的形成和发展与社会经济活动关系密切。经过多年的探索和不断实践，许多国家的气象服务取得了长足发展，已融入社会生产生活的方方面面，影响着一国的经济与社会发展。

从世界气象组织的相关数据来看，在多灾种早期预警服务方面，2022 年，全球有 72 个会员（37%）通过区域平台发布警报；以有效通用预警协议（CAP）格式（国际标准格式）向灾害性天气信息中心（Severe Weather Information Centre，SWIC）提供预警的会员较 2020 年翻了近一倍，从 66 个（34%）增加到 116 个（60%）。2022 年 11 月召开的第 27 届联合国气候变化大会（COP 27）发布全民早期预警行动计划（Early Warnings for All Executive Action Plan），提出要建立切实可行的预警系统，实现在未来 5 年（2023—2027 年），向地球上所有人提供预警，以抵御日益极端和危险的天气。

在水文预警服务方面，2021 年，41% 的 WMO 会员提供河流洪水预报预警服务，同比增长 15%，30% 的会员提供山洪预报预警服务，同比增长 13%；全球干旱预警系统也呈现良好进展，27% 的 WMO 会员提供干旱预报预警服务，同比增长 10%。

在气象服务提供方面，2021 年，全球气象服务公私合作持续推进，大多数会员倾向于与私营机构在提供服务方面开展合作，而在业务、观测数据方面的合作比例略低。2021 年，有 25% 的 WMO 会员建立了多部门协商平台，以促进政产学研之间的交流。2022 年，微软宣布与 NOAA 合作，使用人工智能和机器学习技术，提供天气、水文、气候数据、预报、警报以及基于影响的决策支持服务。日本天气新闻公司 WNI 分别与葡萄牙电力公司、印度尼西亚气象机构签约，利用人工智能技术提供专业预报预警服务。美国气象预报公司 AccuWeather 将人工智能、增强现实（AR）、区块链等新技术应用到交互式天气体验、警报、气候、野火、空气质量等更广泛的领域。在信息发布方面，大多数国家和地区首选利用互联网向公众传播产品和服务，其次是无线电和社交媒体。

在行业气象方面，约 80% 的 WMO 会员实施了航空气象服务质量管理体系；大多数会员尚未开始实施海洋服务质量管理体系，只有 10% 的会员完成外部审核并获得认证，一小部分会员（2%）已完成内部审核和管理评审；约 34% 的 WMO 会员实施了早期预警服务质量管理体系。

在气候服务方面，自 2009 年 8 月 WMO 倡议建立全球气候服务框架（Global Framework for Climate Services，GFCS）以来，全球气象机构持续开展气候服务。目前，73% 的 WMO 会员建立了不同水平的气候服务基础设施，74% 的会员提供了不同水平的气候服务和应用，包括基本（20 个，10%）、核心（64 个，33%）、全面（33 个，17%）和先进（27 个，14%），49% 的会员可以开展不同水平的气候监测和评估。其中，69% 的会员为所属国家或地区应对气候变化自主贡献发展提供了气候服务，成为政府决策的重要支撑。

气候服务已融入各相关行业领域。一是在水资源领域，全球 82% 的气象部门通过提供数据（79%）、气候监测（72%）、气候分析和诊断（67%）、气候预测（62%）、气候展望（50%）和定制产品（54%）等提供水资源相关服务。二是在农业领域，全球 84% 的气象部门提供农业和粮食安全服务，服务手段包括数据服务（81%）、气候监测（73%）、气候分析和诊断（70%）、气候预测（64%）、气候展望（51%）和定制产品（56%）。三是在人体健康领域，全球 77% 的气象部门提供服务，服务手段包括数据服务（71%）、气候监测（58%）、气候分析和诊断（56%）、气候预测（50%）、气候展望（39%）和定制产品（48%）。四是在降低灾害风险方面，全球 80% 的气象部门提供服务，服务手段包括数据服务（75%）、气候监测（66%）、气候分析和诊断（63%）、气候预测（54%）、气候展望（40%）和定制产品（45%）。五是在能源方面，全球 79% 的气象部门提供服务，服务手段包括数据服务（75%）、气候监测（60%）、气候分析和诊断（55%）、气候预测（52%）、气候展望（41%）和定制产品（47%）。

与此同时，气候服务也存在不可忽视的问题。世界气象组织发布的《2021 年气候服务状况：水》报告显示，43% 的 WMO 会员中，气候服务提供者和信息使用者之间的互动不足；大约 40% 的国家没有收集基本水文变量的数据；67% 的国家没有提供水文数据；在提供数据的国家中，34% 的国家没有端到端的河流洪水预报预警系统或系统不够完善；54% 的国家没有端到端的干旱预报预警系统或系统不够完善。《2022 年气候服务状况：能源》报告显示，79% 的会员国或地区提供了能源气候服务，但只有不到一半的会员国或地区为能源行业提供量身定制的产品。对于可再生能源的专业服务，仅 25 个会员拥有专门的能源服务观测网络，仅 18 个会员可以从其他国家公共、私营或学术部门获得能源观测或模拟数据。WMO 明确指出，需要扩大现有的能源气候服务，特别需要加强可再生能源的气候服务。

### （二）2022 年气象服务国际比较

本节主要对比全球部分国家 / 地区在气象服务满意度、气象服务产业发展、气象服务经济效益等方面的进展。

1. 气象服务满意度

各国气象服务满意度总体处于较高水平。尽管每个国家气象服务满意度的评估标准和方法不尽相同，但气象服务满意度均处于相对较高的水平（表 2.4），其方法各国也可考虑互为借鉴。

**表 2.4　部分国家气象服务满意度对比**①

| 国家 | 气象服务满意度 |
| --- | --- |
| 美国 | 对 NWS 的满意度为 81 分，2019—2021 年连续 3 年持平 |
| 加拿大 | 2021 年环境和气候变化水文服务的满意度为 8 分 |
| 澳大利亚 | 2020—2021 年，普通社区和应急管理客户中客户满意度为 74%，其中，社区满意度为 80%，应急管理客户满意度为 67%。2019—2020 年，普通社区和应急管理客户中客户满意度为 78%，其中社区满意度为 82%，应急管理客户满意度为 74% |
| 英国 | 对国家天气预警服务相对满意和非常满意的用户占 92% |
| 中国 | 全国公众气象服务满意度 2021 年 92.8 分、2022 年 93.0 分 |

美国基于第三方的问卷调查和计量经济模型评估全美对 NWS 的气象服务满意度，评估结果表明 2019—2021 年连续 3 年基本持平，满意度为 81 分（满分 100 分）。2021 年，加拿大环境和气候变化水文服务满意度的评估结果为 8 分（满分 10 分）。澳大利亚气象局对气象服务满意度的评估主要通过对不同客户及行业分别进行问卷调查，结果表明，2020—2021 年，普通社区和应急管理客户的满意度为 74%，其中，社区满意度为 80%，应急管理客户满意度为 67%；在行业满意度调查中，航空部门、能源和资源行业、国防和国家安全部门、水务部门对气象服务表示满意或信任。在英国，2019 年，在对 1615 个用户的调查中，有 49% 的用户对国家天气预警服务表示非常满意，对此服务表示相对满意和非常满意的用户达到 92%，另外有 59% 和 66% 的用户表示此项服务提供了确切的消息和充足的反应时间。

① 资料来源：美国国家海洋大气管理局预算报告、加拿大环境和气候变化部部门成绩报告、澳大利亚气象局年度报告、英国气象局年度报告。

在中国，公众气象服务满意度持续提升，2022 年为 93.0 分（满分为 100 分），较上年提高 0.2 分，其中，城市、农村满意度分别为 93.2 分和 92.7 分，与 2021 年相比，城市提高 0.3 分，农村保持不变。

2. 气象服务产业发展

全球气象服务产业呈快速增长态势。据具有广泛影响力的业界市场分析平台 MarketWatch[①]在 2021 年 6 月发布的全球天气信息技术市场的分析和预测信息，2019 年全球天气信息技术市场已达 94.1 亿美元，未来还将以每年 8.5% 的增长率增长，到 2027 年将达到 181 亿美元。市场研究与咨询公司 MarketsandMarkets™[②]分析数据显示，2016—2019 年，全球天气预报服务市场增幅为 27.5%，年均复合增长率为 8.4%。由于天气对于航空、公用事业、海运、航运、石油天然气、农业、媒体、零售、可再生能源和保险业等行业的安全发展发挥着越来越重要的作用，该公司预测，2020—2025 年全球天气预报服务市场继续快速增长，年均复合增长率将达到 9.3%。

各国气象服务产业发展程度不一。欧美国家的天气服务产业规模和发展较为成熟。美国天气预报服务市场规模居全球首位，但增长缓慢。2022 年，美国天气预报服务业的市场规模为 166 亿美元，但年均复合增长率为 5.8%，低于全球增速。能源与公用事业占据了近 1/5 的美国天气预报服务市场；农业天气预报服务市场涨幅最大，但比重较小，不到 1/10。韩国气象产业的规模超过 4000 亿韩元（约 21.5 亿人民币），气象企业有 630 家，主要从事与气象仪器装备相关的研发、制造、销售和运维服务。

---

① MarketWatch 是道琼斯公司的全资子公司，也是全球领先的商业新闻、评论、个人金融信息，及投资工具和数据提供商。

② MarketsandMarkets™ 是全球领先的市场研究与咨询公司，作为世界 500 强的商业智慧合作伙伴，每年发布市场分析研究报告和高水准的策略分析报告，提供市场报告、产业研究、公司调研和定制调研等服务。

3. 气象服务经济效益

据世界银行 2021 年初保守估计，全球天气预报服务每年可能产生价值 1620 亿美元的经济效益（表 2.5）。

据评估，天气情况每年对美国 GDP 的影响约为 1 万亿美元，美国超过 95% 的公司都在使用气象信息。NOAA 数据显示，气象服务每年为美国企业创造 130 亿美元的价值（2020 年）（表 2.6）。

澳大利亚气象服务效益比为 1 ∶ 11.6，即在气象服务上每花费 1 澳元，将获得 11.6 澳元的经济收益。从 2016—2017 年到 2025—2026 年的 10 年内，气象服务将累计为澳大利亚带来 286 亿澳元的净收益。澳大利亚气象局 2020—2021 年的评估结果显示，其通过提供专业服务，帮助减轻

**表 2.5　天气预报年均全球社会经济效益的最低估值**[①]　单位：亿美元

| 部门 | 灾害管理 | 农业 | 供水 | 能源 | 交通 | 建筑 | 合计 |
|---|---|---|---|---|---|---|---|
| 年均全球社会经济效益的最低估值 | 660 | 330 | 50 | 290 | 280 | 10 | 1620 |

**表 2.6　部分国家的气象服务经济效益**

| 国家 | 气象服务经济效益 |
|---|---|
| 美国 | 天气对美国 GDP 的影响约为 1 万亿美元（2020 年）；<br>可为美国企业创造 130 亿美元的价值（2020 年） |
| 澳大利亚 | 气象服务效益比 1 ∶ 11.6；<br>为能源行业贡献了约 5 亿澳元的经济价值（2020—2021 年）；<br>为航空业贡献了约 3400 万澳元的收益（2019—2020 年） |
| 英国 | 气象服务效益比 1 ∶ 14；<br>气象服务将为英国商业带来近 300 亿英镑的效益（2015—2025 年） |
| 中国 | 气象服务对行业经济的贡献率最高达到 4.31%，最低为 0.22%，平均为 1.62%；<br>公众气象服务支付意愿为 1511 亿元人民币；<br>气象服务为公众避免或减少因灾的损失总额约为 5300 亿元人民币 |

① 资料来源：《中国气象发展报告 2022》。

灾害性天气的影响并避免产量损失，为 3 个主要资源客户分别带来了 8000 万～12000 万澳元的经济价值。同样，澳大利亚气象局为能源领域的战略关系协议伙伴贡献了 0.5 亿～1 亿澳元的经济价值。澳大利亚气象局的服务信息在 2020—2021 年提供了 3 亿～4 亿澳元的经济价值，用于支持水资源改革，提高澳大利亚水资源利用的效率、生产率和可持续性。

根据英国气象局向政府提供的分析报告，2015—2025 年气象服务将为英国商业带来近 300 亿英镑的效益，其气象服务效益比为 1 ∶ 14。

中国多次开展气象服务效益评估。2020 年评估报告指出，2020 年气象服务对行业经济的贡献率最高达到 4.31%，最低为 0.22%，平均为 1.62%。2021 年，公众气象服务支付意愿为 1511 亿元人民币，气象服务为公众避免或减少因灾的损失总额约为 5300 亿元人民币。

### （三）未来发展趋势

1. 注重发展基于影响的预报与基于风险的早期预警

《国际气象技术》杂志（*Meteorology Technology International*）相关研究认为，未来 10 年对气象领域影响最大的趋势之一是转向基于影响的预报。《世界气象组织战略计划（2020—2023 年）》明确提出，未来 10 年的发展重点之一就是加强基于影响和风险的扩展预测及预警产品和服务，以便更好地准备和应对水文和气象事件。美国国家天气局为实现“天气就绪国家（Weather-Ready Nation，WRN）”战略构想，特别强调提供基于影响的决策支持服务（IDSS），使气象预报预警信息直接服务于关乎生命财产安全的重大决策。

2. 注重提供更加精细化的按需服务

《欧洲中期天气预报中心战略（2021—2030 年）》提出，要满足用户对世界领先产品的需求，要以用户为重点，动态响应用户要求，确保提供一致、及时和高质量的服务，并通过加强验证和诊断来监测产品的质量。一是提供符合目标的高质量产品。对过去、现在和未来进行详细的地球系统模拟，以提供极端事件特别是高影响天气事件长达几周的预报预测，并根据用户需求提供环境监测服务。二是要方便用户高效便捷地获取产品。为用户提供可靠的、灵活的、容易获取和使用的优质数据及产品，确保社会经济效益最大化。《美国国家天气局战略计划》提出，要利用社会组织的能力扩大国家天气局预报预警的影响范围和涉及面，改进个性化决策。

3. 更加重视面向全球提供优质气象服务

WMO 提出要更好地服务社会需求，向社会提供权威的、可获取的、面向用户和切合用户需求的信息与服务。欧洲中期天气预报中心提出未来 10 年的使命是向成员国提供全球中尺度数值天气预报和地球系统监测。欧美一直关注面向全球用户的服务，美国在最近发布的一系列战略中渗透了要提供世界上最好的天气预报服务的战略目标，英国也在气象发展战略中明确表达了要瞄准成为全球天气和气候服务的首选合作伙伴。

## 三、全球气象治理

### （一）概况与进展

1. 经费来源

据 WMO 统计，绝大多数成员的国家气象水文机构都是政府所有，但隶属部门各不相同。其中，70 个成员为政府机构且不允许商业化行为，占 36%；43 个成员为政府和商业化行为共存，占 22%；还有 1 个成员以私营机构为主运行 。资料显示，全球诸多国家气象机构的经费来源渠道也各不相同（表 2.7）。

表 2.7 世界部分国家气象机构的隶属部门及经费来源

| 机构名称 | 隶属部门 | 经费来源 |
|---|---|---|
| 美国国家天气局 | 美国国家海洋大气管理局 | 全部来自联邦政府预算 |
| 英国气象局 | 国防部独立执行机构 | 政府有关部门的气象服务收入占 85%；商业气象服务收费占 15% |
| 法国气象局 | 环境、能源和海洋部 | 以国家财政预算为主，其次是航空气象服务收入及其他收入 |
| 德国气象局 | 联邦交通和数字基础部 | 主要来自联邦政府预算，另有一些其他收入 |
| 日本气象厅 | 国土交通省 | 全部来自政府机构的财务预算，没有列入国家财务预算的项目不能开支 |
| 加拿大气象局 | 环境部 | 主要来自政府机构，少部分来自商业气象收入 |
| 澳大利亚气象局 | 环境与领土部 | 主要来自政府机构，从 2003—2004 年开始，作为独立的实体进入国家预算 |
| 中国气象局 | 国务院 | 以中央财政为主，地方财政列预算或专项，气象部门略有其他收入 |

2. 法律法规建设

目前，WMO 193 个会员中，41% 的会员制定了涵盖 WMO 重点领域的长期战略计划，如加强天气和气候服务的供给、改进业务预报预警、实施 WIGOS 和 WIS、观测网络自动化等；18% 的会员尚未制定长期战略计划，但其中大部分正在起草；47% 的会员开展了气象法律、法规建设，其中 51 个会员出台了气象相关立法（占 26%），另有 41 个会员颁布了气象相关法规（占 21%）。

## （二）部分国家气象经费与人员情况

1. 气象机构预算支出情况

通过对全球部分国家年报等相关资料的分析发现，近 10 年，全球主要国家气象经费支出或预算均呈上升趋势，但各国增幅呈现一定差别。

美国国家天气局近 10 年经费支出总体呈增长趋势，2022 年预算支出总数达 13.29 亿美元，较 2013 年增长 40.5%（图 2.3）。

英国气象局总收入近年来稳定增长。2021 年 1 月英国气象局内部重组后，其收入主要包括合同收入和其他收入。数据显示，2021 年，英国气象局总收入为 258.47 百万英镑，较 2011 年增长 31.7%（图 2.4）。

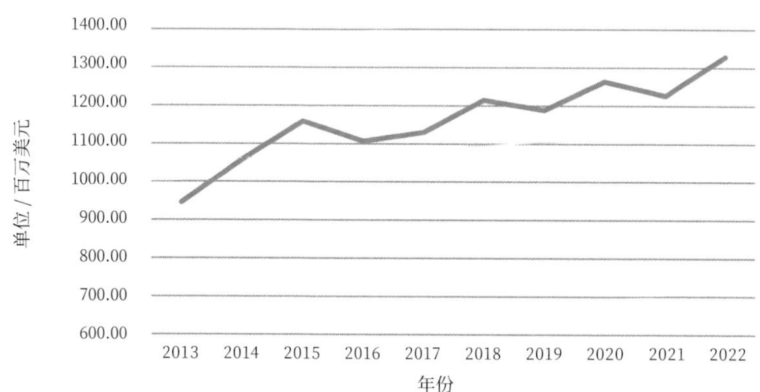


图 2.3　美国国家天气局经费支出情况（2013—2022 财年），其中，2013—2020 财年数据为实际值，2021 财年数据为制定值，2022 财年数据为估算值①

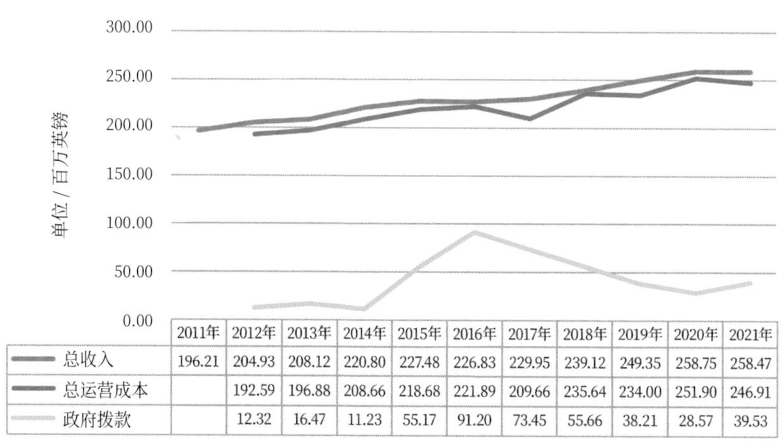


| | 2011年 | 2012年 | 2013年 | 2014年 | 2015年 | 2016年 | 2017年 | 2018年 | 2019年 | 2020年 | 2021年 |
|---|---|---|---|---|---|---|---|---|---|---|---|
| 总收入 | 196.21 | 204.93 | 208.12 | 220.80 | 227.48 | 226.83 | 229.95 | 239.12 | 249.35 | 258.75 | 258.47 |
| 总运营成本 | | 192.59 | 196.88 | 208.66 | 218.68 | 221.89 | 209.66 | 235.64 | 234.00 | 251.90 | 246.91 |
| 政府拨款 | | 12.32 | 16.47 | 11.23 | 55.17 | 91.20 | 73.45 | 55.66 | 38.21 | 28.57 | 39.53 |

图 2.4　英国气象局收入情况（2011—2021 财年）②

① 数据来源：美国国家海洋大气管理局预算报告（2015—2024 财年）。

② 数据来源：英国气象局年度报告（2011—2021 财年）。

日本气象厅基础设施与业务费用（预算概要中的物件费）基本稳定在200亿日元以上（2011—2020年），但近两年有所下降，其中2021年为189.62亿日元，2022年为191.18亿日元。人工费用近10年基本稳定在350亿日元左右（图2.5）。

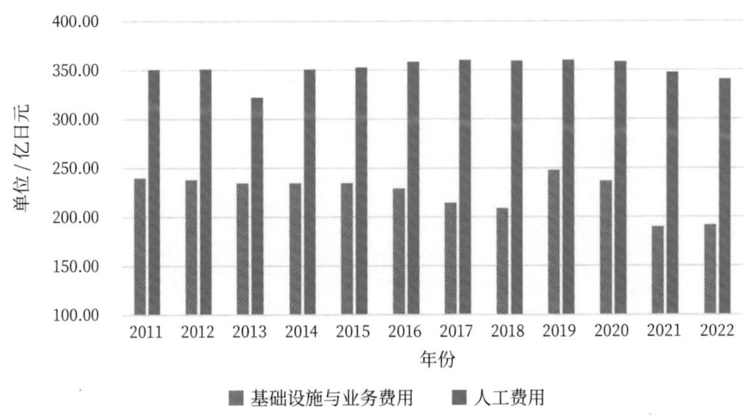


图 2.5 日本气象厅预算支出情况（2011—2022 年）[①]

加拿大气象局预测天气和环境条件方面的支出近5年持续增长。2022—2023财年计划支出274.05百万加元，比2018—2019财年增长15.2%（表2.8）。

**表 2.8 加拿大气象局预测天气和环境条件支出情况**[②] 单位：百万加元

| 项目 | 2018—2019财年 | 2019—2020财年 | 2020—2021财年 | 2021—2022财年 | 2022—2023财年 |
|---|---|---|---|---|---|
| 预测天气和环境条件 | 237.88 | 260.27 | 252.73 | 274.73 | 274.05 |

注：2018—2019财年、2019—2020财年和2020—2021财年为实际支出金额，2021—2022财年、2022—2023财年为预算支出金额。

① 数据来源：日本气象厅年度预算概要（2011—2022年）。

② 资料来源：加拿大环境部2020—2021年部门成果报告，加拿大环境与气候变化部2021—2022年部门成果报告。

澳大利亚气象局总支出、自有收入和政府拨款近年来均保持稳定增长。2022 年总支出为 479.23 百万澳元，较 2010 年增长 65.8%；自有收入为 89.35 百万澳元，较 2010 年翻一倍；政府拨款为 315.73 百万澳元，较 2010 年增长 25.7%（图 2.6）。

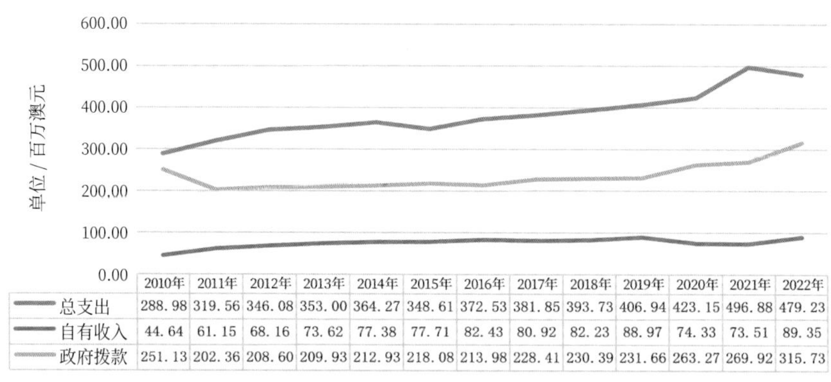


| | 2010年 | 2011年 | 2012年 | 2013年 | 2014年 | 2015年 | 2016年 | 2017年 | 2018年 | 2019年 | 2020年 | 2021年 | 2022年 |
|---|---|---|---|---|---|---|---|---|---|---|---|---|---|
| 总支出 | 288.98 | 319.56 | 346.08 | 353.00 | 364.27 | 348.61 | 372.53 | 381.85 | 393.73 | 406.94 | 423.15 | 496.88 | 479.23 |
| 自有收入 | 44.64 | 61.15 | 68.16 | 73.62 | 77.38 | 77.71 | 82.43 | 80.92 | 82.23 | 88.97 | 74.33 | 73.51 | 89.35 |
| 政府拨款 | 251.13 | 202.36 | 208.60 | 209.93 | 212.93 | 218.08 | 213.98 | 228.41 | 230.39 | 231.66 | 263.27 | 269.92 | 315.73 |

图 2.6　澳大利亚气象局实际收支情况（2010—2022 财年）[①]

数据显示，近年来中国气象局收入和支出总体呈增长态势。2022 年中国气象局总收入为 330.46 亿元人民币，中央财政拨款 180.74 亿元人民币，较上年分别增长 7.09% 和 7.94%（图 2.7）。

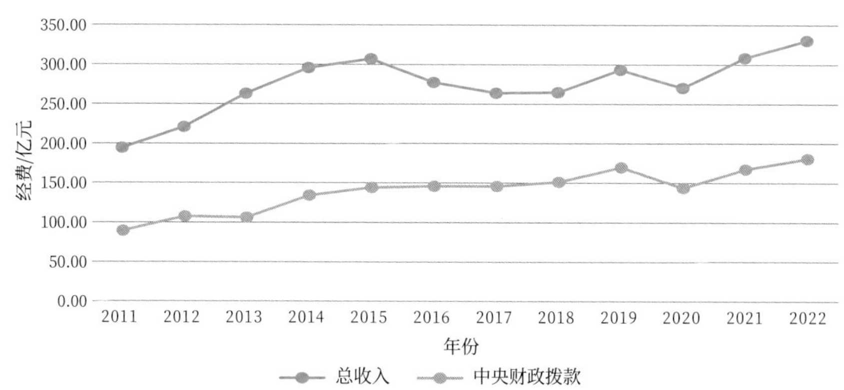


图 2.7　2011—2022 年中国气象局总收入和中央财政拨款情况[②]

① 数据来源：澳大利亚气象局年度报告。

② 数据来源：中国气象局计划财务司。

2. 气象部门人员情况

（1）人员数量

数据显示，2022 年，美国、加拿大、澳大利亚、日本、韩国气象部门人员数量分别达到 4319 人、1722 人、1691 人、5030 人、1478 人；2021 年，英国、中国、法国、德国分别达到 2223 人、52010 人、3331 人、2400 人（表 2.9）。一般来讲，各国国家气象部门人员数量的差别，很大程度上是由各国气象业务服务体制机制的差异导致的。

**表 2.9 全球部分国家气象部门人员数量情况** 单位：人

| 国家 | 2015 年 | 2016 年 | 2017 年 | 2018 年 | 2019 年 | 2020 年 | 2021 年 | 2022 年 |
|---|---|---|---|---|---|---|---|---|
| 美国 | 4288 | 4251 | 4248 | 4386 | 4253 | 4255 | 4322 | 4319 |
| 英国 | 2154 | 2045 | 1989 | 1879 | 2073 | 2127 | 2223 | 2264 |
| 法国 | 3201 | 3124 | — | — | — | — | 3331 | — |
| 德国 | 2385 | 2323 | 2296 | 2248 | — | — | 2400 | — |
| 加拿大 | 1459 | 1429 | 1424 | 1627 | 1706 | 1700 | 1718 | 1722 |
| 澳大利亚 | 1654 | 1664 | 1689 | 1671 | 1608 | 1593 | 1645 | 1691 |
| 日本 | 5167 | 5169 | 5120 | 5078 | 5039 | 5007 | 4980 | 5030 |
| 韩国 | 1461 | 1463 | 1498 | 1352 | — | — | — | 1478 |
| 中国 | 53587 | 53153 | 52495 | 51903 | 51863 | 51966 | 52010 | 51830 |

注：1. 澳大利亚气象局年度报告统计时间截止到当年 6 月 30 日，在此将“2017—2018”财年记为“2018”年，并以此类推。

2. 日本气象局 2019—2022 年数据来源于日本气象厅 2023 年出版的宣传手册。

从人员规模的可比性角度来看，2022 年全球部分国家每万平方千米国土面积气象部门人员数中，韩国、日本、英国单位国土面积气象工作人员最多，分别为 148 人、133 人、94 人；德国、法国和中国分别为 67 人、61 人、54 人；美国、加拿大和澳大利亚单位国土面积气象工作人员较少，分别为 5 人、2 人、2 人（图 2.8）。

2022 年，全球部分国家每百万人口中气象部门人员数量介于 13 ~ 67

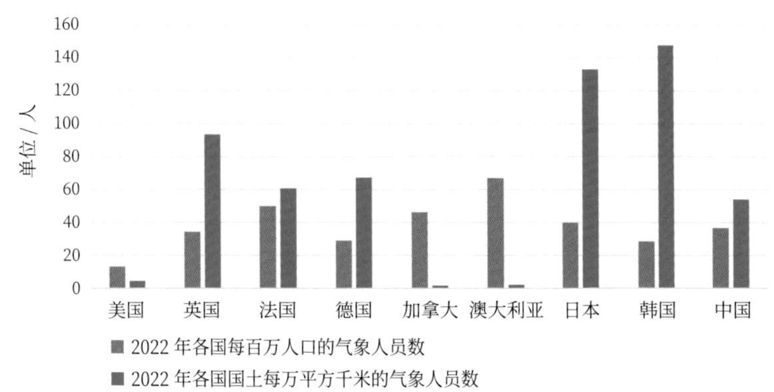


图 2.8　2022 年部分国家气象部门人员比较[①]

人之间，平均每百万人口的气象人员数为 38 人。其中 40 人以上（含 40）的有澳大利亚、法国、加拿大、日本，分别为 67 人、50 人、46 人、40 人；40 人以下的有中国、英国、德国、韩国和美国，分别为 37 人、34 人、29 人、29 人、13 人（图 2.8）

（2）人员经费支出

相关国家年报数据显示，2015—2021 年，气象部门年均人员经费支出分别为美国 4.63 亿美元、英国 1.19 亿英镑、澳大利亚 1.85 亿澳元、日本 356.59 亿日元（表 2.10）。

2021 年，部分国家气象部门人员人均经费分别为美国 10.79 万美元、英国 5.97 万英镑、澳大利亚 11.84 万澳元、日本 653.11 万日元。

**表 2.10　部分国家气象部门人员经费支出情况**

| 国家 | 单位 | 2015 年 | 2016 年 | 2017 年 | 2018 年 | 2019 年 | 2020 年 | 2021 年 | 2022 年 |
|---|---|---|---|---|---|---|---|---|---|
| 美国 | 百万美元 | 439.52 | 436.62 | 476.30 | 465.21 | 473.81 | 482.53 | 466.38 | 503.32 |
| 英国 | 百万英镑 | 110.30 | 117.37 | 99.33 | 113.65 | 119.53 | 136.90 | 132.70 | — |
| 澳大利亚 | 百万澳元 | 131.86 | 130.82 | 129.21 | 123.50 | 125.40 | 125.62 | 129.91 | 144.37 |
| 日本 | 亿日元 | 352.61 | 358.40 | 359.91 | 359.29 | 360.08 | 358.34 | 347.52 | 340.38 |
| 中国 | 百万元 | 5723.51 | 5915.68 | 6471.89 | 6849.30 | 7221.22 | 7688.61 | 7962.05 | 8529.86 |

① 数据来源：气象人员数引自各国气象年报，其中法国、德国为 2021 年气象人员数。

# 国际组织篇

# 第三章　国际组织气象发展*

天气气候与人类的生存、发展息息相关。工业革命以来，各国气象合作不断加强，关注全球气象发展的相关国际组织应运而生，进一步推动了全球气象科技与业务的发展。

## 一、世界气象组织气象发展

### （一）概况

世界气象组织（WMO）是联合国专门机构，其前身是创立于 1873 年的国际气象组织（非政府间机构）。1947 年国际气象组织局长会议决定将该组织改为政府间组织 WMO，1950 年 3 月 23 日 WMO 正式成立，1951 年 WMO 正式接管国际气象组织职责和资源，并正式成为联合国专门机构。截至 2022 年，WMO 共有 193 个会员。中国为 WMO 国家会员，中国香港和中国澳门为地区会员。

WMO 的组织架构主要包括世界气象大会、执行理事会、区域协会、技术委员会、研究理事会和秘书处，并通过多项科技计划开展工作。世界气象大会是 WMO 的最高权力机构。常规的世界气象大会每 4 年召开一次，2019 年世界气象大会通过改革方案后，将每两年召开一次特别大会。WMO

*　执笔人员：樊奕茜　杨丹

执行理事会共 37 个席位，中国气象局局长一直担任执行理事会成员。WMO 共有 6 个区域协会，中国属二区协（亚洲）。二区协（亚洲）共有 6 个执行理事会席位。WMO 每个会员指派其气象局或水文气象局局长担任 WMO 常任代表，为 WMO 与该会员联系的正式渠道。2019 年，第 18 次世界气象大会通过改革方案，赋予区协更多的职能，例如，WMO 秘书处将原来放在秘书处的一些区域办公室放到区域，以确保 WMO 在区域的知名度和认可度，推动利益相关方参与 WMO 区域活动和项目，并要求加强与技术委员会的协调，鼓励跨区域的合作。

目前，秘书处主要包括 4 个办公室（秘书长内阁办公室、公私伙伴关系办公室、道德伦理办公室、内部监察办公室）和 5 个职能司（基础设施司、服务司、科技创新司、会员服务与发展司、治理服务司）。

2023 年，WMO 召开第 19 次世界气象大会，将联合国全民早期预警倡议的实施列为世界气象组织（WMO）未来 4 年战略计划的首要任务，讨论通过了观测、预报、服务、能力建设等一揽子决议。大会选举阿联酋国家气象局局长阿卜杜拉·阿勒曼杜斯（Abdulla Al Mandous）为新一任 WMO 主席，任命阿根廷国家气象局局长塞莱斯特·绍罗（Celeste Saulo）为新一任 WMO 秘书长，中国气象局局长陈振林被选为新一届执行理事会成员。

### （二）重点领域主要进展

面对全球气候变化的发展，WMO 在防灾减灾、基础观测建设和数据交换、气候适应与减缓、气候治理等方面做出了诸多努力，取得了积极的进展。

1. 全球防灾减灾领域主要进展

2022 年，WMO《天气、气候和水极端事件造成的死亡和经济损失图集》报告显示，1970—2021 年，与极端天气、气候和水相关的事件造成了 11778 起已报告的灾害，死亡人数略高于 200 万人，经济损失达 4.3 万亿美元。但是，在过去的半个世纪里，由于预警和灾害管理的日趋完善，伤亡人数已大幅削减。为了提高对自然灾害的意识并加强防灾减灾能力，支持灾害防范和响应，WMO 制定了灾害编目标准，并在《区域和国家层面灾害相关死亡率图集》中详细列出了有关灾害的信息、损失和损害以及归因的证据。数据显示，截至 2021 年 11 月，已有 130 多个国家制定了国家减少灾害风险战略。在 193 个 WMO 会员中，有一半报告拥有多灾种早期预警系统。

（1）组织实施全民预警倡议

为适应气候变化并减缓极端天气带来的损失，联合国在 2022 年世界气象日公布了全民早期预警倡议（Early Warnings for All，EW4ALL），即在未来 5 年内，地球上的每个人都应该受到早期预警系统的保护，以应对日益极端的天气和气候变化。在这一框架下，WMO 及其会员正在继续开发全球多灾种预警系统（Global Multi-hazard Alert System，GMAS），目标是使该系统在所有灾害中实现业务运行。

风险评估、监测预警、信息传播和应急响应是支撑全民早期预警倡议的“四大支柱”。预计未来 5 年内新的专项投资为 31 亿美元，将用于推进这四大支柱建设。其中，灾害风险（3.74 亿美元），负责系统收集数据并对危害和脆弱性进行风险评估；观测与预报（11.8 亿美元），负责加强观测和预警服务；备灾与应对（10 亿美元），负责建设和提升国家和社区的应对能力；预警传播（5.5 亿美元），负责传播风险信息，使所有需要风险信息的人们都能获得、理解和使用这些信息（图 3.1）。

全民早期预警倡议重点考虑提高灾害监测和预警能力、缩小观测差距、推进全球预报数据处理系统和数据交换所需的首要技术行动，旨在优化国际合作行动。该计划依托现有的 WMO 活动和伙伴关系，包括 WMO 全球多灾种预警系统、系统观测融资机制（Systematic Observations Financing Facility，SOFF），以及气候风险与早期预警系统倡议（Climate Risk and Early Warning Systems，CREWS）等。

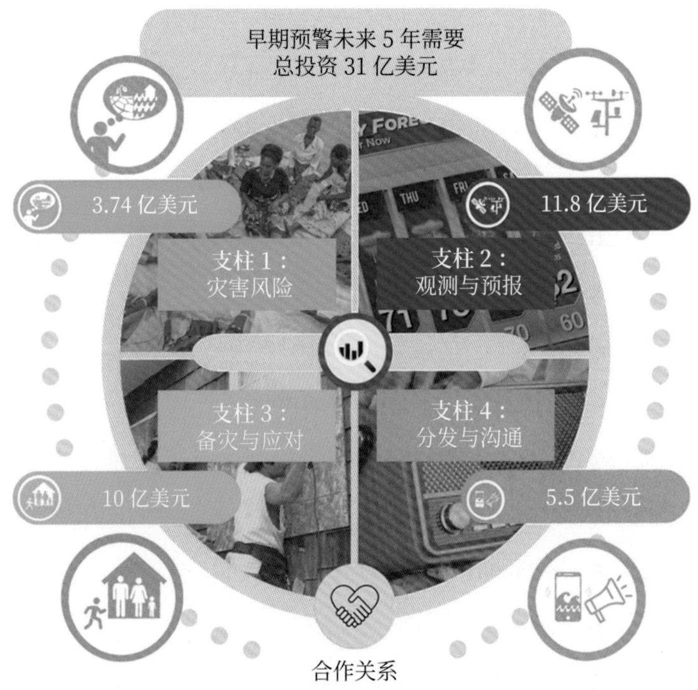


图 3.1 早期预警系统四大支柱及预算

为确保计划取得进展并继续与各执行机构保持战略一致，联合国秘书长将建立“全民早期预警治理理事会”，该理事会将每年在气候变化大会召开之前向联合国秘书长报告进展。此外，还将每年组织一次“多利益相关方论坛”，以加强与更广泛伙伴的协商及合作。第 19 次世界气象大会更新了 WMO 科学和创新政策，鼓励利用重大科技成果的影响力和人工智能的力量，挖掘其在全民早期预警方面的巨大潜力。

2023 年 4 月，中国召开“一带一路”全民早期预警高层论坛，通过《共建“一带一路”全民早期预警北京宣言》，承诺积极支持联合国全民早期预警倡议，加强区域气象合作和对“一带一路”倡议的气象支持，包括减少灾害风险、开展气候服务、综合观测、研究和能力开发方面的工作。该宣言得到了第 19 次世界气象大会的充分肯定。

（2）组织实施气候风险和早期预警系统倡议

气候风险和早期预警系统倡议是一种融资机制，由 WMO、世界银行、全球减灾和恢复基金（Global Facility for Disaster Reduction and Recovery，GFDRR）、联合国减少灾害风险办公室（United Nations Office for Disaster Risk Reduction，UNDRR）组织实施，成员包括澳大利亚、芬兰、法国、德国、卢森堡、荷兰、瑞典、英国、加拿大，目的是为最不发达国家（LDC）和小岛屿发展中国家（SIDS）提供定制化的、以国家行动为主导的早期预警系统。该倡议将有助于建立强大的且可持续的预警系统，提供及时、准确和易懂的气候风险及天气服务，是早期预警系统中的一项重要支持。

气候风险和早期预警系统倡议 2022 年年度报告指出，2022 年，气候风险和早期预警系统为全球 15 个国家的 1.11 亿人提供了干旱、洪水和沙尘等灾害预报和预警服务，包括天气、沙尘和山洪预报培训，制作农业气象服务产品等。大部分项目在非洲和亚洲太平洋小岛国家，为其制定国家水文气象服务制度和法律、国家战略计划和框架提供支持与帮助，其中刚果共和国、莫桑比克和多哥 3 个国家通过了气候预警相关法案，有 5 个太平洋岛国已制定国家计划并开展相关活动。气候风险和早期预警系统信托基金自 2015 年成立以来，已收到 1.056 亿美元用于定制国家预警解决方案，向 44 个最不发达国家和小岛屿发展中国家的项目投资超过 4000 万美元。自 2021 年以来，气候风险和早期预警系统信托基金收到的捐款增加了 36%，但据测算，到 2025 年，业务支持需求还需要 1.55 亿美元。

2. 基础观测和信息系统领域主要进展

WMO 一直致力于打造一个共同的全球基础设施，以制作和分发用于天气、气候和水文预报及服务的数据。

（1）WMO 全球综合观测系统（WIGOS）的发展

2007 年第 15 次世界气象大会通过决议，建立 WMO 全球综合观测系统

（WIGOS）。作为 WMO 首要优先事项之一，WIGOS 更好地整合和共享来自国家气象水文部门和其他组织、个人（比如私营企业）的观测数据，以高效益成本比和可持续的方式，满足会员在天气、气候、水和相关环境服务日益增长的观测需求。

在 2016—2019 年 WIGOS 试运行顺利实施后，第 18 次世界气象大会认为 WIGOS 已经非常成熟，决定自 2020 年起正式投入业务。第 18 次世界气象大会通过了 WIGOS 2040 年愿景，探讨了未来几十年用户的观测数据需求可能发生的一些情景，以及国家气象水文部门、空间机构和其他观测系统设计者如何能够相应地调整其规划活动，以发展 WIGOS 的空基和地基部分。在 2020—2023 年，WIGOS 的优先重点包括持续推进 WIGOS 实施；培育会员遵守 WIGOS 技术规则的文化；实施全球基本观测网和区域基本观测网；WIGOS 资料质量监测系统的业务部署；区域 WIGOS 中心的业务部署；进一步开发观测系统能力分析和评审（OSCAR）数据库。在 WIGOS 业务阶段，气象水文部门将为国家实施 WIGOS 承担更大的责任，并利用 WIGOS 提供的框架，在国家层面的气象观测资料获取和管理方面发挥领导作用。

自第 18 次世界气象大会以来，WIGOS 持续改进所有尺度的预报和信息质量。WMO 基础设施委员会推出了新的气象组织信息系统 WIS 2.0，旨在未来取代全球电信系统（GTS），支持全球基本观测网（GBON），推动全球便捷、有效、平价地共享数据。WIS 2.0 于 2022 年 12 月开始试点，预计于 2023 年底完成。WMO 还开发了 WIS 2.0 组件（WIS2 in a box，wis2box），提供即插即用的工具集，便于获取、处理和发布天气、气候和水数据，降低数据提供商的准入门槛，为查找、访问和可视化数据提供基础设施及服务，支持在最不发达国家和小岛屿发展中国家执行 WIS 2.0。

（2）全球气候观测系统（GCOS）的发展

全球气候观测系统（Global Climate Observation System，GCOS）由

WMO 和联合国教育、科学及文化组织政府间海洋学委员会（United Nations Educational，Scientific and Cultural Organization Intergovernmental Oceanographic Commission，IOC–UNESCO）、联合国环境规划署（United Nations Environment Programme，UNEP）和国际科学理事会共同发起。GCOS 是 WIGOS 框架下的观测系统，负责对全球大气、陆地和海洋开展气候观测。基本气候变量（Essential Climate Variables，ECV）是 GCOS 的核心活动之一，由 GCOS 专家组定义和维护，作为系统观测地球气候变化所需的变量。GCOS 定期编制气候状况报告，评估气候观测系统的进展以及为控制升温所提出的要求，并编制实施计划，提出改进措施。

《2022 年 GCOS 实施计划》为未来 5 ～ 10 年建立一个持续和适合目的的全球气候观测系统提出了建议，确定了六大主题。

一是确保现有关键观测项目的可持续性。为确保气候系统监测数据的可用性，必须持续获取来自地球系统中地面和卫星观测的关键数据。

二是填补当前观测数据空白。部分基本气候变量或观测平台类型存在数据缺口，需要大量新的观测来改进气候监测并增强对气候变化的了解。

三是提高数据质量、可用性和效益。本主题聚焦于如何将原始观测数据转化为对用户有用的数据，包括再分析数据和数据融合算法。

四是改善数据管理。当前需要更有效地组织数据管理、共享和分发，以最大限度地发挥对地观测数据的开发潜力。

五是与各国和合作方接触。GCOS 需要持续地与各国和合作方接触，以更有效地实现其战略目标。GCOS 可以帮助协调能力建设，从而实现观测基础设施的可持续改进。

六是解决其他新出现的需求。GCOS 已明确了利用观测数据支持气候行动的领域，如增强极地基本气候变量（ECV）卫星监测能力、提高城市地区气候监测等。

（3）全球资料数据综合处理和预报系统（GDPFS/WIPPS）的发展

全球资料数据综合处理和预报系统（Global Data Processing and Forecasting System，GDPFS）是一个国际机制，负责协调各会员气象分析和预报能力，并推动分析和预报供所有会员使用。

GDPFS 最初是围绕传统天气预报建立的，范围从短期到中期，后来延长到季节性预报。GDPFS 还包含一些超出传统天气预报模式的组成部分，最引人注目的是使用大气输送和扩散模型开展环境应急响应、沙尘暴预报和火山灰云输送及扩散预报（根据国际民用航空组织指定）。2017 年之后，GDPFS 逐渐扩大到临近预报和年代际预测，以及季节预测。在第 19 次世界气象大会上，WMO 观测、基础设施和信息系统委员会决定采用 WMO 综合处理和预报系统（WMO Integrated Processing and Prediction System，WIPPS）作为 GDPFS 的新名称。

未来，WIPPS 将持续扩展预报范围，满足会员各方面需求，如临近预报，高分辨率区域和全球预报，基于影响的预报和基于风险的预警，对河流流量和水深的水文预测，对大气成分、海洋状态（洋流和生物地球化学）、全球碳循环和冰冻圈的预测。现有 GDPFS 中心有望通过融合新型观测数据、高性能计算、地球系统模式、后处理技术以及人工智能（包括机器学习）来提升其技术水平。WIPPS 将为 WMO 会员提供更高质量的产品和服务，增强数据的可获得性和可用性，加快数据传输速度。

（4）组织实施系统观测融资机制

为改善全球气象观测，解决最不发达国家和小岛屿发展中国家天气和气候观测缺失这一长期存在的问题，联合国在 2019 年提出了系统观测融资机制。系统观测融资机制由 WMO、联合国开发计划署和联合国环境规划署组织实施，倡导共享气象观测数据，加快完善全球观测基础设施，填补气象数据空白，推动气象观测效益最大化。

全球有 68 个最不发达国家和小岛屿发展中国家，是全球气象监测网的准空白区。在 SOFF 的第一个 5 年实施期内将投入 4 亿美元，预计高空和地面气象站共享的数据量将分别增加 10 倍和 20 倍。SOFF 以能否促进观测数据的国际交换作为衡量投资成功与否的标准，并鼓励先进的国家气象部门分享专业知识，通过同行咨询服务提高技术能力，与合作伙伴共享知识和资源。

SOFF 是实现全民早期预警系统的关键之一，于 2022 年 7 月投入运行，已动员了第一批 10 个资助伙伴，包括奥地利、丹麦、芬兰、冰岛、爱尔兰、荷兰、挪威、西班牙、美国以及北欧发展基金，获得认捐总计 6500 万美元。SOFF 通过多边开发系统的机构实施，主要包括世界银行、其他多边开发银行以及联合国开发计划署、联合国环境规划署和世界粮食计划署等联合国组织。目前，SOFF 正在迅速推进，26 个国家的初步资金已经批准，并已开展工作。到 2023 年 6 月，预计将有 60 个国家投入资金。作为联合国倡议的一部分，SOFF 第一个 5 年实施期资助目标规模在前 3 年为 2 亿美元。

（5）推动完善统一数据政策

2021 年世界气象大会特别届会通过了《WMO 关于地球系统数据国际交换的统一政策》，强调 WMO 所有会员之间可免费且不受限制地交换世界各地的观测数据和其他数据产品，促进所有 WMO 会员能够向其所属地区提供更好的、更准确及时的天气和气候相关服务。

新的数据政策制定了相关技术规则，明确了有关“核心数据”和“推荐数据”的详细内容并定期更新。主要实例是全球基本观测网（GBON）的规则性材料，该概念在 2019 年第 18 次世界气象大会上被批准，并在 2021 年制定了相关规则。GBON 代表了一种新方法，即在全球层面设计、定义和监测基本地基观测网络。它明确了 WMO 会员的承诺，即在最短的时间和空间分辨率上获取并在国际上交换最基本的地基观测数据。一旦实施，预计 GBON 将大大增加用于天气和气候监测以及预报的地基观测数据量。然而，目前全球地基数据共享存在的差距可显著影响局地、区域和全球天气及气候信息的质量。最不发达国家和小岛屿发展中国家产生且参与国际交换的 GBON 数据不足 10%。许多发展中国家交换观测数据不足的主要原因，是这些国家运行和维护观测基础设施的支撑能力不足。因此，实现持续遵守 GBON 需求需要大量投资，加强能力建设，为许多国家的运行和维护提供长期资金。

3. 气候适应与减缓领域的主要进展

2016 年，《巴黎协定》缔约方承诺将全球平均温度较工业化前水平升高控制在远低于 2 ℃，同时努力将升温控制在 1.5 ℃。为实现协定的目标，缔约方提交了全面的国家气候行动计划，即国家自主贡献（NDC）。2023 年 3 月，联合国政府间气候变化专门委员会（IPCC）发布第 6 个评估周期（IPCC-AR6）的综合报告。报告指出，当前已经比工业化前水平高出了 1.1 ℃。倘若要将全球气温上升幅度控制在工业化前水平的 1.5 ℃以内，所有行业部门都要在 2023—2033 年的 10 年内全力、快速、持续地减少温室气体排放。为达到碳中和的目标，到 2030 年，全球二氧化碳排放量需要在 2010 年的水平上减少 45%，到 2050 年达到净零排放。

（1）推进全球温室气体监测

自 2021 年以来，WMO 在提供基于科学的温室气体浓度信息（《WMO 温室气体公报》）和《全球气候状况》报告方面发挥了不可替代的作用。除上述报告外，WMO 支持减缓活动还包括通过全球温室气体监视网（G3W）提供温室气体通量估算，以及通过全球温室气体综合信息系统（IG3IS）支持国家和地方尺度排放估算。

当前，温室气体相关的国际活动主要局限在研究领域，缺乏针对地基、天基温室气体观测或模拟产品的全面、及时的国际交流。2023 年，WMO 执行理事会核准了新的全球温室气体监测基础设施计划，充分利用 WMO 在协调天气预报和气候分析方面的国际合作经验，并在1989年设立的全球大气监视网及其综合全球温室气体信息系统支持下，开展温室气体监测和研究，建立全球温室气体监视网。根据该决议，WMO将在国际合作框架内协调各方需求，推动在综合业务框架内利用现有的温室气体监测能力。全球温室气体监视网将补充估算排放量的方法，并将帮助联合国气候变化框架缔约方在扎实的科学基础上采取减缓措施。

（2）支持气候脆弱国家应对气候变化

2022年11月，第27届联合国气候变化大会（COP27）在埃及召开。会议聚焦气候变化下对气候脆弱国家造成的损失与补偿，为遭受气象相关灾害的脆弱国家提供“损失与损害”资金。丹麦、芬兰、德国、爱尔兰、斯洛文尼亚、瑞典、瑞士和比利时瓦隆地区宣布提供总额为1.056亿美元的新资金。

COP27在适应气候变化方面取得了积极进展，各国政府就推进全球适应目标的方式达成一致，提高最弱势群体的复原力，该目标将在COP28上结束并为第一次全球盘点提供信息。在COP27上适应气候变化基金（AF）获得总计超过2.3亿美元的新认捐，承诺将通过具体的适应解决方案帮助更多脆弱社区适应气候变化。《沙姆沙伊赫适应议程》提出，加强气候最脆弱社区的适应力，到2030年，全球向低碳经济转型预计每年至少需要4万～6万亿美元的投资。

COP27在减缓方面推动了一项工作计划，呼吁加快实施减缓行动并加强力度，该工作计划将持续到2026年，要求各国政府在2023年底之前重新审视和加强本国气候计划中的2030年目标，并加快努力逐步淘汰煤电，逐步取消化石燃料补贴。

（3）加强支持气候适应的气候服务

为了加强支持气候适应的气候服务，WMO正在开发新一代全球气候服务框架（GFCS）。通过推进全球资料数据综合处理和预报系统（GDPFS）业务化，将确保耦合气候模式比对项目（CMIP）的可持续性。在年度区域气候报告和气候服务中考虑社会经济影响，以支持国家气候风险评估，为国家自主贡献（NDC）和国家适应计划（NAP）提供参考。为了加强新一代全球气候服务框架的影响，WMO 还将整合所有全球资金流动，包括绿色气候基金（GCF）、适应气候变化基金（AF）、SOFF 及气候风险与早期预警系统倡议（CREWS）等。

4. WMO 二区协的主要工作进展

目前，WMO 二区协（亚洲）有 35 位会员，主要机构包括观测、基础设施和信息系统工作组（基础设施工作组）、天气、气候、水及相关环境服务与应用工作组（服务工作组）、水文和水资源协调组，以及指定的区域研究联络员。近年来，二区协着重从以下几个方面推动工作，并取得了积极进展。

（1）积极响应联合国全民早期预警倡议

在 2023 年二区协区域大会上宣布支持联合国全民早期预警倡议，并将为亚洲的高级别方向提供指导框架。借助系统观测融资机制的专项支持 CREWS 和其他资助机制，将制定一个“全民早期预警路线图”，包括加强多灾种预警系统中四大支柱的行动和时间表。

（2）充分发挥 WMO 全球综合观测系统（WIGOS）区域中心（RWC）作用

确定 RWC- 北京（中国）和 RWC- 东京（日本）为二区协（亚洲）第一个业务 RWC。在 WMO 秘书处（WIGOS 分部以及 WMO 亚洲和西南太平洋区域办公室）的支持下，两个二区协 RWC 职能包括元数据管理、气象监测和评估，以及技术支持和培训等。二区协会员观测台站的资料数据质量也得到进一步提高。

（3）建立全球亚洲多灾种预警系统（GMAS-A）

该系统平台是一个面向公众的网站，显示二区协会员发布的有效通用预警协议（CAP），并提供咨询产品。数据显示，二区协会员 CAP 预警已从 2019 年的 6 个增加到 2022 年底的 14 个。WMO 会员可以使用网站提供的模式、卫星和咨询产品。网站还提供聊天室功能，帮助用户就共同关注的跨界天气预警和其他业务主题进行沟通协调。

（4）开展超大城市智慧气象服务公私参与示范项目

2022 年 2 月，二区协启动超大城市智慧气象服务公私参与示范项目（PPE-SMSC），由中国气象局（CMA）、香港天文台（HKO）和澳门气象与地球物理局（SMG）共同主办。作为对《日内瓦宣言》（2019 年）构建天气、气候和水行动共同体目标的响应，该项目旨在基于 PPE 模式开发城市天气、气候和水服务。

5. WMO 治理改革

自 2019 年以来，WMO 通过治理改革，在组织机构、数据政策和公私伙伴关系等方面取得了积极进展。

（1）对外强化开放合作

成立高层科学指导委员会（SAP）和研究理事会，技术委员会也开放接纳气象部门以外的专家参与部分工作。

在联合国可持续发展目标（SDG）框架下，WMO 全面加强与联合国粮食及农业组织（FAO）、世界卫生组织（WHO）、国际民航组织（ICAO）、联合国水计划协调机制（UN Water）等在全球和区域的合作，成立政府间海洋学委员会（WMO-IOC）合作理事会等；加强与私营部门和学术界的合作。第 18 次世界气象大会批准的《日内瓦宣言——2019 年：构建天气、气候和水等行动共同体》明确提出，WMO 要不断促进建立和扩大公共、私营和学术等部门间的伙伴关系。

WMO 将更加积极主动地在联合国大家庭中发挥作用，例如参加联合国气候变化行动峰会并主持科学分会，与联合国秘书长共同发布全球气候变化声明等。

（2）对内大力整合优化

将原有的 8 个技术委员会改为两个，即基础设施系统委员会和服务与应用委员会，极大地减少了交叉和重复。每个技术委员会都设有负责规范性工作的常设委员会和为探索性工作或专家团队设立的研究理事会。

秘书处的结构改革，实现了新的技术司与两个新的技术委员会以及研究理事会的明确对应，分工清楚、责任明确，并有切实可行的加强内部协调和相互支持的机制。

### （三）未来发展方向

2023 年第 19 次世界气象大会批准了 WMO 2024—2027 财年战略计划和预算。根据预算，在 2024—2027 财年期间，WMO 将获得超过 2.78 亿瑞士法郎的常规预算，比 2020—2023 财年增加 2.4%。

战略计划的总体目标是确保到 2027 年底，地球上的每个人都受到全民早期预警系统的保护，免受极端天气的影响，包括 5 项长期目标：

目标 1：更好地满足社会需求，为全球提供权威的、易于理解的、面向用户的且适合多种用途的信息和服务，以更好地支持决策和行动，从而实施可持续发展并减轻天气、气候和水相关的风险。

详细目标：1）加强国家多灾种预警系统并扩大影响力，以有效地应对相关风险；2）扩大提供支持政策和决策的气候信息及服务；3）开发可持续水资源管理和适应的水文服务；4）强化提供决策支持型天气信息和服务的价值及创新；5）加快开发综合系统和服务，以应对与冰冻圈不可逆转的变化有关的全球风险和海平面上升对水资源的影响。

目标 2：加强地球系统观测和预测，强化未来的技术基础。完善和优化综合全球观测系统网络，确保全球有效覆盖。根据 WMO 统一数据政策，并以数据管理和处理机制为支撑，为持续、免费和无限制的全球数据交换提供保障。

详细目标：1）通过 WMO 全球综合观测系统（WIGOS）优化地球系统观测数据的获取；2）通过 WMO 信息系统（WIS）改进和增加获取、交换和管理当前及过去地球系统观测数据及反演产品；3）能够从 WMO 综合处理和预测系统获取及使用所有时间和空间尺度的数值分析和地球系统预测产品。

目标 3：推进有针对性的研究。与全球跨学科研究团体合作，从根本上推进对地球系统的认识，在所有时间和空间尺度以无缝隙方式改进与政策相关的信息和预测技巧。这将加强所有会员的预报和预警效能，因为科研、科学、技术和业务可共同将最有效的科学应用于服务价值循环的所有组成部分。

详细目标：1）促进对地球系统的科学了解；2）强化科学用于服务的价值，确保科学和技术进步，提升预测能力和分析；3）促进和推动与政策相关的科学。

目标 4：缩小天气、气候、水文和相关环境服务方面日益扩大的能力差距。提高发展中国家服务供给能力，确保向政府、经济部门和民众提供所需的基本信息和服务，为发展中国家，特别是最不发达国家、小岛屿发展中国家及会员岛屿地区带来显著效益。

详细目标:1）满足发展中国家的需求,使其能够提供基本的天气、气候、水文及相关环境服务;2）保持核心竞争力并提供专业知识;3）为投资可持续、有成本效益的基础设施和服务提供有效的伙伴关系。

目标 5：调整 WMO 结构和战略计划，以有效制定和实施政策、决策。

详细目标：1）优化 WMO 组成机构的结构，以更有效地决策；2）培养 WMO 战略伙伴关系；3）推进平等、有效且包容地参与治理、科学合作和决策；4）强调环境可持续性。

## 二、地球观测组织主要进展

### （一）概况

地球观测组织（GEO）是地球观测领域规模最大的政府间国际组织。2003 年 7 月 31 日，在美国华盛顿召开的第一次地球观测峰会上成立了国际地球观测特别工作组；2005 年 2 月，在布鲁塞尔召开的第三次地球观测峰会上批准通过了全球综合地球观测系统实施计划，并正式成立了地球观测组织，负责协调全球综合地球观测系统的各项活动。

GEO 现有成员国 113 个，参加组织 140 个，关联组织 19 个。GEO 秘书处设在瑞士日内瓦世界气象组织总部，由世界气象组织提供办公场所，人事和财务管理挂靠世界气象组织。现任秘书处主任雅娜·格沃艮（Ms. Yana Gevorgyan，美国国籍）于 2021 年 7 月上任，任期至 2024 年 6 月。

GEO 设立了美洲、欧洲、非洲和亚洲 / 大洋洲 4 个区域联合主席，执行委员成员由来自上述 4 个区域（美洲 3 个，欧洲 3 个，亚洲 / 大洋洲 4 个，非洲 2 个）和俄罗斯的 13 个成员国组成。GEO 的最高权力机构是全会，每年召开 1 次。全会下设若干个工作组，负责具体工作的推动和落实。部长级峰会在更高层面上指导地球观测组织发展，原则上每 4 年召开一次。执行委员会在全会闭会期间行使全会权利。

GEO 的目标是制定和实施全球综合地球观测计划，建立一个综合、协调和持续的全球综合地球观测系统，更好地认识地球系统，包括天气、气候、海洋、大气、水、陆地、地球动力、自然资源、生态系统以及自然和人类活动引起的灾害等。GEO 推动建设了全球观测数据广播系统（GEONETCAST）、地理空间资讯入口网站（GEOPortal）以及数据互操作和数据交换协议等。GEO 第一个 10 年执行规划（2005—2015 年）已经结束，2015 年制定了第二个 10 年执行规划（2016—2025 年），提出三项战略目标：

一是宣传地球观测的重要性。强调观测系统和观测数据是不可替代的资源，必须严格保护、公开访问（包括通过全球综合地球观测系统实现）、高度集成，最大限度地满足各国韧性社会建设、可持续经济增长和全球健康环境的需求。

二是促进与利益相关方建立战略合作伙伴关系。通过加深对地球观测的理解，充分利用观测数据，为应对全球和区域挑战的“科学支撑、数据驱动”决策提供支持。

三是提供数据、信息和知识。帮助利益相关者改善决策程序，满足决策的信息需求，促进合作与交流，推动新技术应用，创造新的经济发展机会，通过建立标准化、协作和创新的机制，撬动公共部门增加投入。

地球观测组织作为地球观测领域最大的政府间国际组织，将落实联合国 2030 年可持续发展议程、《巴黎协定》和《2015—2023 年仙台减轻灾害风险框架》作为合作优先事项，并将“韧性城市与人居环境”列为第四大优先事项，通过协调、全面、持续的地球观测支持在生物多样性和生态系统管理、防灾减灾、能源和矿产资源管理、粮食安全与可持续农业、基础设施和交通系统管理、公共卫生监测、城镇可持续发展、水资源管理 8 个领域开展工作。

### （二）中国的参与情况

中国是地球观测组织（GEO）创始国之一，自 2005 年地球观测组织成立起即与欧盟、美国和南非共同担任联合主席国。

地球观测组织第一次部长级峰会暨地球观测组织第四届全会于 2007 年 11 月在南非开普敦召开，时任科学技术部部长率中国代表团参加了会议，并首次向非洲共享了相关卫星数据。2010 年 11 月，地球观测组织第二次部长级峰会及第七届全会在北京召开，会议发布的《北京宣言》成为全球综合地球观测系统未来发展的重要指导性文件。2011 年 10 月，国务院批准由科学技术部会同相关部门，成立中国参加地球观测组织工作部际协调小组，制定中国参与地球观测组织的战略规划，统筹协调各部门地球观测系统的工作，推动中国综合地球观测系统的建设。2019 年 4 月，科学技术部与地球观测组织秘书处签订了合作谅解备忘录，进一步拓展双方合作空间。2020 年，中国担任地球观测组织轮值主席国。2021 年，中国 GEO 全球灾害数据应急响应机制正式确立为长效机制，在 GEO 框架下，面向国际开展遥感卫星数据灾害救援工作，为汤加火山喷发、巴西洪涝等国际重大灾害提供卫星数据和制图分析服务。2022 年 9 月 8—9 日，首届中国 GEO 大会在北京召开。中国气象局代表介绍了气象部门相关工作取得的积极进展，并提出中国气象局将持续发展风云气象卫星，不断提升卫星应用能力，加强国际交流合作，在中国 GEO、中国参与 GEO 工作中发挥更大作用。

中方参加地球观测组织国际会议取得丰硕成果。在 GEO 2023 年工作计划项目论坛上，共有 60 余位专家进行专题报告和专题讨论，其中中方专家 6 位；在 GEO 开放数据开放知识研讨会（ODOK）上，共有近百位专家出席作专题报告并参与专题讨论，其中中方专家 10 位。从专题报告人数来看，中方专家参加 GEO 论坛和 ODOK 会议占比均约为 10%，达到历史新高，充分体现了中国参与 GEO 治理的积极态度。

## 三、其他国际组织气象发展

本部分主要介绍与天气气候观测、预报和服务有直接关系的国际组织概况及其在气象领域的重大进展。

## （一）欧洲中期天气预报中心主要进展

1. 欧洲中期天气预报中心概况

欧洲中期天气预报中心（ECMWF）是成立于 1975 年的区域性政府间国际组织。其在业务气象数值预报领域取得了多项开创性成果，包括首次在国际上实现了全球四维变分资料数据同化和集合预报的业务化，建立了综合预报系统（Integrated Forecasting System，IFS）等。

欧洲中期天气预报中心位于英国雷丁，其数据中心于 2019 年迁至意大利博洛尼亚，2020 年建立了德国波恩办事处，现有 23 个成员国及 12 个合作国，2023 年共有 112 名员工。成员国组成的委员会负责战略规划、人员和预算管理，下设政策咨询委员会、科学咨询委员会、技术咨询委员会、数据咨询委员会、财务委员会、合作国咨询委员会。欧洲中期天气预报中心设立研究部负责地球系统相关研究，预报部负责预报产品服务，规划部负责哥白尼项目和目标地球项目服务和管理，计算部负责高性能计算机服务和管理，管理部负责欧洲中期天气预报中心管理。

欧洲中期天气预报中心主要业务产品包括全球预报、数值天气预报、超级计算与可拓展项目等，还负责两项欧盟哥白尼地球观测计划项目的实施，即哥白尼大气监测服务（Copernicus Atmosphere Monitoring Service，CAMS）和哥白尼气候变化服务（Copernicus Climate Change Service，C3S）。

35 个成员国和合作国家是欧洲中期天气预报中心主要的资金来源，2022 年共为中心提供捐款 5470 万英镑，约占中心总资金（1.24 亿英镑）的 44%；其他外部门组织为中心补充资金 4380 万英镑，约占总资金的 35%；预报产品和数据销售为中心提供额外收入约 1290 万英镑，约占总资金的 11%；剩余约 10% 的资金为中心运营获取的其他收入和收入税。

2. 欧洲中期天气预报中心重点领域主要进展

（1）预报领域

2023 年初，欧洲中期天气预报中心公布了其 2022 年数值预报业务绩效情况。总体来看，尽管其在高空参数的中期预报上继续保持全球领先，但其他国家气象预报中心在一些指标（如 2 米温度和降水等地表参数）的中期预报上已经接近欧洲中期天气预报中心，且在这些指标的短期预报上还部分超过了欧洲中期天气预报中心。

具体的预报状况，一是极端预报指数（EFI）对 10 米风速[①]和 2 米温度[②]的预报能力有所提高，对降水的预报能力略有下降。欧洲中期天气预报中心中期和延伸期预报在第 1 周和第 2 周捕获了 2022 年夏季欧洲和俄罗斯北部的正温度异常，并在延伸期预报中提前 3 周预测了巴基斯坦的负温度和正降水异常。二是热带气旋预报的路径误差与前一年（2021 年）相似，强度预报仍然明显偏弱。在海浪参数的预报技巧方面，由于欧洲中期天气预报中心综合预报系统周期 47r3 的更新，海浪峰值期预报水平有了很大的提高。与其他全球中心的预报相比，欧洲中期天气预报中心在海浪峰值期和较大浪高方面的预报都处于领先地位。三是关于拉尼娜现象的预报。在 2022 年初，欧洲中期天气预报中心预测拉尼娜将在几个月内逐渐恢复到中性的状况，但根据观测结果，拉尼娜状况持续了一整年。在 2022 年晚些时候，欧洲中期天气预报中心预测拉尼娜到 2023 年初转为中性，这与观测结果更为接近。在温带地区，预测 2022 年夏季欧洲暖异常的强烈信号，但其对斯堪的纳维亚和西伯利亚的影响程度被低估了。

① 10 米风速通常被用于描述地面风的情况，对于天气预报和气象学研究非常重要。10 米风速可以受到地形、建筑物和植被等因素的影响，在不同的地方风速和风向也会有所不同。

② 2 米温度指的是地面或者近地表面 2 米处的温度，通常被用于天气预报和气象学研究中，因为它可以反映出地面的温度变化，对于预测气温和天气变化非常重要。

值得注意的是，2023 年 6 月 27 日，欧洲中期天气预报中心综合预报系统（IFS）实现全面升级，大大提高了该中心的天气预报技能。一直以来，欧洲中期天气预报中心都十分注重提高全球数值天气预报的网格分辨率。在 1979 年的第一次中期业务预报中，网格分辨率约为 200 千米。之后，网格分辨率逐渐提高：1991 年约为 60 千米，2006 年高分辨率 / 集合预报为 25 千米 /50 千米，2022 年高分辨率 / 集合预报为 9 千米 /18 千米。2023 年 6 月，欧洲中期天气预报中心综合预报系统新升级版本 48r1 上线，其主要更新包括：集合预报水平分辨率提高到 9 千米，与高分辨率预报分辨率相同；增加多层雪方案。此外，48r1 还将引入一个新的、有效的、简单的迭代算法来计算半拉格朗日平流，它涉及热量、动量、水分和大气成分的传输。

欧洲中期天气预报中心技术咨询委员会
对欧洲中期天气预报中心业务预报系统的整体评价
（2022 年 10 月 6—7 日）

a）欧洲中期天气预报中心在博洛尼亚的新建高性能计算设施取得了进展，大气监测服务（CAMS）全球分析和预报的测试系统已经在运行。

b）与其他中心相比，欧洲中期天气预报中心在一系列高空和平流层验证评分、降水中期集合预报方面保持领先地位。

c）目前，欧洲中期天气预报中心在较短期的一些表面参数预报上的表现不如一些其他中心，例如 2 米温度集合预报；在 48r1 和 49r1 中提出的改进措施将解决其中的一些问题；此外，在南半球，欧洲中期天气预报中心在某些高空参数得分上的领先优势相对于其他中心已经缩小。

d）欧洲中期天气预报中心于 2021 年 10 月成功实施综合预报系统 Cycle 47r3，包括改进的潮湿物理包和用户要求推出的一些新产品。

e）47r3 的引入对许多分数产生了积极影响，包括降水和上部参数以及早期中程集合分数中可见的改进。然而在对 SYNOP 的验证中，47r3 对 2 米温度和 10 米风评分的影响有限，并导致总云量的技巧降低，这将在未来的模式周期中得到解决。

f）欧洲中期天气预报中心在显著浪高方面领先于其他中心，47r3 的引入对高峰时期技巧得分产生了积极影响。

g）EFI ROC 在欧洲针对高影响天气的得分在 2 米温度和 10 米风速的上有所提高，并达到了新的高点；24 小时降水的技巧得分略有下降，但仍保持在高位。

h）ERA5 是计算年度变化的有用基准，并欢迎对 HRES 和 ERA5 降水总体技巧得分的改善原因进行调查。

i）热带气旋 HRES 和 ENS 位置误差和速度有所改善，中心压力误差与去年相似。

j）在扩展范围内，第 2 周预报相对于持续性继续表现出改善，但与持续性相比，第 3 周和第 4 周没有明显的统计显著趋势。

k）在扩展范围内，南欧和俄罗斯北部的 JJA 2022 正温度异常和巴基斯坦的负温度异常 / 正降水异常在第 1 周和第 2 周以及较长的时效被捕获；巴基斯坦洪水信号提前 3 周出现，而北欧正温度异常在提前 3 周或更长时间未被发现。

l）在较长期的季节时间尺度上，欧洲中期天气预报中心和其他一些中心一样，将厄尔尼诺恢复到中性状态的速度太快，因此没有在提前 3 个月或更长时间内捕捉到正在进行的拉尼娜。

m）DJF 2021—2022 和 JJA 2022 的季节模式输出代表了与拉尼娜相关的信号，并捕获了 JJA 2022 欧洲温暖异常和巴基斯坦寒冷异常的一些元素。然而，在 DJF 2021—2022 期间，越偏北的纬度信号捕获越差，例如俄罗斯北部的温暖异常和北美东部的寒冷异常。

n）CAMS 中大气成分产品的质量和某些输出性能持续提高；47r3 版本中高空得分有所下降，不过这一问题将很快得到解决。

o）未来，将在验证中引入额外的数据集，例如地表的 TOA 净短波辐射和太阳向下辐射，以及在验证中更加关注近地表变量；建议根据预报员的反馈，开发一个反映阻塞情况持续时间的验证指标。

p）欧洲中期天气预报中心在过去一年中不断发展新的诊断方法，并通过在线支持、年度气候论坛、在线研讨会、实地考察和派驻国家气象代表等多种机制向成员国和合作国家提供了非常好的支持。

具体的变化，一是延伸期预报发生重大变化。欧洲中期天气预报中心综合预报系统中的延伸期预报是超过两周但少于一个季度的预报。此次延伸期预报由每周两次预报改为每日预报，集合成员从 51 个增加到 101 个，在整个预报范围内，从 0 天增加到 46 天，平均分辨率为 36 千米。延伸期预报的模式分辨率也有所提高，从约 100 千米提高到约 36 千米，从 40 层增加到 137 层。在新版本 48r1 中，所有扩展范围预测的水平分辨率将保持在 36 千米。目前到第 15 天为 18 千米，到第 46 天为 36 千米。延伸期预报的精度也显著提高，大部分延伸期预报的地表变量精度提高了 2% ～ 6%，高空变量提高了 1% ～ 3%。二是对 47r3 版本预报表现进行了评估。欧洲中期天气预报中心综合预报系统的 47r3 周期于 2021 年 10 月 12 日实施，其中包括对模式湿物理过程的重大升级。这一次版本更新改善了高空参数的中期预报，从而在 2022 年达到了相对于 ERA5 再分析系统的新的预报水平高点。

（2）观测和数据领域

利用卫星观测提高数据同化效率。2023 年 6 月，升级后的 48r1 版本利用微波通道，基于对云和降水不太敏感的较低频率进行地表反演，可以推断出不同频率的地表辐射特性，包括陆地、雪、海冰和所有表面类型的混合。此次升级获得的数据将被纳入数据同化中，帮助改善天气预报的初始条件。在某些通道中,该项技术使被同化的观测数量增加了约 30%。因此，本次模式升级某种意义上代表了欧洲中期天气预报中心使用卫星观测的重大进展。在 48r1 版本中，数据同化系统的其他变化包括：提高用于大气的 4D-Var 系统的分辨率，以及转向称为面向对象的预测系统（OOPS）的新软件层。

持续改进再分析资料和季节预报。欧洲中期天气预报中心参与了欧盟“地平线 2020”计划（Horizon 2020），旨在通过更新陆地和气溶胶特性来改进气候再分析资料和季节预报。2022 年，欧洲中期天气预报中心在制作土地覆盖数据集和植被观测数据方面取得重要进展，通过合并哥白尼气候变化服务和土地服务的数据，生成了 1993—2019 年土地覆盖、土地利用和叶面积指数的数据集。该项目还将哥白尼大气监测服务中大气成分部分引入综合预报系统，制作了对流层气溶胶多年代的均一性数据集，为下一代再分析资料 ERA6 及下一代季节预报系统 SEAS6 做准备，这将有助于确定气溶胶相互作用对数值天气预报的影响。

扩展ERA5数据的时间尺度。2022年，欧洲中期天气预报中心扩展了ERA5全球大气再分析资料时间尺度，延长到了1940—1978年，ERA5总数据集将覆盖80多年。ERA5扩展数据集将帮助建立过去几十年全球气候的完整情况，利用过去的数据来更加认识当前的气候状态，填补了全球气候数据的空白，特别是云覆盖和观测数据缺少的北极地区。ERA5数据集每日更新，滞后于实时数据5天，可直接通过哥白尼气候变化服务下载。截至2022年12月，ERA5在全球拥有超过10万用户。

广泛开放数据和代码。一是发布免费开放实时数据集（9千米高分辨率和18千米集合预报分辨率），用户可通过欧洲中期天气预报中心官方或微软Azure云访问数据。欧洲中期天气预报中心通过开发应用程序编程接口（API）和开源Python库提升数据的可用性，使数据可查找、可访问和可交互。2022年，开放数据下载总量约为1700 TB，月均140 TB（图3.2）。每日用户申请量从2021年的3.8万次增加到2022年的86万次，每日提供的数据

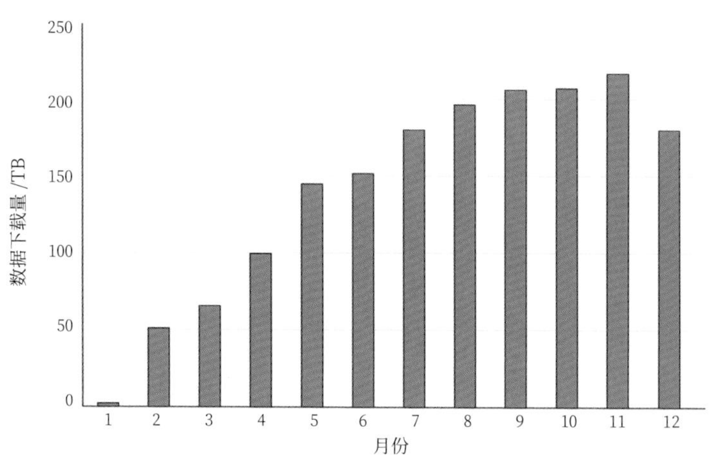


图3.2　2022年欧洲中期天气预报中心提供的开放数据下载量[①]

① 数据来源：2022年欧洲中期天气预报中心年报。

从 2021 年的 2.8 TB 增加到 2022 年的 7.7 TB。据微软 Azure 报告，平均每周有 40 万用户检索，并交付 7.7 TB 的数据。二是通过数据收费降低信息成本。2022 年 7 月，欧洲中期天气预报中心发布新的数据服务收费模式，用数量收费和服务包取代了欧洲中期天气预报中心手续费，用户可以根据自己需要的支持和服务级别来选择。这种新方法通过消除信息成本和欧洲中期天气预报中心手续费之间的自动联系，使欧洲中期天气预报中心能够逐步降低信息成本。它还允许许可证持有者重新分发或出售欧洲中期天气预报中心实时数据给用户个人使用，并且综合预报系统使用许可证的价格最高也降低了近 30%。三是开放部分综合预报系统（IFS）代码。欧洲中期天气预报中心在 GitHub[①]上创建了一个空间来托管（IFS）开源组件，以促进代码协作。四是增强内外软件协作。2023 年 1 月，欧洲中期天气预报中心发布新的软件战略，明确了 2023—2027 年软件（除天气预报过程之外）开发计划。该战略旨在平衡欧洲中期天气预报中心软件内部开发与社区软件，其认为现在是时候向基于软件组件化的增强协作框架过渡，来自社区（尤其是成员国和合作国）的互动和反馈会提高软件质量，新的软件战略标志着向新软件开放发展的转变。

（3）高性能计算领域

高性能计算架构有助于提升地球系统模拟能力。欧洲中期天气预报中心平均每 4 ～ 5 年会对超级计算机系统进行一次升级。

位于意大利博洛尼亚的欧洲中期天气预报中心新建高性能计算设施已于 2022 年秋季投入运营，为 2023 年综合预报系统升级提供服务。新建设施由 4 个 Atos BullSequana XH2000 综合体组成，将取代欧洲中期天气预报中心现有的系统（位于英国雷丁的两个 Cray XC40 集群）。这项新的高性能

① Github 是世界上最大的代码托管平台。

计算服务将提供大约当前系统 5 倍的性能。欧洲中期天气预报中心的高性能计算资源的 25% 分配给了成员国；最多 10% 预留给特殊项目，该中心目前正在运行的特殊项目有 80 多个。

另外，欧洲中期天气预报中心正在通过 Hybrid 2024 项目为未来预报系统做准备，探索核心模式组件重组方法，实现一个完整的、支持计算加速器的多架构综合预报系统。超级计算机是实现数字孪生地球“目标地球倡议”的基础。欧洲中期天气预报中心与欧洲航天局（ESA）和欧洲气象卫星开发组织（European Organisation for the Exploitation of Meteorological Satellites，EUMETSAT）合作建立了数字孪生地球项目，其第一阶段的目标是开发数字双引擎，这需要非常高分辨率的地球系统建模，要求复杂的软硬件环境。当前，已在欧洲部分超级计算机上运行综合预报系统，如卢森堡的 Meluxina、芬兰的百亿级机器 LUMI、意大利的 Leonardo 和西班牙的 MareNostrum5。欧洲中期天气预报中心还利用美国超级计算机 Summit 和德国 JUWELS 实现了世界上第一个千米尺度的大气–海洋全球耦合模拟。

（4）人工智能在预报中的应用①

欧洲中期天气预报中心注重新技术在预报中的应用，在机器学习方面开展了许多尝试。20 年前，欧洲中期天气预报中心首次尝试对神经网络进行训练，用于替代传统辐射方案的某个组成部分，但过去 20 年对机器学习的应用接近停滞。随着训练工具的巨大升级，地球系统模式组件的机器学习模拟器重新走进研究视野。

欧洲中期天气预报中心新型超级计算机 Atos BullSequana XH2000 将加载 GPU 节点，有效帮助神经网络的训练和运行。欧洲中期天气预报中心已

① ECMWF 推进人工智能在气象中的应用情况将在专题篇《第十章 人工智能气象应用进展》中详述，此处简要概述。

经开始着手研究辐射方案 ecRad（与英伟达公司合作）和重力波拖曳参数化方案（与牛津大学合作）两个领域的神经网络学习。虽然到目前为止的研究结论显示，机器学习很有前景，但仍面临着足够准确的模拟以及将机器学习工具引入到预报流程中的挑战。然而，随着预报模式的可移植性得到改善，模拟器也将获得更大的灵活性，GPU 和其他加速器的计算效率也有望得到改善。欧洲中期天气预报中心将开发 Infero 库，改进耦合机器学习和常规的预报。

与此同时，地球系统科学界内仍在不断尝试模拟模式组件。目前正在探索模拟以下模式组件，包括动量、边界层、重力波阻力、辐射、云和对流参数化方案，以及整个海洋、海气相互作用、大气化学、陆面模式和水文学。在让这些模拟器变得更好且更高效之前，通过机器学习实现地球科学的应用还有很长一段路要走。欧洲中期天气预报中心已开始探索复杂机器学习技术在很多相关领域的应用。

（5）国际合作领域

一是积极举办和参与重大国际气象会议。积极参与第 27 届联合国气候变化大会（COP27），响应 WMO 系统观测融资机制（SOFF）和欧盟目标地球倡议，为其提供资金和技术支持。举办世界气候研究计划（WCRP）中协调国际研究工作的 SPARC 欧洲分会，审查大气变量和预报研究。召开 ESA-ECMWF 地球观测与预报机器学习研讨会，探讨地球观测和数据同化中如何应用机器学习。

二是多措并举推动国际交流合作。2023 年，开展两个试点项目，加强与成员国、合作国的合作，重点讨论如何适应未来新型技术以及数值天气预报的物联网观测。通过奖学金计划加强与科学界的联系，推进共同感兴趣主题的研究，与来自法国、德国、匈牙利、荷兰、瑞典、英国和美国的 11 位研究员合作，研究领域包括大气动量传输、暖输送带、热浪预报和

RTTOV 辐射传输模式。与德国国家气象局一起为欧洲中期天气预报中心波恩办事处制定职业奖学金和访问学者方案，主要关注北极云、高度计观测、水循环和大气成分相关项目。与意大利、丹麦、德国和法国政府签署协议，帮助国家和公共机构更方便地获取和使用哥白尼数据。

3. 欧洲中期天气预报中心发展规划

2020 年 6 月，欧洲中期天气预报中心理事会通过了《欧洲中期天气预报中心战略（2021—2030 年）》（以下简称《战略》）。《战略》明确了欧洲中期天气预报中心的主要任务是向成员国提供全球中尺度数值天气预报和地球系统监测；愿景是与欧洲气象基础设施成员密切合作，提供前沿的科学和世界领先的天气预报及地球系统监测，促进社会安全和繁荣；目标是聚焦中尺度和延伸期天气预报，利用地球系统方法和与欧盟哥白尼计划的协同作用，最大化无缝隙预报的效益。

《战略》围绕科学技术、影响和组织人才三大支柱展开，重点阐述了三大支柱的发展目标和战略行动的预期成果。

支柱一科学技术——发展世界领先的天气和地球系统科学。通过持续和精确的建模，充分利用观测结果，构建无缝隙集合地球系统。强化尖端技术和计算科学在数值天气预报中的应用：利用高性能计算、大数据和人工智能（AI）方法，打造地球“数字孪生”。

支柱二影响——提供符合目标的高质量产品。对过去、现在和未来进行详细的地球系统模拟，以提供极端事件特别是高影响天气事件长达几周的预报预测，并根据用户需求提供环境监测服务。方便用户高效便捷地获取产品，为用户提供可靠的、灵活的、容易获取和使用的优质数据和产品，确保社会经济效益最大化。

支柱三组织人才——建立高效的组织。建立具有前瞻性、激励性、创新性、高效且友好的组织。以人为本，构建有利于协作的、多元化工作环境，以吸引、激励和培养人才。

## （二）欧洲航天局气象工作进展

1. 欧洲航天局概况

欧洲航天局（European Space Agency，ESA），简称欧空局，1975 年 5 月 30 日由原欧洲空间研究组织（European Space Research Organization，ESRO）和欧洲运载火箭发展组织（European Launcher Development Organization，ELDO）合并而成，是一个致力于探索太空的政府间组织，有 22 个成员国。

ESA 总部位于巴黎，下设机构包括在荷兰的欧洲空间技术研究中心（European Space Research and Technology Centre，ESTEC），在德国的欧洲空间运行操作中心（European Space Operations Centre，ESOC）和欧洲航天员中心（EAC），在意大利的欧洲空间研究所（European Space Research Institute，ESRIN）以及在西班牙的欧洲空间天文学中心（European Space Astronomy Centre，ESAC）。ESA 的主要任务是制定空间政策和计划，协调成员国的空间政策和活动，促进成员国空间科学技术活动的合作和一体化，主要成果包括伽利略定位系统（Galileo positioning system）、火星快车号（Mars Express）、罗塞塔号彗星探测器（Rosetta space probe）、哥伦布轨道设备（Columbus orbital facility）、自动转移航天器（Automated transfer vehicle）等。

2. 欧洲气象卫星发展

这里主要聚焦欧洲气象卫星的发展来呈现 ESA 气象相关工作的进展[①]。欧洲民用气象卫星起步于 20 世纪 70 年代，主要由欧空局和欧洲气象卫星开发组织（European Organisation for the Exploitation of Meteorological Satellites，

① 本部分介绍欧洲民用气象卫星的发展，并不局限于欧洲航天局（ESA）的气象卫星发展情况。

EUMETSAT）牵头负责。其发展有以下特点：注重用户和成员国需求，会进行大量的专家和用户需求调查；注重经济效益，加强卫星观测布局，减少轨道冗余；注重气候变化研究，从哥白尼气候变化计划深入扩大大气圈、水圈和生态圈等多圈层观测，为成员国提供决策服务以应对未来各种气候危机；注重与美国合作，加强数据共享，扩大产品应用领域。

（1）极轨卫星“哨兵”（Sentinel）系列

Sentinel 系列是欧洲航天局在哥白尼计划下发起的全球环境与安全监测计划（GMES）中的一项任务。每个“哨兵”任务都是由两颗卫星组成的星座，两颗卫星之间相差 180°，以满足重访和覆盖要求，为哥白尼服务提供强大的数据集。其中，Sentinel-4 和 Sentinel-5 任务是专门用于大气监测，为欧洲和全球提供包括空气质量监测、平流层臭氧和太阳辐射等大气监测。将“哨兵”数据输入哥白尼服务系统（Copernicus Services）中，帮助应对城市化、粮食安全、海平面上升、极地冰层减少、自然灾害以及气候变化等挑战。

ESA 一直致力于推进哥白尼气候变化观测计划，形成多圈层、多领域的观测网络。未来将持续推进“哨兵”项目，提供有关气候数据，以支持欧洲的决策服务。

（2）极轨卫星 MetOp 系列

MetOp 由 ESA 和 EUMETSAT 共同建立，并形成了 EUMETSAT 极地系统（EPS）。MetOp 卫星旨在与 NOAA 卫星系统协同工作，在互补轨道上于当地时间上午飞行，NOAA 卫星于当地时间下午过境，由此提供全球气象数据。在交换数据、仪器和运营服务的基础上，这两种服务相互协调和整合。MetOp 系列有 3 颗卫星，即 2006 年发射的 MetOp-A、2012 年发射的 MetOp-B 和 2018 年发射的 MetOp-C，对海冰监测、气候监测和大气化学做出了重大贡献。

为了确保从极轨提供的全球气象数据能够持续到 2020 年及以后的几十

年，ESA 正在准备下一代 MetOp 卫星 MetOp-SG。MetOp-SG 计划发射 6 颗卫星，A 系列卫星将配备大气探测仪以及光学和红外成像仪，B 系列则专注于微波传感器。

（3）静止轨道 Meteosat 系列

Meteosat 是由欧洲空间研究组织（ESRO，ESA 的前身）于 1972 年发起的地球静止轨道计划，总体目标是持续提供具有经济效益的卫星数据和服务，以支持 EUMETSAT 成员国的需要。Meteosat 主要关注业务气象的需要，如业务天气预报和其他学科的应用。第一代卫星为 Meteosat-1 至 Meteosat-7，主要获取云和水汽相关数据。第二代卫星 MSG 为 Meteosat-8 至 Meteosat-11，改进了成像仪，并增加了地球辐射收支观测。MTG 是 Meteosat 第三代卫星，计划发射 6 颗，并利用更高级的高光谱成像仪，增加闪电成像仪和大气化学探测仪等开展任务。MTG 的任务目标是改进对天气和强风暴的预报，其主要创新包括提高灾害性天气监测和预报；增强数据的连续性，在 MSG 的基础上监测不断变化的大气、地表和海洋；与第二代相比，MTG 数据速率提高了 30 倍。

（4）地球探索者计划

在 ESA 实施的卫星项目中，偏向于研究的是地球探索者（Earth Explorers，EE）项目。EE 覆盖大气圈、生物圈、水圈、冰冻圈和地球岩石圈，强调对不同圈层系统之间相互作用及人类活动对这些地球自然过程的影响，主要探索全球各圈层的观测空白。

2022 年 5 月，ESA 以“天基平台如何改变地球科学的面貌”为题召开 3 年一次的“活力星球学术研讨会”（living planet symposium，LPS）。会议认为，在全球应对气候危机的关键节点，监测地球系统的变化比以往任何时候都更加重要，而地球观测卫星所处的太空是监测地球环境的最佳地点。这一结论，更加坚定了欧洲加强其在太空领域的雄心。为实现这一雄心，ESA 通过打造欧洲地球探索者（Earth Explorers，EE）计划“9+1+4”卫星格局，率先奠定了天基多圈层监测平台的基础。“9+1+4”模式是指已经完成或开始的9项、正在执行的1项和将要选择的4项（从4项候选项目选择1项）卫星项目。EE项目为业务卫星的发展奠定了良好基础，如果没有EE提供的技术与应用机会，一些目前非常成功的哥白尼“哨兵”项目扩展根本不可能实现。

为更好地发挥EE项目的作用，ESA重点研发了EE第10号项目和谐卫星（Harmony），并针对和谐卫星的科学意义、技术路线、卫星性能、产品和应用等多次召开研讨会，力求在大气、海洋、固体地球和冰冻圈多圈层之间，设计2颗卫星并与Sentinel-1卫星共同飞行，来观测和量化千米尺度的云运动。和谐卫星的技术创新和新观测理念主要包括双卫星设计并与载有SAR传感器的Sentinel-1卫星编队运行，提供高分辨率云参数数据，从而支持下一代模式研发等。

（5）基于卫星数据开展气候监测

ESA致力于基于卫星数据服务气候监测，取得的主要进展，包括以下三方面：

1）提供准确的碳排放数据。ESA通过推进欧洲人为二氧化碳排放监测（$CO_2M$）卫星计划，改进各国预测和报告温室气体排放的方式。$CO_2M$是由ESA负责的欧盟6个哥白尼“哨兵”卫星扩展任务之一，由2颗卫星组成,还可以选择第3颗卫星。作为测量综合大气二氧化碳柱浓度的卫星星座，$CO_2M$预计将成为监测和验证二氧化碳排放能力的关键组成部分，将为欧盟提供一个独特的独立信息来源，以评估政策措施的有效性，并跟踪其对欧洲脱碳和实现国家减排目标的影响。

2）在天气气候服务数据方面，ESA地球探测卫星用新的观测技术解决了地球观测的挑战。其中包括地球云气溶胶和辐射探测器任务（EarthCARE）及荧光探测任务（Flex）。这两项任务可以帮助更好地了解热量是如何被困在大气中的，太阳辐射是如何被反射回太空的，同时，可以通过探测植被荧光更好地了解植物生命的健康状况，以及碳如何在植被和大气之间移动。此外，卫星数据也影响和改变着人们的日常生活方式，人们可以通过移动端及时获得太空监测获得的花粉浓度、空气污染指数、海滩海水质量或紫外线水平信息等。

3）在为风暴预报服务方面，2022 年底，ESA 启动了第三代静止卫星系统（MTG）任务，该任务是由 ESA 和 EUMETSAT 共同开发的。MTG 在性能上迈出了实质性一步，其可以在 10 分钟内对地球大气层进行全面扫描，图像分辨率将是其前身第二代卫星系统（MSG）的 4 倍，下载能力高达每秒 200 兆比特，向地球传输的数据数量是 MSG 的 100 倍。MTG 将使流星卫星计划继续实施 20 年，以确保拥有强大的高性能工具，支持气候模式和对 20 世纪 70 年代以来发生事实的分析，为更准确的风暴预报奠定基础。

3. ESA 发展规划

2021 年 3 月 1 日，ESA 与其成员国合作发布了 2025 年议程。议程明确提出了其大胆的太空雄心，希望推动提高欧洲在太空领域的自主权、领导力和责任感。议程确定了 5 个当务之急以及到 2025 年的愿景。

1）加强 ESA 与欧盟的关系。ESA 将与欧盟委员会密切合作，共同制定欧洲太空计划。欧盟委员会为太空活动提供重要的政治领导，包括发起和资助解决社会需求的旗舰项目，如目前正常运行的哥白尼和伽利略项目。

2）把握商业方面的巨大机会。当前，商业太空活动正在迅速发展，为了从欧洲不断增长的太空经济中获益，ESA 致力于更加有力、活跃和快速地与初创企业和公司互动，帮助他们取得成功。

3）确保太空服务于欧洲公民安全。在气象领域，天气预报业务对保障每个公民的安全十分重要，而太空在服务保障安全方面同样非常重要，欧洲致力于在太空服务保障安全领域开辟赛道，确保其太空计划继续为所有公民服务。基于此，ESA 需要与成员国一起谋划在太空服务保障安全方面的具体举措。

4）致力于解决太空运输和太空探索面临的挑战。

5）改革内部程序确保 ESA 充满活力。ESA 需要与成员国一起进一步完善内部组织流程，确保充满活力、反应迅速并准备好迎接未来的挑战，从而在未来 10 年跻身世界顶级太空机构之列。

## （三）欧洲气象卫星开发组织工作进展

1. 欧洲气象卫星开发组织概况

欧洲气象卫星开发组织（EUMETSAT）成立于 1986 年，主要负责和应用欧空局管理的业务气象卫星计划，以及从太空监测天气、气候和环境。EUMETSAT 是一个政府间组织，总部设在德国达姆施塔特，目前有英国、法国、德国、奥地利等 30 个成员国。

EUMETSAT 在欧洲和非洲运营地球静止卫星 Meteosat-10 和 -11，在印度洋运营 Meteosat-9。作为与美国国家海洋大气管理局（NOAA）共享的初始联合极地系统（JPS）的一部分，还运营两颗气象业务极轨卫星 MetOp。同时，EUMETSAT 也是涉及欧美合作任务——海平面监测 Jason（Jason-3 和 Jason-CS/Sentinel-6）的合作伙伴。EUMETSAT 的卫星数据和产品对天气预报至关重要，并对环境和气候变化监测有重大贡献。

2. 气象相关工作主要进展

（1）气象业务卫星

EUMETSAT 第三代成像卫星 MTG-I1 于 2022 年 12 月 13 日成功发射。这是 EUMETSAT 新一代气象卫星中的首颗，将有助于推进灾害性天气预报和长期气候监测。MTG-I1 卫星搭载了两种新仪器，即灵活组合成像仪和欧洲首台闪电成像仪。闪电成像仪能 24 小时捕捉天空中的单个闪电事件，地球同步轨道气象卫星将首次探测到欧洲、非洲和周边海域的闪电。灵活组合成像仪将利用两种扫描模式来构建快速变化天气事件的监测图像，其中完整扫描模式可在 10 分钟内完成整个地球圆盘扫描，而快速扫描模式可每 2.5 分钟扫描一次欧洲和北非。这些创新的卫星技术，有助于“全民早期预警行动计划”的实施，因此 WMO 也在考虑与空间机构合作来统筹协调卫星任务。

2022 年 7 月 4 日，EUMETSAT 理事会在阿姆斯特丹召开会议，通过了 3 个最新路线图，用于海洋和气象探路者、风产品和气溶胶产品的科学发展，还通过了使用人工智能和机器学习技术改进天气预报的路线图。最新路线图将促进 EUMETSAT 提高卫星系统数据利用率，推动开发更为先进的卫星数据产品和卫星任务。

（2）应对气候变化

2022 年 EUMETSAT 发布气候行动声明，强调了其与全球伙伴合作应对气候变化及其影响的 4 种主要方式。

一是维护基本气候变量（ECV）的记录。EUMETSAT 通过将其运行的卫星任务数据与合作伙伴机构卫星任务数据相结合，生成关于大气、陆地和海洋的数据产品。这些产品构成了基本气候变量的高质量长期气候记录的基础，对于理解和监测气候变化非常重要。

二是实施巴黎协定。EUMETSAT 在团结太空机构共同支持降低碳排放量方面发挥关键作用。EUMETSAT 维护卫星数据，记录全球现有和计划中的气候数据，这是太空机构在年度会议上向联合国气候变化框架公约报告时使用的一个关键科学参考。此外，EUMETSAT 承担的开创性的哥白尼二氧化碳监测（$CO_2$ M）任务等，支持碳排放量量化，也将为《巴黎协定》缔约国实现减排目标做出贡献。

三是向联合国通报气候变化观测数据。EUMETSAT 对联合国政府间气候变化专门委员会（IPCC）发布了第六次评估报告所依据的数据做出了重大贡献，该报告选择了 45 个来自 EUMETSAT 的观测产品，提供数据占报告使用全部卫星数据的 36%。

四是提供持续、长期的服务。EUMETSAT 将谋划未来几年发射的卫星，包括 Meteosat 第三代和 MetOp 系列等，目标是继续强化目前提供的服务，确保 2040 年后期数据的可用性。

（3）国际合作

EUMETSAT 已经与欧洲和中国、印度、日本、韩国及美国的地球观测卫星运营机构建立了合作关系。

EUMETSAT 与 ESA 保持密切合作，通过“绿色未来空间”“快速和有弹性的危机反应”和“保护空间资产”3 个“加速器”，合力推动欧洲太空实现其雄心勃勃的计划。同时，通过协助哥白尼计划，为欧盟决策提供数据，保证欧洲的可持续发展和提升国际竞争力。

EUMETSAT 总干事与美国国家环境卫星、数据和信息服务局（National Environmental Satellite，Data，and Information Service，NESDIS）保持着定期的对话，还与 NOAA 就协调商业无线电掩星（Radio Occultation，RO）数据服务和对未来观测系统的规划进行了讨论。在无线电掩星方面，EUMETSAT 和 NOAA 正在计划获得许可条件，分享它们从商业服务中获得的数据，这将增加两机构提供的无线电掩星数据的数量。在未来观测基础设施方面，双方沟通了其研究成果以及对未来地球观测的计划和看法。同时与美国国家航空航天局（National Aeronautics and Space Administration，NASA）就协调大气成分监测任务和合作进行了沟通，希望可以分享哥白尼 Sentinel-4、Sentinel-5 和 $CO_2$ M 任务的数据。

2022 年 5 月 24 日，非洲联盟委员会（AUC）和 EUMETSAT 签署协议，正式确定双方在 ClimSA 计划下的合作。该协议加强了 EUMETSAT 与非洲的长期合作，将向非洲区域和国家气候中心提供下一代卫星的数据、技术支持和培训，新一代 Meteosat 卫星中的第一颗的发射，将为非洲气象和气候界提供更多、更高分辨率的数据。

自 1998 年以来，中国气象局和 EUMETSAT 保持着重要的合作伙伴关系，形成了良好的合作机制，重点围绕卫星气象、业务运行和数据交换等领域开展建设性的交流合作。此外，EUMETSAT 还与日本、俄罗斯等国家，以及世界气象组织、气象卫星事务协调小组、地球观测卫星委员会保持密切沟通与合作。

3. EUMETSAT 未来规划

EUMETSAT 战略计划和 2030 执行摘要提出，其愿景是成为欧洲领先的用户驱动卫星运营机构，成为从太空获取天气和地球系统监测数据的可信赖的全球合作伙伴。

战略计划提出了 9 项战略目标：1）部署第三代 Meteosat 卫星和第二代 EPS 卫星系统，并最大限度地造福于成员国和用户；2）投入科学且具有成本效益的基础设施和运营，为不断变化的用户需求提供运营服务；3）与欧洲中期天气预报中心和欧洲国家气象和水文服务部门合作，建立和开发欧盟气象云基础设施；4）巩固世界气象卫星对实现世界气象组织综合全球观测系统 2040 年愿景的贡献，并规划未来的卫星系统；5）作为欧洲空间战略的合作伙伴，执行哥白尼海洋和大气成分监测任务，并为欧洲气象卫星和欧盟成员国的合作研究及创新项目做出贡献；6）与其他卫星运营机构合作，为全球伙伴提供天气、气候和空间监测数据，以满足成员国的额外需求；7）扩大 EUMETSAT 的基础数据、产品和服务；8）持续改进管理和风险管理流程；9）吸引更多多样化、技能化、有才华和敬业精神的人才。

# 国别篇

# 第四章　中国气象发展与主要贡献*

中国气象事业是中国共产党领导下的科技型、基础性、先导性社会公益事业，是服务人民群众、服务经济社会各行各业的基础性事业。气象事业始终坚持面向国家发展战略、面向世界科技前沿，不断推进气象现代化建设，为促进国家经济社会发展、保障改善民生、防灾减灾救灾等做出了突出贡献；不断提升面向全球的气象监测、预报与服务能力，积极参与全球气象治理，为全球气象发展贡献了中国智慧与力量。

## 一、气象发展概况

1949 年 12 月 8 日，中央军委气象局（中国气象局的前身）成立。经过 70 多年的发展，中国逐步建立了气象现代化体系，气象卫星体系、中国特色气象防灾减灾体系建设等方面达到世界领先水平，为促进国家发展进步、保障改善民生、防灾减灾救灾等做出了重要贡献。

在气象服务方面①，围绕国家发展和人民需求，坚持趋利避害并举，建成了适应需求、保障有力的中国特色气象服务体系。充分发挥防灾减灾第一道防线作用，建立了“党委领导、政府主导、部门联动、社会参与”的气象防灾减灾机制和多部门共享共用的国家突发事件预警信息发布系统，气

---

*　执笔人员：于丹　王喆　张阔

①　部分资料来源于《中国气象发展报告 2022》，其中数据截至 2021 年底。

象灾害造成的直接经济损失占 GDP 比例由 2005 年的 1.13% 下降到 2021 年的 0.28%；主动服务和融入"一带一路"建设，服务保障乡村振兴、区域协调发展等国家重大战略，服务保障三峡工程、川藏铁路等国家重点工程建设和亚太经合组织（APEC）领导人峰会（2001 年上海和 2004 年北京）、庆祝中华人民共和国成立 70 周年大会等重大活动，持续推动海洋、交通、自然资源、环境、旅游、能源、健康、金融、保险等领域气象服务发展；构建了覆盖多领域的生态文明气象保障服务体系，打造了气候资源开发利用、气候可行性论证、气候生态品牌创建、卫星遥感应用、大气污染防治保障等服务品牌；气象服务经济社会效益显著提高，投入产出比达到 1 ∶ 50，公众气象服务满意度持续提升。

在气象核心业务能力建设方面，坚持气象现代化建设不动摇，建成了无缝隙智能化的气象预报预测系统和布局适当、功能较完善的综合气象观测系统。建立了从区域到全球、从天气到气候等较为完整的数值预报业务体系，自主研发的全球中期数值天气预报系统，北半球可用预报时效达到 7.8 天，接近同期世界先进水平；24 小时台风路径预报误差由 2005 年的 118 千米减少到 2022 年的 72 千米；强对流天气预警时间提前到 38 分钟，暴雨预警准确率提高到 89%。地面气象观测站覆盖全国所有乡镇，新一代天气雷达组成严密的气象灾害监测网，探测性能持续提升；2006 年以来成功发射 12 颗风云气象卫星，为全球 118 个国家、国内 2600 家用户提供服务；生态、环境、农业、海洋、交通、旅游等专业气象监测网逐步建立。气象信息系统集约化发展，高性能计算机峰值计算能力达到每秒 9800 万亿次浮点运算。气象数据率先向国内外开放共享，中国气象数据网累计用户突破 34 万人，海外注册用户来自 70 多个国家，年访问量约 1.7 亿人次，年数据服务量达到 112 TB。

在气象科技发展方面，面向世界气象科技发展前沿，大力加强气象科技创新和人才队伍建设，建立了基本适应气象现代化发展需求的国家气象科技创新体系。关乎“卡脖子”问题的核心技术攻关持续推进，雷达、卫星、数值预报等关键技术取得重大突破；数值预报完成了从引进消化吸收到自主研发的转变，中国成为少数能够自主研发全球模式的国家之一；建设了一批高水平的气象科研院所、国家重点实验室、部门重点实验室、野外科学试验基地和新型研发机构，气象科研投入和产出持续增长。实施人才强局战略和创新驱动发展战略，形成了以大气科学为主体、多种专业有机融合的气象人才队伍。截至 2022 年底，气象职工本科及以上比例达到 89.9%，中级职称以上比例超过 70%，拥有两院院士 9 人，国家级人才工程（奖励）人选 43 人次，国务院政府特殊津贴在职专家 67 人，组建中国气象局重点创新团队 10 支，高层次人才队伍规模显著扩大，质量明显提升。

在气象治理方面，坚持深化改革、扩大开放，不断完善气象体制机制，建立了更加完备、开放的气象发展保障体系。实行“气象部门与地方人民政府双重领导、以气象部门为主”的领导管理体制，促进国家和地方气象事业协调发展；遵循气象发展内在规律，初步实现了气象现代化建设全国统一规划、统一布局、统一建设、统一管理；先后制定实施 14 个五年规划（计划）和 4 部气象发展纲要，推动气象事业纳入国民经济和社会发展总体规划。全面推进气象业务技术体制、服务体制和管理体制等改革，为气象事业高质量发展注入强大动力。构建形成以《中华人民共和国气象法》为主体，由行政法规、部门规章、地方性法规、地方政府规章等组成的气象法律法规体系，以及由国家标准、行业标准、地方标准、团体标准组成的气象标准体系。省部合作、部门合作、局校合作、局企合作持续深化，对外开放不断扩大，已与 160 多个国家和地区开展气象科技合作交流，为广大发展中国家提供气象科技援助，中国气象的全球影响力和话语权显著提升。

行业气象是中国气象事业的重要组成部分[1]。1）中国已建成 254 个运输机场和 399 个通用机场，每个机场安装地面自动观测系统，提供机场地区温度、气压、风向、风速、跑道视程以及云的分布情况；在主要机场附近建设多普勒天气雷达和风廓线雷达用于监测大风、冰雹、雷暴等高影响天气，已布设 20 余部风廓线雷达、41 部 C 波段天气雷达和 14 部 X 波段天气雷达，大兴机场建设了 1 部 C 波段相控阵天气雷达。2）生态环境部下属的中国环境监测总站建立了国家环境空气质量监测网，包括 338 个地级以上城市的 1436 个城市监测点、96 个区域环境监测点，以及 16 个背景监测点，开展温、压、湿、风、雨等气象参数，以及温室气体、气溶胶、酸雨、能见度等要素的自动监测。3）水利部在重点江河流域、水库等建设了约 12 万个水文自动监测点，主要开展降雨量、土壤墒情、地下水、水生态及相关水文要素的自动监测，其中，中国水利自动雨量观测点达到 12 万个，农业、民航、环境、海洋、生态涉及气象要素自动观测点达到 4981 个。4）自然资源部在近岸 200 海里[2]以内建设了 156 个（21 个为共建站）海洋站，并在浮标、志愿观测船上搭载了气象观测设备。沿岸部队在驻地建设了一些气象站，并在舰艇上安装了船载气象站。一些涉海企业与私家渔船合作建设了很多渔船站。生态环境部、交通运输部、水利部、中国科学院、中国地震局、中国石油、中国海油、中国远洋海运集团等行业部门还建设了一些海洋浮标。林草局建设了 220 个生态站，开展陆地生态系统基本生态要素长期连续定位观测。5）农业农村部建设了 2500 套左右的自动土壤水分观测网，在每个县有农技推广站或者植保站，以人工观测为主，不定期观测病虫害、作物长势和发育期等。6）民航、新疆生产建设兵团、黑龙江森工和农垦设有气象台站 368

① 本部分数据来源于对各相关行业机构的调研。

② 1 海里 =1.852 千米。

个。新疆生产建设兵团、黑龙江森工和农垦等行业部门的 240 个气象观测站、5 部天气雷达已纳入国家气象观测网络。此外，在雷电观测方面，国家电网在全国输电通道上布有 923 个雷电探测站，中国科学院电工所在中国及周边国家已建 530 多个雷电监测站点。

## 二、2022 年气象发展成效与亮点

2022 年，气象现代化建设继续全面推进，气象监测、预报、服务能力建设取得新进展，科技创新活力明显增强，气象服务保障生命安全、生产发展、生活富裕、生态良好取得新成效。

### （一）气象观测预报与信息化

1. 气象综合观测

到 2022 年，中国风云气象卫星在轨运行数量达到 7 颗，其中风云四号 B 星搭载世界首个昼夜快速成像仪实现分钟级百米级观测，风云三号 E 星为世界唯一在轨运行民用晨昏轨道气象卫星，极轨卫星可每 6 小时提供一次全球观测资料。2022 年，新建天气雷达 67 部，形成了由 466 部天气雷达组成的国家天气雷达观测网，距地 1 千米高度全国雷达观测覆盖率 35.4%，比上年提升 3.3 个百分点。启用国际上先进的 S 波段相控阵天气雷达，雷达数据一致性和产品频次显著提升，大幅提高强对流天气预报预警能力。建成风廓线雷达 187 部，开展地基遥感垂直观测系统建设，强化风、温、湿、水凝物、气溶胶廓线的连续探测。新增 4 要素以上自动气象站 5628 个，总数达 6.4 万个（图 4.1），地面气象观测站平均站间距 11.6 千米。面向海洋、交通等行业气象观测共建共用合作进一步加强。建成 27 个国家气候观象台，覆盖全国 13 个气候观测关键区。新增高精度温室气体观测站 23 个，总数达 83 个。

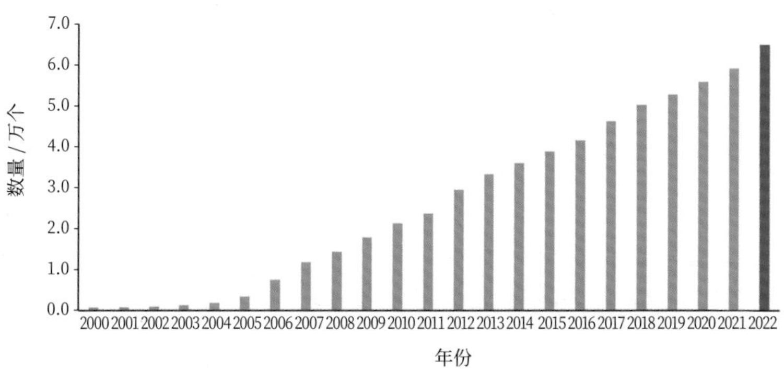


图 4.1　2000—2022 年全国多要素自动气象站数量

2. 气象预报预测

到 2022 年，中国全球天气模式 CMA-GFS v3.3 北半球可用预报时效达到 7.8 天（图 4.2），CMA-GFS v4.0 全球同化预报系统投入运行，北半球可用预报天数突破 8 天，水平分辨率 12.5 千米，卫星资料数据同化占比提升至 80%（2023 年正式业务运行）。初步建成分辨率达 30 千米的气候系统模式。1 千米分辨率区域天气模式开展试验运行和评估。智能网格预报更加精准，0 ～ 24 小时预报空间分辨率 1 千米，时间分辨率 1 小时，更新频次 1 小时；1 ～ 14 天预报空间分辨率 5 千米，时间分辨率 3 小时，更新频次 12 小时。强对流预警时间提前至 42 分钟，暴雨预警准确率达 91%，均创历史新高。

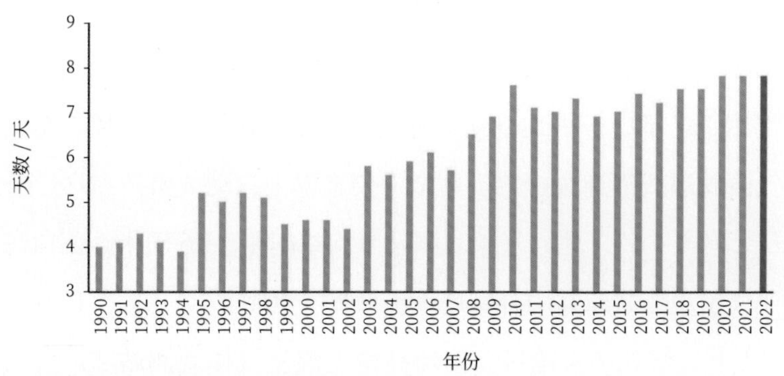


图 4.2　1990—2022 年中国全球天气模式北半球可用预报天数

空间天气监测预报服务水平得到进一步提升。随着经济社会的快速发展，中国民航、海洋、农业、水利、生态环境等行业部门以及能源企业等根据需求也开展了面向行业的气象预报业务。

3. 气象信息化

到 2022 年，中国国家级气象超算能力 9.8 PFlops，存储能力 35.4 PB。全国气象地面广域网国省接入速率达到 6 Gpbs。中国气象局卫星广播系统（CMACast）全面升级，转发卫星实现自主可控。新增地球系统多圈层气象相关数据超过 15.0 PB，82 种全球数据提供业务应用。87 套气候变化数据产品提供使用，年服务量超过 16.0 TB。中国气象数据网用户数和数据下载服务量分别达到 46.0 万个（图 4.3）和 99.6 TB，较 2021 年分别提高 10.7% 和 37%。

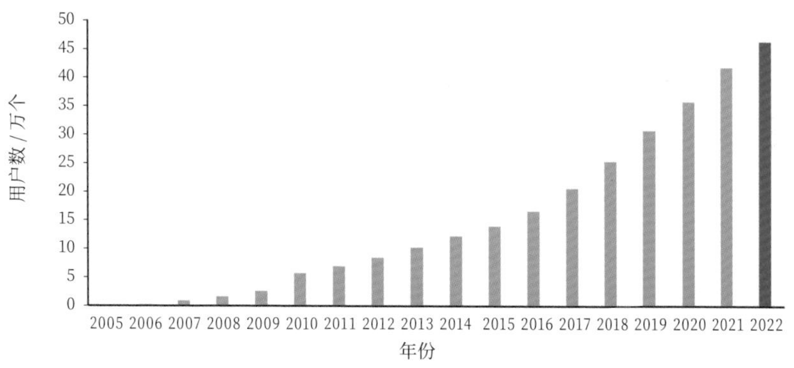


图 4.3　2005—2022 年中国气象数据网用户数

## （二）气象服务

2022 年，中国气象灾害预警信息公众覆盖率达 97.67%。国家突发事件预警信息发布系统可汇集 17 个部门 82 类预警信息，最短可在 3 分钟内到达应急管理责任人。气象防灾减灾总效益 5363 亿元，农业气象服务助力减灾增收 30 亿斤[①] 粮食，108 条重点督办路段交通气象服务提升经济效益约 24 亿元。人工增雨作业面积达到 522 万平方千米，防雹作业保护面积约 65 万平方千米。气候变化决策服务水平持续提升，参与全球气候治理力量不断强化，温室气体公报产品质量稳步提高，全年有 43 项评估报告获得省级以上政府部门采纳批示。公众气象服务满意度达 93 分（图 4.4），气象科学知识普及率达 80.2%。同时，行业气象部门在本行业内开展气象服务，气象信息产业也在逐步发展壮大，涉及领域日益广泛，特别是出现了一些影响面广、受众范围大的气象信息企业。

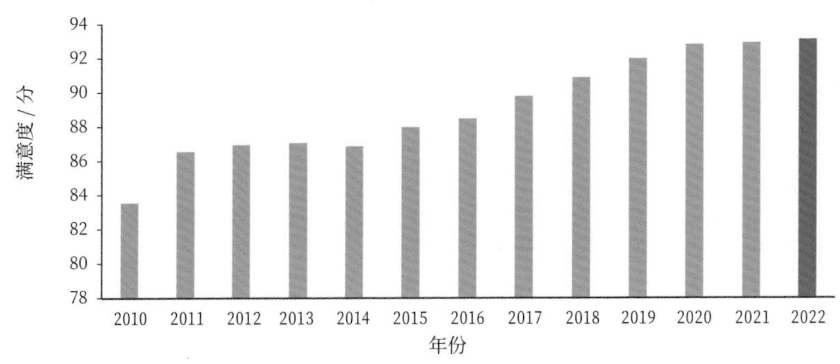


图 4.4　2010—2022 年公众气象服务满意度

## （三）气象科技创新与人才队伍

2022 年，中国气象局发布全国气象业务技术类创新成果 903 项，在业务中成熟应用的成果达 81 项；发表 SCI 论文 1189 篇，较 2021 年增长 8.7%，在 2022 年自然指数（地球和环境领域）公布的世界各国气象机构排名中位列第 2；获省部级科技奖 43 项（图 4.5），取得专利授权 657 项，较 2021 年增长 35%。全国气象部门年度科研经费相比 2021 年增长 22.4%。科技成

① 1 斤 =500 克。

果转化取得成效，20 余项高校和科研院所成果进入中试，“百米级、分钟级”天气预报技术等一批科技攻关成果有力支撑核心业务。气象人才队伍本科及以上比例达 89.9%（图 4.6），其中研究生比例提高到 20.9%。气象部门正高级专家突破 2000 人，专业技术二级岗专家突破 200 人。全年新增气象领军人才 13 人，首席气象专家 33 人。新增国家级人才工程（奖励）人选 6 名，中国气象局人才工程（奖励）人选 140 名。现有国家级人才工程（奖励）人选 43 人次，中国气象局人才工程（奖励）人选 456 名。

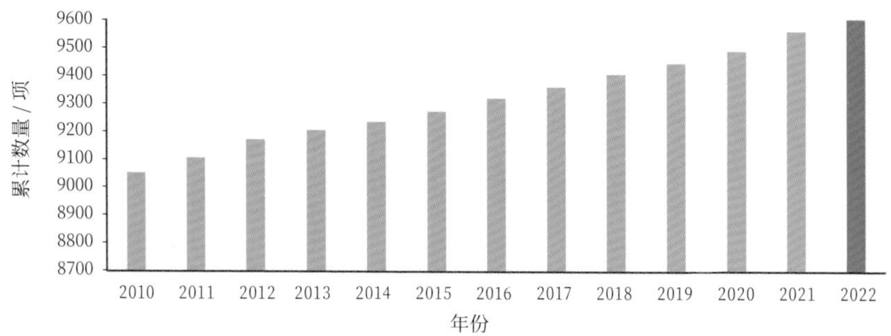


图 4.5 2010—2022 年气象部门获省部级以上科技奖励成果累计总数（累计数量自 1981 年起计）

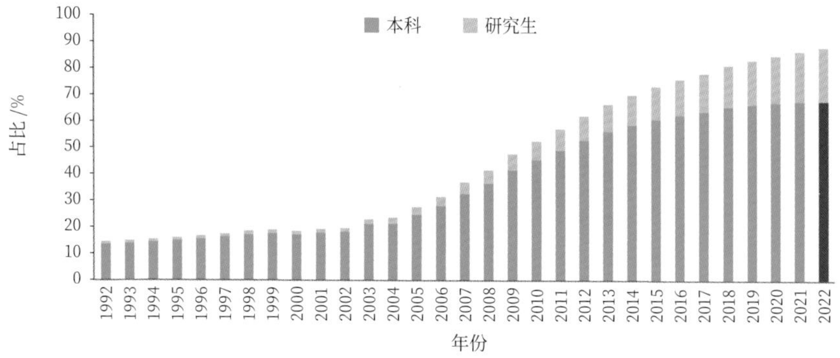


图 4.6 1992—2022 年全国气象部门本科及以上学历占比

## （四）气象法治建设与投入保障

2022 年，中国气象部门修订 4 部、废止 1 部气象部门规章，制定、修订 19 部地方性气象法规和规章，以《中华人民共和国气象法》为主体，3 部行政法规、18 部部门规章以及 125 部地方性法规、148 部地方政府规章构成的气象法律法规体系更加系统完备。制定发布气象国家标准 4 项、行业标准 22 项、地方标准 101 项、团体标准 10 项，覆盖气象防灾减灾、人工影响天气、气象服务保障、气候与气候变化、气象信息化等领域，由 207 项国家标准、663 项行业标准、926 项地方标准、35 项全国性团体标准构成的气象标准体系更加优化健全（图 4.7）。

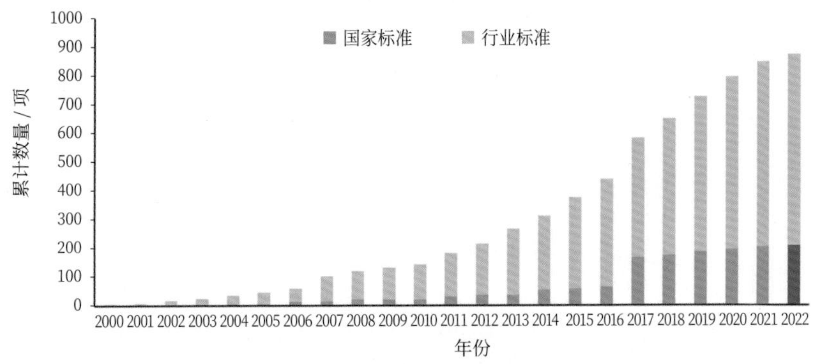

图 4.7　2000—2022 年气象国家标准和行业标准年度累计情况

2022 年，中国气象部门预算总收入达 324.1 亿元（图 4.8），比 2021 年增加 5.9%，公共财政收入与其他资金收入占比约为 6 ： 1。其中，中央财政资金 180.9 亿元，占 55.8%；地方财政资金 97.6 亿元，占 30.1%；其他资金约 45.6 亿元，占 14.1%。2022 年全国基本建设投入 87 亿元，比 2021 年降低 0.8%。

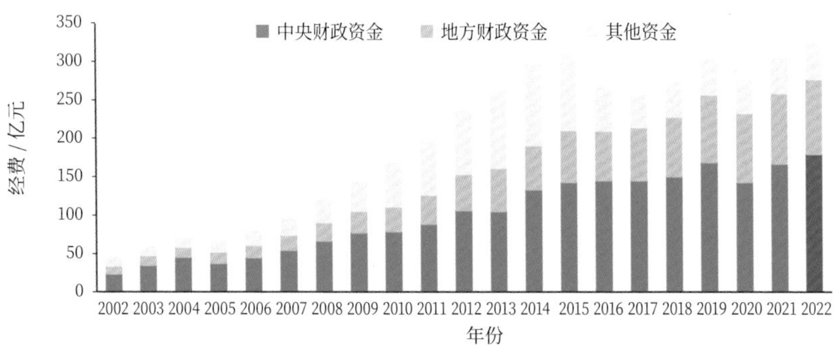


图 4.8　2002—2022 年全国气象部门经费投入情况

## 2022 年中国气象现代化建设重大进展

2022 年是落实国务院《气象高质量发展纲要（2022—2035 年）》的第一年，全国气象部门稳步推进气象高质量发展，精密监测、精准预报、精细服务能力与水平持续提升。

1. 国务院印发《气象高质量发展纲要（2022—2035 年）》，擘画未来 15 年气象发展蓝图。《气象高质量发展纲要（2022—2035 年）》明确了气象事业科技型、基础性、先导性社会公益事业的战略定位，提出了科技领先、监测精密、预报精准、服务精细、人民满意的气象发展目标。为推动气象高质量发展，国家出台气象卫星发展规划和综合气象观测规划，明确中国建成陆海空天一体化、协同高效精密气象监测系统的目标任务。

2. 中国气象局全球同化预报系统（CMA-GFS 4.0）业务运行，气象“中国芯”更加强大。CMA-GFS 4.0 进一步提高了气象卫星资料应用效率和预报精准度，气象卫星资料数据同化占比从 78% 提升到 80%，模式东亚地区最高可用预报天数达 8.5 天，全球空间分辨率从 25 千米提高到 12.5 千米，接近国际先进水平。

3. 分众式气象服务能力建设再上新台阶，公众气象服务满意度达 93 分。全面完成国家突发事件预警信息发布能力提升工程建设。联合农业农村部门创新发布农业气象灾害风险预警，联合公安、交通部门提升 108 条灾害性天气高影响路段气象保障能力。气象灾害红色预警在各主流媒体新闻客户端和抖音、今日头条等新媒体平台弹窗发布。国家统计局调查显示，2022 年预警信息公众覆盖率达 97.67%，公众气象服务满意度达 93 分，均再创新高。

4. 新增 67 部天气雷达，全国雷达监测覆盖率提升 3.3 个百分点。重点强化西部易受灾地区和人口聚集地区监测能力，西部地区监测覆盖率提升 6.5 个百分点。具有独立自主知识产权的新一代天气雷达业务软件（ROSE 2.0）在全国推广运行。研发天气雷达拼图系统 v3.0 版并推广应用，产品加工时长由 10 分钟缩短至 7 分钟，定量估测降水准确率提升 7.81%，达到 71.3%。粤港澳共建 60 部天气雷达，率先建成大湾区相控阵雷达协同监测网。

5. 新增两颗风云气象卫星投入业务运行，完善了中国极轨、静止卫星组网运行观测体系。截至 2022 年，中国气象卫星观测网共有 7 颗风云气象卫星组网运行（4 颗静止卫星、3 颗极轨卫星），是世界唯一同时运行上午、下午、黎明星的国家。极轨卫星每 6 小时提供一次完整全球观测资料。第二代静止卫星完成规定区域扫描所用时间缩短为原来的 1/5，扫描精度提高 1 倍。

6. 中国气象局卫星广播系统（CMACast）转星升级，覆盖国家由21个增至65个。CMACast作为全球三大气象信息对地广播系统之一，与美国、欧洲卫星广播网共同组成全球对地观测数据广播系统。完成自主可控的技术更新后，覆盖范围从亚太地区扩展到非洲、欧洲以及中东大部分地区。CMACast数据加密和用户身份识别技术升级，服务精细化程度、传输稳定程度和数据安全保障能力显著提升，服务国内、国际用户水平进一步提高。

7. 新增4架高性能人工增雨作业飞机，完成532台（套）地面作业装备自动化升级改造，增加降水约398亿吨。截至2022年底，全国形成58架（包括购买和租用）人工增雨飞机、1.2万台（套）地面人工影响天气作业装备的作业能力。人工增雨作业面积约522万平方千米，防雹作业保护面积约65万平方千米，在应对2022年南方高温干旱、森林防灭火、保障粮食安全和生态修复中发挥重要作用。

8. 全国气候可行性业务技术体系基本建立，完成790项重大工程可行性论证。为推动气候可行性论证职能落实，已出台23部地方性气候资源法规（规章），制定发布36项气候可行性论证技术标准，建设完成气候可行性论证业务系统。过去5年对全国700多个开发区、2900余项重大规划和重点工程项目开展气候可行性评估，为减少气候风险提供支撑保障。

9. 建成新一代气象灾害监测预警平台，强对流天气预警时间提前至42分钟。建成以雷达、卫星资料为主的新一代短临监测预警服务一体化平台，实现灾害性天气自动识别和实时报警，为预警信号精细到乡（镇、街道）奠定基础。完成气象灾害综合风险普查，摸清气象灾害风险隐患底数，为防灾减灾提供科学决策依据。

10. 高质量气象数据收集处理能力显著提升，新增 330 余种地球系统多圈层气象相关数据。数据资源持续丰富，新增数据 15 PB，数据量增加 30%。研制开发“全球—中国—局地”一体化气象监测产品体系，全球 10 千米、中国区域 1 千米、局地百米级实况分析产品投入应用。

## 三、中国对全球气象发展的主要贡献

自 1972 年中国恢复在世界气象组织（WMO）的合法席位以来，中国气象局积极参与全球气象治理，深入推进面向全球的气象监测、预报和服务的发展，在全球数据共享、气象科技合作、国际规则制修订等方面取得了重大进展，为全球气象发展做出了重要贡献。

1. 积极参与国际气象治理

50 多年来，中国气象在国际活动中参与度和地位的重大变化，一定程度彰显了中国国际话语权和影响力的显著提升。1987 年和 1991 年，中国气象局原局长邹竞蒙连续两届担任 WMO 主席，成为中国担任国际组织主席第一人。截至目前，中国已承担 20 多个天气、气候、观测、信息、培训、应急、通信相关国际组织职能，并从 2020 年起成为世界气象组织第二大会费出资国。先后有 100 多位中国专家在世界气象组织、联合国政府间气候变化专门委员会（IPCC）等国际组织中任职。叶笃正、秦大河、曾庆存先后获得全球气象界最高奖——国际气象组织奖。中国已经成为世界气象组织技术标准和规范的参与者与承担者、改革和区域合作的推动者，以及全球气象能力建设的积极贡献者。

一是积极参与全球气象技术规则建设，努力推动中国方案服务全球发展。截至目前，WMO 中国职员数在会员中位居第三，参与国际组织技术活动兼职专家超过 150 人，在制定完善全球气象技术规则中发挥了重要作用。深度参与IPCC制度建设。努力推动将“气象防灾减灾第一道防线”“监测精密、预报精准、服务精细”“生命安全、生产发展、生活富裕、生态良好”等理念写入世界气象组织《未来的国家气象水文部门》白皮书，将“防灾减灾第一道防线”理念纳入台风委员会 2022—2026 年战略计划。

二是主动承担国际责任，协助推动 WMO 区域合作。中国已承办世界气象中心、全球信息系统中心、区域气候中心、区域培训中心、亚洲沙尘暴预报区域专业气象中心、海洋气象服务区域专业气象中心、第三极（青藏高原）区域气候中心、次季节—季节归档中心等 20 多个 WMO 国际或区域气象中心，为全球气象业务、科研、发展中国家能力建设等提供重要支持。特别是 2017 年，中国气象局被正式认定为世界气象中心（WMC），标志着中国气象业务的整体水平迈入世界先进行列。2018 年，WMO 高影响天气项目国际协调办公室成为在中国设立的首个 WMO 项目办公室。同时，中国气象局积极打造区域气象卫星合作平台。由中国发起的“亚洲—大洋洲气象卫星用户大会”机制在 2016 年被 WMO 正式确定为重要的区域气象卫星合作平台，弥补了亚太地区区域气象卫星合作平台的空白。2019 年，中国气象局建立风云气象卫星国际用户大会机制，进一步加强风云气象卫星国际应用。另外，积极支持 WMO“全民早期预警”行动计划，通过世界气象中心（北京）预警支持机制提供产品和服务，支持 WMO 国家气象水文部门（NHMS）预报预测极端天气事件或即将发生的气象灾害。

三是积极支持发展中国家气象防灾减灾能力建设。持续强化“一带一路”建设气象保障，签订《中国气象局与世界气象组织关于推进区域气象合作和共建“一带一路”的意向书》《中亚气象防灾减灾及应对气候变化乌鲁木齐倡议》《中国—东盟气象合作南宁倡议》等相关合作文件。实施中非论坛下 7 个对非援助项目（包括科摩罗、津巴布韦、肯尼亚、纳米比亚、刚果（金）、喀麦隆和苏丹）。向缅甸、老挝、哈萨克斯坦、乌兹别克斯坦等周边国家提供气象装备和技术援助，为共建“一带一路”国家提供设备与技术支持。持续推进中欧班列物流气象服务联合体建设，及时为汤加、印度尼西亚火山灾害，巴基斯坦、墨西哥洪灾及森林火灾等提供服务。

四是持续推动国际气象培训与交流。在预报预测、气候服务、卫星气象、航空气象、防灾减灾等领域，累计为发展中国家线下培训学员超过 4300 人，线上培训学员 7000 余人，每年提供约 50 个中国政府气象类奖学金名额。累计举办 50 期多国别考察团，推动中国方案走向世界。探索建设风云卫星遥感应用国际示范中心，组织国际遥感应用技术培训，支持共建“一带一路”国家和地区的学者来华交流。

2. 持续推动全球气象业务发展

进入新发展阶段，中国在面向全球的气象监测、预报等核心业务发展方面取得了重大进展。建立风云卫星全球观测业务格局，实现全球和区域范围内极端天气、气候和环境事件的及时高效观测；基本建立具有完全自主知识产权的全球天气数值预报模式系统（CMA-GFS），构建了台风、暴雨、沙尘暴、环境气象等专业预报模式系统，初步构建面向全球的无缝隙预报业务框架；初步具备面向全球提供精细化公众气象服务产品的能力，形成具有自主知识产权的全球远洋气象导航能力，为保障“一带一路”建设和区域气象防灾减灾做出积极贡献。

（1）面向全球的气象监测能力明显提升

截至目前，中国平均每日收集全球共享地面站共计 14978 个站近 20 万条地面气象观测记录，其中亚洲 3471 个、欧洲 4949 个、北美洲 2043 个、南美洲1439个、非洲1764个、大洋洲1200个、南极洲112个；可实时收集到全球共享探空共计967个站的数据，其中亚洲323个、欧洲170个、北美洲178个、南美洲72个、非洲103个、大洋洲104个、南极洲17个；同时，通过世界气象组织雷达数据库相关网站等，可实时收集全球1152部天气雷达数据，其中亚洲370部、欧洲261部、北美洲273部、南美洲97部、非洲27部、大洋洲124部。这些数据为监测全球天气气候变化提供了基础资料。

全球地球系统数据收集共享基本实现。截至目前，中国气象局已基本实现79个全球气象数据中心地面、高空、海洋、遥感卫星、数值模式五大类近50种数据资源信息的动态感知和18293个国外台站信息的实时收集、更新维护与共享使用。可实时获取欧洲Meteosat、Sentinel和NOAA GOES系列卫星数据。实现全球地面、海洋、高空、飞机报以及卫星云导风共16类要素的数据质量实时动态评估。编制完成《全球气象大数据资源目录》，并与中国海洋石油总公司、中国远洋海运集团等合作推进海上石油平台自动气象观测站建设和远洋船舶自动气象站数据接入，持续强化海洋气象信息收集。

气象卫星服务全球的能力持续增强。作为世界气象组织全球对地观测气象卫星序列的一员，风云卫星数据对世界气象组织所有会员免费开放、实时共享，截至目前，全球已有126个国家和地区接收和使用风云卫星数据。在轨业务运行的3颗风云三号气象卫星，可实现每日6次全球全天候多谱段的观测，为“一带一路”提供天气、生态环境和气候相关产品。风云四号A星可对亚太地区实现15分钟一次的全圆盘和5分钟区域观测。风云二号H星定点东经79°，可有效覆盖共建“一带一路”国家和地区。初步建成风云气象卫星全球大气、陆地、海洋和空间天气四大类基础卫星遥感产品体系，围绕共建“一带一路”国家防灾减灾需求提供气象灾害监测评估常态化服务，为老挝、缅甸、伊朗、马尔代夫等 27 个国家开通风云卫星国际用户防灾减灾应急保障机制账号,制作并发布“一带一路”遥感应用专报，并为非洲、亚洲、美洲等地区提供台风、森林火灾、沙尘暴等遥感监测服务。

面向全球的气象观测产品服务持续拓展。中国积极开展全球气象数据资源建设，基于气象大数据云平台，实现全球数据资源元数据收集共享。全球区域一体化实况分析产品种类持续丰富，新增全球和中国三维大气、降水、洋面风等实况产品。WIGOS 区域中心数据质量评估平台上线运行，实现二区协 35 个国家（地区）地面、探空数据质量评估及异常跟踪，并具备观测数据质量控制、装备运行保障、观测产品加工制作能力。发挥亚洲区域仪器中心作用，开展二区协及周边国家气象仪器标准比对、气象仪器标校培训、计量校准服务。

（2）面向全球的气象预报能力不断增强

持续发展全球数值预报技术。建立 50 千米全球海浪预报系统，可生成全球洋面包括太平洋、印度洋和大西洋的海浪预报产品。实现中国气象局区域台风数值预报系统（CMA-TYM）优化升级，模式区域范围覆盖西北太平洋、南海及北印度洋及亚洲大部地区，水平分辨率由 12 千米提升至 9 千米，垂直层次由 50 层加密至 68 层，台风路径及强度预报均有明显改善。

优化全球再分析和实时分析能力。改进风云卫星资料数据同化应用，制作全球陆面再分析产品 CRA-40/Land。实现全球常规观测资料和微波辐射率、红外高光谱等卫星资料数据同化应用，实时发布 25 千米逐 6 小时全球大气实况分析产品和 10 千米逐 3 小时全球表面气温产品。建成全球海表温度实况分析系统，实时发布 25 千米逐 1 天全球海表温度产品。

初步建成全球客观天气预报系统，实时制作生成 0 ～ 10 天、逐 3 小时全球 10 千米短中期常规气象要素网格预报及 11621 个城市 3 小时间隔精细天气预报。聚焦重点区域，开展亚洲、北美洲、欧洲、大洋洲、非洲等定量降水落区预报业务（含天气现象、雨雪分界线等）。开展全球 245 个重要城市天气预报业务试运行，实现 137 个共建“一带一路”国家（地区）的重点城市预报订正，每天两次在中国“一带一路”网对外发布预报产品。

初步建立全球月季网格预测产品。研发全球 100 千米月季气温降水的网格预报产品，实现未来 6 个月逐月全球气温预测、季节平均全球气温预测、全球降水距平百分率预测、季节全球累积降水距平百分率预测。积极强化全球气候监测能力，编制海上丝绸之路海洋气候图集初稿。研发全球海洋海表风场和上层海水热含量的实时监测预测产品，以及其他主要海洋气候现象的实时监测预测产品，建成面向月—季尺度预测的热带气旋动力预测系统。

构建全球气象业务服务集中展示平台。建成全球监测预报服务网页平台和业务系统，初步开发完成“一带一路”城市预报订正模块。搭建灾害性天气国际会商平台。初步建成东亚区域气候预测产品展示平台，构建超算云服务和弹性可扩展的一体化应用平台系统，提供从延伸期到月、季多个时间尺度的常规气候预测、环流及气候指标、气候特征指标和评估检验及评分指标等产品。

3. 面向全球的气象服务取得突出成效

全面加强风云卫星国际服务。截至目前，中国风云气象卫星已为 126 个国家和地区提供气象监测预报和灾害应急响应服务。中国气象局卫星广播系统（CMACast）已覆盖亚洲和非洲、欧洲大部分地区。通过天地一体化的风云卫星数据共享服务系统，为阿曼、吉尔吉斯斯坦、莫桑比克、莱索托、马拉维、毛里求斯、贝宁、俄罗斯等 29 个国家开通绿色数据服务通道。向伊朗、越南、菲律宾等 18 个国家提供 SWAP 单机版软件和网络版软件。发布“风云卫星数据下载客户端”中英文版，实现预约订购和自动数据下载。并为马尔代夫、塔吉克斯坦、孟加拉国、巴基斯坦等多国气象局提供远程协助。

打造全球公众气象服务品牌。中国天气网实时提供 6 万个国内外城市、乡镇、景区、机场、海岛、滑雪场和高尔夫球场的气象信息及服务，最长预报时效达 40 天，最小时间分辨率精细到 5 分钟；打造天气大数据应用产创平台，覆盖全国省、市、乡镇、旅游景点等 10 万余个站点，国外主要城市 8 万余个站点，支持天气预报、实况、指数、空气质量等几十种要素。研发完成全球唯一雪质预报模式，覆盖全球近 3000 个滑雪场，可提供未来 3 天逐 1 小时精细化气象服务。打造“一带一路”气象地图核心产品，以 GIS 地图的方式对共建“一带一路”国家 400 余个重要机场天气及 250 余个海港潮汐数据进行整合，提供未来 3 天逐 3 小时精细化气象预报服务。

持续推动面向行业的全球气象服务。升级台风海洋一体化业务平台，实现不同型号船舶在各级风速和浪高海区风险等级算法、海区风险预评估和航线风险等级评估等数据服务功能，为用户提供定制化远洋气象导航服务。研制全球航路颠簸、积冰、对流等高影响天气和主要机场气象要素精细化预报产品，初步实现全球主要机场的气象要素精细化预报。搭建“义新欧”商贸物流气象服务平台，为中欧班列提供沿线城市天气预报、灾害性天气预警以及路面积冰、输电环境温度、物流运输适宜性、车站施工作业等气象服务。建立覆盖全球六大洲 10 个主要国家的小麦、玉米、大豆、水稻 4 种粮食作物的气象监测预报。

## 四、未来发展方向

2022 年，中华人民共和国国务院印发《气象高质量发展纲要（2022—2035 年）》（国发〔2022〕11 号），提出了到 2025 年和 2035 年中国气象发展目标：到 2025 年，气象关键核心技术实现自主可控，现代气象科技创新、服务、业务和管理体系更加健全，监测精密、预报精准、服务精细能力不断提升，气象服务供给能力和均等化水平显著提高，气象现代化迈上新台阶。到 2035 年，气象关键科技领域实现重大突破，气象监测、预报和服务水平全球领先，国际竞争力和影响力显著提升，以智慧气象为主要特征的气象现代化基本实现。气象与国民经济各领域深度融合，气象协同发展机制更加完善，结构优化、功能先进的监测系统更加精密，无缝隙、全覆盖的预报系统更加精准，气象服务覆盖面和综合效益大幅提升，全国公众气象服务满意度稳步提高。

具体发展目标主要包括：

一是基本实现以智慧气象为主要特征的气象现代化总目标，建成科技领先、监测精密、预报精准、服务精细、人民满意的现代气象体系。

二是气象防灾减灾第一道防线和国民经济全方位保障两方面的作用显著增强，推动开放融合、普惠共享的服务系统更加精细。

三是地球系统数值预报模式、灾害性天气预报、重大气象观测装备三大关键科技领域实现重大突破，推动气象科技加快创新。

四是国家天气、气候及气候变化、专业气象和空间气象四类观测网基本建成，推动结构优化、功能先进的监测系统更加精密。

五是提高精准预报能力，提前 1 小时预警局地强天气，提前 1 天预报逐小时天气，提前 1 周预报灾害性天气，提前 1 月预报重大天气过程，提前 1 年预测全球气候异常，推动无缝隙、全覆盖的预报系统更加精准。

# 第五章　美国气象发展*

## 一、概况

美国国家天气局（NWS）由商务部（U.S. Department of Commerce，DOC）下属的国家海洋大气管理局（NOAA）领导管理，主要负责为美国及其属地、邻近水域及海洋提供天气、水文及气候预报和警报，以保护生命财产和国家经济。美国国家天气局下设 6 个行政部门、6 个总务部门和 6 个直属业务部门。

美国国家天气局实行国家—区域—地方天气预报台三级管理方式，全国共有 6 个区域气象业务管理机构。美国国家天气局设 122 个天气预报办公室、13 个河流预报中心、9 个国家中心和其他支持办公室，平均每天收集和分析超过 63 亿次观测，每年发布约 150 万次预报和 5 万次预警。

## 二、重点领域主要进展

### （一）气象预报预测

1. 天气预报业务

（1）业务体系架构

美国的天气预报业务体系由国家级技术支持中心、区域中心和地方天

---

*　执笔人员：于丹　肖芳

气预报台（WFO）构成，各部门互不隶属、分工也不同。其中，国家级技术支持中心负责专门业务，并为地方天气预报台提供技术支持。目前，国家级技术支持中心——美国国家环境预报中心（NCEP）构建了预报时效 24 小时内从分钟到小时、1 ～ 7 天内逐 6 小时、6 ～ 10 天、两周、月、季、年等时间尺度上无缝隙的预报体系，业务范围涵盖空间、大气和海洋等领域。美国国家环境预报中心包括核心业务部和 15 个业务中心。

美国国家天气局设有 6 个区域中心，分别为东部、中部、南部、西部、阿拉斯加、太平洋区域中心。区域中心不负责天气预报产品制作，只有协调管理功能。

美国国家天气局设有 122 个地方天气预报台。从承担职责看，主要分为 3 种类型。一是常规天气预报办公室，负责为辖区内提供公众、近岸水域、火灾和主要机场的预报及警报服务。二是河流预报的中心预报台，负责监视辖区内河流流量和水位，并发布河流水位预测和泛滥警报，也负责监测分析全国各流域的土壤容水程度，发布洪水指导产品。三是承担航空气象预报服务的中心气象台。

（2）天气预报业务最新进展

2014 年，美国开始研发其下一代数值预报模式——统一预报系统（UFS）。统一预报系统是一个可提供短期、中期、次季节—季节、飓风、空间天气、近海、空气质量等预报的统一框架。其基础架构包括科学组件、配套基础设施和系统架构，通过统一的基础架构来实现系统中各组件的“互操作性”。统一预报系统中的全球预报系统（GFS）和全球集合预报系统（Global Ensemble Forecast System，GEFS）采用 FV3 大气动力核心。

2020 年，统一预报系统开始在美国国家海洋大气管理局业务中逐步落地，并在 GitHub 上发布了其应用软件开源代码。2021 年 3 月 4 日，统一预报系统开放短期天气应用 v1.0。2022 年 6 月 23 日，开放短期天气应用 v2.0。根据统一预报系统业务实施计划表，到 2024 年将实现 GFSv17 和 GEFSv13 的业务化统一。

在业务实施效果上，统一预报系统也取得了进展，其全球模式的可用预报时效在 2021 年 3 月有整整一周超过了欧洲中期天气预报中心。

2. 气候业务

美国国家海洋大气管理局致力于构建涵盖天气和气候的无缝隙预报。气候预测中心（Climate Prediction Center，CPC）是集业务和科研于一体的机构，发布从周到年尺度的气候监测、预测和评估产品。

目前，气候预测中心的具体业务包括 6 ～ 10 天和 8 ～ 14 天的降水和气温的展望；3 ～ 14 天的包含美国和全球热带地区的灾害展望；月度、季节的降水和气温预测；季节尺度的干旱展望；季节尺度的飓风展望（大西洋和东太平洋）；月尺度的厄尔尼诺展望等。

3. 气象信息化

美国不断推进超级计算机的更新换代。2022 年 6 月 28 日，美国国家海洋大气管理局启动最新的天气和气候超级计算机（名为“山茱萸”和“仙人掌”）建设。两台超级计算机均以 12.1 PFlops 的速度运行，比美国国家海洋大气管理局以前的系统快 3 倍。再加上美国国家海洋大气管理局在西弗吉尼亚州、田纳西州、密西西比州和科罗拉多州的超级计算机（其总容量为 18 PFlops），现在美国国家海洋大气管理局新的业务预测和研究的超级计算能力达到了 42 PFlops。增强的计算和存储容量将使美国国家海洋大气管理局能够部署更高分辨率的模式，以更好地捕获强雷暴等小尺度特征；引入更逼真的模式物理过程，以更好地捕获云和降水的形成；开展更多的单个模式模拟，以更好地进行模式不确定性的量化。

2022 年秋天，新的超级计算机在 GFS 中应用，并推出一个名为“飓风分析和预报系统”（Hurricane Analysis and Forecast System，HAFS）的新飓风预报模式，该模式计划在2023年飓风季节运行、测试和评估。此外，新的超级计算机将使美国国家海洋大气管理局的环境建模中心能够在未来5年内，让来自美国各地的模式开发人员在统一预报系统框架下开发新的应用。

## （二）气象观测

美国气象观测起步很早，其现行气象观测体系由隶属于多个部门的气象观测业务集合而成。

1. 地面观测

美国地面自动观测系统（Automated Surface Observing System，ASOS）是为满足美国国家海洋大气管理局（NOAA）、联邦航空管理局（Federal Aviation Administration，FAA）和国防部（DOD）3个部门的需求而共同建设的地面业务观测网。美国地面自动观测系统共有1009个站，其中美国国家天气局315个，联邦航空管理局571个，海军75个，空军48个。此外，其他自动气象站有1150个，均由美国国家天气局统一标准、统一型号和统一配备,并由气象部门负责维修。美国地面自动观测系统从1987年开始研发，1992年开始在全美部署安装,1996年完成安装,1998年开始业务正式使用，至今已业务化正式运行20余年，期间经过多次软硬件升级。

美国合作气象站主要由业余爱好者自己建立，观测项目和时次不尽相同。它们虽不像自动气象站那样每小时发报，但其中也有不少气象站每天向国家天气局发报，其雨量、积雪等观测资料在日常天气预报中都发挥着重要作用。部分合作气象站已经有上百年的历史，美国国家海洋大气管理局非常重视此类气象站，为其设置了专门的管理机构。

2. 气候基准观测网

美国气候基准观测网（USCRN）由美国气候委员会负责建设，目的是监测气候变化，作为其他地面气候观测的参考标准，并为卫星观测提供定标参考。从 2000 年 6 月 28 日第一个 USCRN 站破土动工，到 2008 年 9 月 30 日，美国本土共建设了 114 个 USCRN 站并投入业务运行。

在 USCRN 的设计中，将美国 50 个州划分为 9 个大尺度的气候区域，考虑观测站分布相对均匀的同时，优先建在气候变化敏感区域，且确保当地或者附近有长期的历史气候观测记录。USCRN 在较早阶段建成 7 个“一点双站”，即在同一地点分开大约几英里的距离安装两个 USCRN 站，这些站大多位于气候敏感和变化较大区域。USCRN 的设计主要考虑了准确和长期稳定的观测，其建设的关键是所有的站址位于原生态环境中以去除人类活动的影响。

3. 天气雷达

美国下一代天气雷达（NEXRAD）计划是为满足美国国家海洋大气管理局、联邦航空管理局（FAA）和国防部（DOD）的观测需求，由三方共同制定的。天气雷达目前以多普勒雷达 WSR-88D 为主，属于美国国家天气局业务运行的雷达有 122 部，国防部 25 部，联邦航空管理局 12 部，共计 159 部。

NEXRAD 站网布局的关键问题和重大问题由美国国家海洋大气管理局、联邦航空管理局和国防部 3 个部门共同协商决定，以确保雷达资料能够满足各方最重要的需求且保持最佳应用状态。美国国家海洋大气管理局的 122 部雷达基本按照地理位置覆盖区域合理分布，以确保所有国土面积处于雷达探测覆盖范围之内；美国国防部的雷达主要覆盖空军基地区域，共运营 25 部；联邦航空管理局更关注需要频繁起降的大型机场及其上游地区的天气变化，共运营 12 部，其中，7 部位于阿拉斯加，4 部位于夏威夷，1 部位于波多黎各。为简约而实效地解决共同建设的观测网中关于标准化、观测规范、共同维护和资料传输等多方面的问题，三方共同协商签署了跨机构协议备忘录（Interagency Memorandum of Agreement，MOA），雷达的协调和管理主要依据该协议执行。

关于雷达的运维保障，美国新一代天气雷达在原型设计阶段就开始着手建立相应的运行与维护机制。目前，主要由装备管理部门（国家保障支持中心和国家维修中心）、培训部门（国家天气局培训中心）、技术指导部门（雷达业务中心）以及保障实施部门（地方天气预报台）共同完成雷达的运行、远程技术支持、现场维护维修、备件维护维修、备件供应与寿命跟踪，以及软硬件技术升级改造等雷达综合保障工作，并在设备自检、远程监控、在线维修技术支持等方面开展了一系列技术研发与应用，逐步形成了规范、科学、标准的体系化管理模式。

4. 气象卫星

在极轨气象卫星方面，1966 年美国第一代极轨业务气象卫星投入运行，获取全球云图，并实现自动图像传输（APT）。到 1998 年，美国发射的第一代、第二代、第三代极轨业务气象卫星分别达到 9 颗、5 颗、10 颗。第四代极轨业务气象卫星在 1998—2009 年共发射 5 颗泰罗斯 -N 卫星。2011 年 SNPP 卫星的成功发射，拉开了美国新一代联合极轨卫星系统（JPSS）的序幕。

在静止气象卫星方面，1966 年美国航天局（NASA）首次在地球静止轨道上实现了地球大气观测。此后又发射了两颗装有可见光及红外自旋扫描辐射计（VISSR）的地球同步轨道试验卫星（SMS），在此基础上，美国先后发射了四代静止轨道业务气象卫星。1975—1978 年，美国发射 3 颗第一代静止气象卫星（GOSE-1—GOSE-3），实现了可见光及红外自旋扫描成像；1980 年，第二代静止气象卫星首发星（GOSE-4）升空，其大气探测系统（VAS）实现了静止轨道大气探测；1994—2001 年，第三代静止气象卫星投入使用（GOSE-8—GOSE-12），由于采用三轴稳定，卫星观测的时间分辨率得到极大提升；第四代静止气象卫星首发星于 2006 年发射，卫星上配有 19 通道大气探测器，至今仍然在业务使用。

2021 年，美国国家海洋大气管理局气象、电离层和气候星座观测系统 -2（COSMIC-2）实现了完全运行。在 COSMIC-1 的基础上，COSMIC-2 小卫星不断绕地球运行，收集用于天气预报、空间天气监测和气候研究的大气数据。这些数据连同商业采购的数据，被纳入美国国家天气局数值天气预报模式。同年 5 月 18 日，美国国家海洋大气管理局开始将其第一个商业购买的天基无线电掩星（RO）数据纳入业务数值天气预报模式。

2022 年 3 月，美国新一代地球静止气象卫星系列（Geostationary Operational Environmental Satellite）中的第三颗卫星 GOES-18 发射。2022 年 11 月，美国新一代极轨气象卫星——联合极地卫星系统（Jiont Polar Satellite System）中的第三颗卫星 JPSS-2（进入轨道后改名为 NOAA-21）发射。

截至 2023 年 6 月，美国极轨业务气象卫星在轨 9 颗（DMSP 系列和 NOAA 卫星系列），静止业务气象卫星 GOES 系列在轨 4 颗（表 5.1）。

**表 5.1　美国在轨业务气象卫星概况**

| 类型 | | 名称 | 位置 / 高度 | 发射时间 |
|---|---|---|---|---|
| 静止气象卫星 | | GOES-18 | 137° W | 2022 年 3 月 1 日 |
| | | GOES-16 | 75.2° W | 2016 年 11 月 19 日 |
| | | GOES-15 | 128° W | 2010 年 3 月 4 日 |
| | | GOES-14 | 105° W | 2009 年 6 月 27 日 |
| 极轨业务气象卫星 | 晨昏轨道卫星 | DMSP-F18 | 850 千米 | 2009 年 10 月 18 日 |
| | | NOAA-19 | 870 千米 | 2009 年 2 月 6 日 |
| | | DMSP-F17 | 848 千米 | 2006 年 11 月 4 日 |
| | | DMSP-F16 | 848 千米 | 2003 年 10 月 18 日 |
| | | NOAA-15 | 813 千米 | 1998 年 5 月 13 日 |
| | 上午星 | NOAA-18 | 854 千米 | 2005 年 5 月 20 日 |
| | 下午星 | NOAA-21 | 824 千米 | 2022 年 11 月 10 日 |
| | | NOAA-20 | 834 千米 | 2017 年 11 月 18 日 |
| | | SNPP | 833 千米 | 2011 年 10 月 28 日 |

5. 其他观测

（1）高空探测

目前常规高空观测站 92 个，通过有球探空方式进行高空温度、湿度、气压探测，以全球定位系统（Global Positioning System，GPS）方式进行风速、风向测量，每天 2 次探测。2021 年，美国国家天气局完成了一项 2600 万美元的高空气象站改进，将全国无线电探空仪网络 91 个站点中的 21 个替换为全自动气象气球发射器。携带无线电探空仪的气象气球可以提供重要的气象观测资料，包括温度、风、相对湿度和地面压力。

（2）风廓线雷达

美国国家天气局共运行 35 部风廓线雷达，主要为对流层风廓线雷达，部署在美国中小尺度天气灾害频发的中部和南部地区，组成风廓线网（NOAA Profiler Network，NPN）。其他部门的 80 部风廓线雷达组成合作观测网（Cooperative Agency Profilers，CAP）。

（3）海洋观测

美国拥有世界上规模最大的海洋观测系统，100 多个近海锚系固定浮标和观测平台，500 多个漂移浮标，超过 1500 艘志愿观测船，200 多个海平面观测站，在沿海海域采用高频雷达进行海流测量。

（4）无人系统观测

美国国家海洋大气管理局于 2022 年飓风季开展了无人系统观测试验，首次采用无人驾驶船只 Saildrone Surveyor 与无人驾驶飞机 ALTIUS-600 实现海洋和大气协同观测，对飓风附近海洋和大气实时采样，获取飓风环境区域高分辨率数据，以更好地认识飓风及其影响下的海气相互作用。该任务的长期目标是建立传统观测与无人系统观测相结合的观测系统，使用无人机、飞机和卫星收集海洋表面、低中高层大气和空间天气的完整数据，促进数值预报模式的改进和飓风预报水平的提升，延长预警时间，减少生命财产损失。

## （三）气象服务

1890 年通过的美国《国家天气局组织法》规定，美国国家天气局负责收集气象数据、提供气象预报并提供一系列气象服务。1992 年通过的《气象服务现代化法案》，旨在实现美国国家天气局的技术和运营现代化。目前，最新的管理美国国家天气局活动的法案是《2017 年天气研究和预报创新法案》，该法案旨在改进美国国家海洋大气管理局天气预报和官方预警，以保护生命和财产并促进国民经济的发展。

1. 气象服务中的公私关系

根据美国气象服务相关政策，国家天气局负责无偿提供一般性的气象信息，包括普通天气预报和重大灾害天气警报，不从事商业服务，且有责任从公共利益和美国经济的角度促进私营机构发展。私营气象服务公司以获取商业利润为目的，根据国家气象部门提供的气象资料进行深加工，制作包括水文、农业、森林火灾、航运等不同领域的专业气象信息，提供给行业用户，进行商业气象服务。

另外，在美国，关于私营和公共部门应该在气象行业中扮演什么角色的争论一直存在。产生争论的部分原因是，一些私营公司采用新技术，将相关活动扩大到传统上被视为公共服务的领域。例如，私营公司发射自己的气象卫星或运行自己的气象模式，并声称可以与美国国家海洋大气管理局的 GFS 或欧洲 NWP 竞争。

2. 气象服务内容

借助技术的进步，美国国家天气局采用有线网络、无线广播、电视、互联网等多种手段传播气象信息。在互联网上，美国国家天气局的产品和资料以图形的格式提供给公众。另外，通过建立“风暴就绪”社区计划、双向州紧急管理通信结构等方式，实现天气灾害的有效预报与防范。

美国国家天气局制作产品的部门分为两级：一级是 NCEP 下属的专业业务中心，主要制作和发布专业化预报产品；另一级是全国的 122 个地方天气预报台，负责发布责任范围内几十个郡（全国共 3143 个郡）的预报预警产品，主要是修改订正国家级业务中心提供的格点预报产品，同时也制作当地预报产品。

在公开网站上，气象部门的产品主要包括基本气象要素定量、定时、定点的 1 ～ 14 天精细化预报，以及台风、龙卷、暴风雪、洪水等灾害性天气警报。在公众媒体上，日常的天气预报由私营气象公司负责发布。私营气象公司通常雇佣专业预报员，根据国家天气局提供的基本气象预报产品和观测产品，进行加工、包装，然后向公众发布，同时向专业用户提供气象服务并获取商业利润。

2021 年，美国国家天气局在火灾季节发布了超过 26000 个现场预报。同时，部署了美国国家天气局通用接入协议处理器软件的升级版，使美国国家天气局能够接收和处理来自联邦紧急事务管理局综合公共警报和警告系统的非天气紧急消息，并通过美国国家海洋大气管理局气象电台（NOAA Weather Radio，NWR）和其他美国国家天气局传播系统进行广播，提高了其向公共安全合作伙伴及时发布紧急信息的能力。

## （四）气象科研与业务融合

美国比较重视科研成果在业务中的应用，在美国国家海洋大气管理局天气预报和水文预报办公室设立了科技与业务官，专门负责科研成果在业务中的转化及培训等任务，并通过建立试验平台，推动学术、科研、业务技术部门之间的合作。试验平台已经成为美国研究向业务转化的重要方式。业务和研究部门都有试验平台，并设有试验平台和成果转化管理员或科学技术业务协调员。其核心任务是建立科研与业务间的桥梁，使研究人员了解一线预报员的挑战、局限和需求。试验平台的主要工作包括筛选成果、提供资助、开展评估，保障转化和测试环境，组织开展准业务环境下的测试。对于入选试验平台的项目和转入业务化的项目，按照由研究与创新转化工作组（Research and Innovation Transition Team，RITT）确定的标准化流程，在业务仿真环境下开展成果转化与测试工作。近年来的最新进展包括：

一是建立新的地球系统和数据科学合作研究所。该研究所成立于 2022 年 7 月，专注于地球系统和数据科学。具体而言，研究所将支持美国国家海洋大气管理局在天气研究和预报领域的工作，包括空间天气、气候和生态系统科学，以及预测由于温室气体污染、空气质量下降和平流层臭氧消耗而引起的地球大气变化等。另一个重点是地球系统的数据科学、管理和应用。

二是完成第三轮科学评估。美国国家海洋大气管理局每 5 年对海洋大气研究办公室（Office of Oceanic and Atmospheric Research，OAR）实验室的项目质量、相关性与绩效进行一次科学评估，以推动在未来的科学规划中明确实验室定位和具体研究项目，确保 OAR 研究项目与美国国家海洋大气管理局研究任务及其优先事项密切相关，并与其规划和预算保持一致。2022 年 7 月，OAR 全面完成了 2018—2022 年周期对其管理的 14 个实验室和项目的第三轮评估。

## （五）气象管理

1. 美国国家海洋大气管理局预算情况

根据美国国家海洋大气管理局预算报告，2023 财年申请预算为 68.84 亿美元（较 2022 财年的 54.39 亿美元增长 26.57%），实际拨款 63.73 亿美元。国家海洋大气管理局提交给商务部并送达白宫的 2024 财年预算中，申请联邦拨款总额为 68.24 亿美元，较 2023 财年实际拨款增加 4.51 亿美元（图 5.1）。

2.《美国国家海洋大气管理局 2023 法案》等进入众议院听证程序

2023 年 4 月，新一届国会（第 118 届）启动《美国国家海洋大气管理

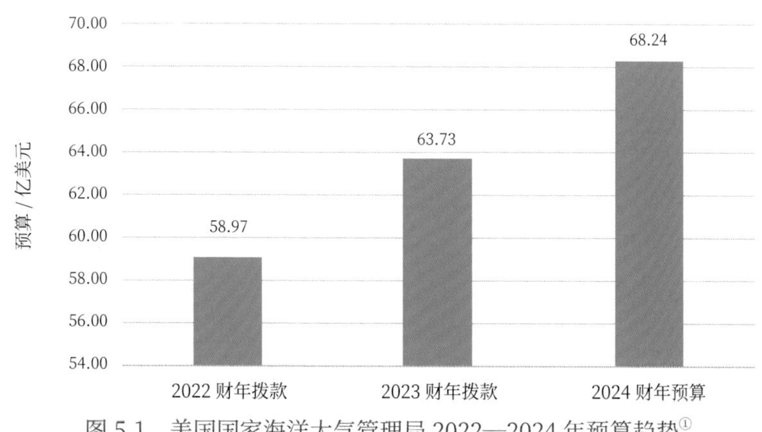


图 5.1 美国国家海洋大气管理局 2022—2024 年预算趋势[①]

局 2023 法案》立法活动。若该法案被通过，美国国家海洋大气管理局将成为联邦独立机构。该法案确定了“新设 NOAA”框架：

1）独立后的新 NOAA 依然命名为“国家海洋大气管理局”。

2）“新设 NOAA”局长以外的“副部级”领导岗位被精简到 4 位：1 位管理副局长、1 位环境副局长、1 位首席科学家和 1 位督察长。

3）“新设 NOAA”的业务机构走向高度凝练和融合。“新设 NOAA”在业务职责方面依然以海洋和大气为主，同时融入更多地球系统要素，如地球和太阳运动、大气层、地面和空间天气、气候、海洋及沿海资源等。

4）法案从政府职能、管理和研发建设等多个层面进一步提出明确要求，“新设 NOAA”应组织和促进各界广泛参与其事业，包括私企、学术界、联邦、州、地方、公民、国内外政府机构及非政府实体等，并强调美国国家海洋大气管理局应建立和促进包容性文化，坚持科学的卓越和公正。

5）法案还从发展的角度提出纳入新技术，如人工智能等，以及数据、模型 / 式、船只、飞机、卫星、浮标等多种基础设施，强调购买商业来源数据等。

---

① 数据来源：NOAA 2024 财年预算报告。

## 三、未来发展方向

《NOAA 2022—2026 年战略规划：建设气候就绪国家》明确提出了美国气象发展的战略目标——建设一个适应气候变化的国家。相关内容主要包括：

一是加强对合作伙伴的服务。未来，美国国家海洋大气管理局将通过更强大的伙伴关系和利益相关方的参与，改进决策支持产品。具体通过改进与合作伙伴的沟通，在美国国家海洋大气管理局的业务流程中考虑气候因素，提供以科学为基础、以使用为导向的决策支持工具等举措，不断满足当前和未来的用户需求。

二是改进环境预报。美国国家海洋大气管理局将通过减少次季节预报时间尺度和加强更长时间尺度的气候研究，来推进其天气、水和气候预测。将利用先进的科学和社区方法，配合高性能计算的进步，开发和运行下一代地球系统模式。具体通过改善天气、水和气候预测，建立次季节到年际的水文预报，加强沿海水文预报能力，加强与适应和减缓气候变化相关的模式研发与监测等，建立一个综合的气候和海洋模式系统，加强生态预报等举措，以达到改进环境预报的目标。

三是推进气候研究取得突破性进展。美国国家海洋大气管理局将开展地球科学和社会科学间的跨学科综合研究，并将加速和促进从研发向业务、应用、商业化的转化。具体通过构建全球领先的下一代地球系统模式，提升社会科学研究能力，推进前沿的研究成果转化为业务，以推动研究向业务转化，改进模式和预测，整合跨气候和极端天气系统的数据。

四是提升数据的权威性，加强信息管理。美国国家海洋大气管理局将充分利用新兴的云基础设施，最大限度地提高信息的透明度、可靠性和可用性，并将采用人工智能和机器学习技术来改进数据过程和决策信息，以满足不断增长的客户需求。具体通过改善数据管理、优化数据和信息等措施，以支持利用高效的、基于云的业务解决方案，从而最大限度地提高这些信息的可用性。

五是加强综合观测系统。美国国家海洋大气管理局将利用新的、先进的技术，维持和改进其观测和数据传播系统基础设施；同时，通过创新公私伙伴关系，充分利用观测数据。具体通过优化本地分布式观测、创新天基观测、强化商业伙伴关系和发展新技术、推动公共数据集成和地面服务等方式实现。美国国家海洋大气管理局通过将硬件和软件功能转移到云的方式来推动业务更新。

六是强化基础保障。高性能计算：美国国家海洋大气管理局将继续在高性能计算及相关研究、操作和维护项目上进行重大投资；云计算：美国国家海洋大气管理局已经并将继续使用云智能方法来利用商业云和内部云系统的能力；数据开放：美国国家海洋大气管理局将确保其数据和信息在免费和开放的基础上广泛可用，并易于在各经济部门、地理和社会经济背景下使用，以实现美国国家海洋大气管理局数据的全部价值。

# 第六章　英法德气象发展*

英国、法国和德国都是欧洲国家，经济和科技实力雄厚，在全球气象现代化发展进程中一直走在前列。

## 一、英国气象发展

过去 40 多年，英国气象局（Met Office，UKMO）在气象预报和服务领域取得了显著进展，其全球和区域一体化天气预报及气候预测模式已在 10 多个国家和地区得到了业务应用。英国气象局哈德莱中心（Met Office Hadley Centre，MOHC）既是国际知名的气候及气候变化研究基地，也是联合国政府间气候变化专门委员会（IPCC）的重要科学支撑机构。

### （一）概况

英国气象局成立于 1854 年（表 6.1），目前隶属英国商业、能源和产业战略部，总部位于英国西南部埃克塞特市。

英国气象局主要由政府服务部门（包括公共气象服务、政府核心服务、利益相关方与合作伙伴、国防等）、商业发展部门（包括航空、产品、国际战略、商务、气象学院）、业务部门、科学部门（包括哈德莱中心等）和其他部门（信息、人力等）组成，共有约 40 个工作机构，包括在英国阿伯丁的天气预报

* 执笔人员：于丹　朱永昶

中心、在直布罗陀和福克兰群岛的办公台室、雷丁大学的中尺度气象学联合中心及瓦林福德的海洋水文气象研究联合中心。另外，在英国空军、海军基地也设有相关机构。

**表 6.1　英国气象局历史大事记**[①]

| 时间 | 事件 |
|---|---|
| 1854 年 | 由英国海军建立气象局，以了解更多的海洋气候学，进一步保障海上生命和财产安全 |
| 1859 年 | 首次开展航运预报服务 |
| 1861 年 | 首次开展公众气象预报服务 |
| 1916 年 | 首次开展军事行动预报服务 |
| 1922 年 | 数值天气预报取得重要进展 |
| 1965 年 | 计算机在天气预报中投入业务 |
| 1991 年 | 实施了统一预报模式（基于超级计算机和气候科学重要进展） |
| 2007 年 | 成立洪水预报中心 |
| 2014 年 | 成立空间天气业务中心 |

在人员和经费方面，截至 2022 年 3 月底，英国气象局共有 2223 名工作人员，其中雇员 2096 人，临时聘用人员 127 人。从 1996 年 4 月 1 日开始，英国气象局不再是英国政府的财政拨款单位，而是采用经费自收自支。英国气象局经费获取渠道包括两类：一是对政府有关部门的气象服务收入，约占 85%；二是商业气象服务，向用户收费，约占 15%。2021—2022 财年，英国气象局收入 2.585 亿英镑，较 2020—2021 财年减少 27 万英镑，较 2011 年增长 31.7%。人员费用支出 1.327 亿英镑，设备和服务支出 0.725 亿英镑，折旧和摊销支出 0.302 亿英镑，国际服务和订阅服务支出 0.165 亿英镑（图 6.1）。

① 资料来源：英国气象局官方网站。

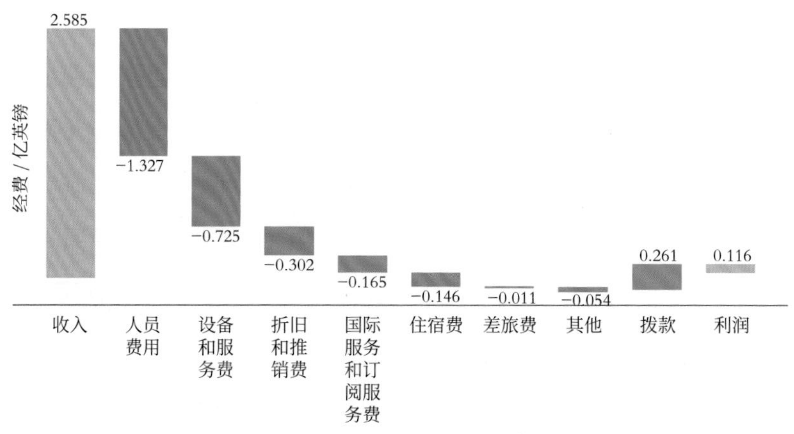


图 6.1　英国气象局 2021—2022 财年经费概况①

## （二）重点领域主要进展

1. 气象观测

英国现有 425 个气象观测站、4 个自动探空站、2 个人工探空站、4 部边界层风廓线仪和 1 部对流层风廓线仪。此外，英国气象局发展了大量的志愿者及合作伙伴开展观测并将结果共享到气象局。英国气象局从事观测相关工作的员工约 180 名，其中从事实际观测的约 120 名，从事仪器研发的约 50 名，从事项目支持的约 10 名。

英国天气雷达网建立于 20 世纪 70 年代中期到 90 年代，目前业务运行的有 18 部（覆盖率达 99%），其中 15 部属于英国气象局。为满足未来对更高分辨率数值预报的需求，英国气象局雷达系统团队目前正在设计和开发下一代天气雷达，主要关注以下几方面：使用双偏振雷达提高数据的可靠性；新雷达硬件和信号处理技术的开发、评估和实施；与美国国家强风暴实验室（National Severe Storm Laboratory，NSSL）、先进雷达技术团队在信号处理

① 数据来源：英国气象局 2021—2022 财年年报。

技术方面合作，以提高雷达覆盖范围。

2. 气象预报

数值预报方面。目前英国气象局主要采用统一模式（Unified Model，UM）（UM 于 20 世纪 90 年代开始开发），其中，局地模式（英国）分辨率 1.5 千米（集合预报 2.2 千米），每天运行 8 次，预报时效 36 小时；区域模式（欧洲）分辨率 4 千米，每天运行 4 次，其中 2 次预报时效 5 天，2 次预报时效 60 小时；全球模式分辨率 17 千米（集合预报 33 千米），垂直分辨率 70 层，每天运行 2 次，预报时效 6 天；此外还有月度至季节尺度模式，分辨率为 60 千米。

业务平台方面。英国气象局的 Visual Weather 系统集数值模式和观测资料数据可视化、客观分析和离线模式运行于一体，为业务提供了快捷的平台支持。该平台融合了不同类型客户的需求，可在系统中对各类常用需求进行定制化展示，如飞机航线天气状况分析，包括飞机起飞、巡航和降落路线的要素预报等。

业务体系方面。英国气象业务系统目前使用的软件有运行在 Unix（HP 工作站）下的 Horace 系统和低端的 Windows 平台的 Nimbus 系统，两个系统功能类似，目前正和 IBM 公司合作推进系统升级。

2022 年，英国气象局宣布部署下一代模式系统（NGMS）。最初 UM 与 NGMS 两代模式系统将采用并行的方式发展，到 2025 年将停止 UM 研发，2026 年前后业务模式将完全从 UM 过渡到 NGMS。

3. 气候业务

英国气象局目前主要运行季节性、年代性和百年性气候预测统一模式（表 6.2），正在开发水平和垂直分辨率更高的版本。英国气象局气候模式由哈德莱中心负责开发，目前重点发展两套模式系统，即无缝隙全球耦合模式 HadGEM3-GC2 和地球系统模式 UKESM1，二者均以 UM 大气模式为核心。与此同时，哈德莱中心也注重应用该高分辨率区域气候模式的开发，发展

Convective-permitting 高分辨率区域气候模式，模式的分辨率达到 1.5 千米。应用该高分辨率区域气候模式，已经开展高温热浪和暴雨等极端事件的未来变化、城市效应、水文影响模拟、土壤侵蚀模拟等诸多科研和业务工作（图 6.2）。

**表 6.2 英国气象局气候预测统一模式参数**①

| 类型 | 大气分辨率 | 海洋分辨率 | 运行时长 |
| --- | --- | --- | --- |
| 季节性 | 85 层 -85 千米<br>0.83°×0.55°<br>（中尺度 50 千米） | 75 层<br>0.25°×0.25° | 42 个集合成员；<br>运行 7 个月；<br>月度更新 |
| 十年 | 85 层 -85 千米<br>0.83°×0.55°<br>（中尺度 50 千米） | 75 层<br>0.25°×0.25° | 10 个集合成员；<br>运行 5 年；<br>年度更新 |
| 百年 | 38 层 -40 千米<br>1.875°×1.25°<br>（中尺度 140 千米） | 40 层<br>1.0°×（从南北纬 30°向赤道的 0.33°平稳增加 1.0°） | 100 年 |
| 地球系统 | 38 层 -40 千米<br>1.875°×1.25°<br>（中尺度 140 千米） | 40 层<br>1.0°×（从南北纬 30°向赤道的 0.33°平稳增加 1.0°） | 100 年 |
| 区域气候 | 19 层 | 0.22°×0.22°（24 千米）至<br>0.44°×0.44°（50 千米） | 有限区域 |

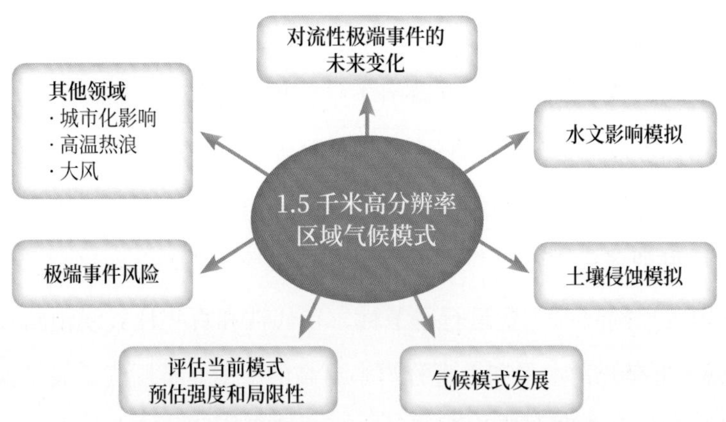


图 6.2 英国气象局 1.5 千米高分辨率模式应用

① 资料来源：英国气象局官方网站。

气候变化预估方面，主要基于哈德莱中心气候系统模式模拟输出的400个不同变量，综合其他气候系统模式的模拟结果，对未来21世纪每30年的各种气候变化指标的发生概率进行集合预估。英国气候分析工具——气候预测（UK Climate Projections，UKCP）可以提供未来的气候变化预估信息，主要用于英国不同行业和部门（农业、工业、林业、海洋渔业、商业、生态、建筑环境、人体健康、能源、交通、水资源、海岸带）进行气候变化风险评估。

4. 气象服务

英国气象局负责发布官方大气预警（包括灾害性天气的潜在影响），并通过气象局网站、电视、报纸和社交媒体进行传播。洪水预警不是由气象局发布，而是由环境署发布（两部门联合成立了“洪水预报中心”）。私营公司可以通过其平台和应用程序进一步传播官方预警。

国家气象部门负责管理全国气象科研业务，为军队、政府部门、公众、民航、航运、工业、农业和商业提供天气和气候相关服务。其内部设立商业产业部，向市场提供产品。同时，英国政府鼓励私营气象公司开展气象服务，允许私营气象公司按平等原则与英国气象局进行竞争。

英国气象局的预报服务主要集中在国家级，区域或地方仅有少数人员为当地提供服务。英国气象局向国防部、政府部门提供的各类天气和气候相关服务，以及向公众提供的基本气象服务为非竞争性的无偿服务。英国气象局向政府有关部门提供的气象服务则由政府支付气象服务费用。

英国气象局还积极开拓海外气象服务市场，以确立世界权威的气象服务机构形象。国际民航组织指定了两个“全球区域预报中心”，分别由美国和英国的气象局负责。英国气象局自1984年开始向120多个国家提供气象服务，有能力向全球所有航班提供上层空间风力风向及气温预报，帮助航班选择飞行线路及决定携带航油数量。英国气象局还是全球9个火山灰咨询中心之一，为国际民航业提供火山灰监测服务。此外，英国气象局还为挪威和瑞士电视台提供气象服务，在西班牙、奥地利、瑞典等国开展商业气象咨询和培训等服务。

在服务满意度方面，2019 年的调查显示，有 92% 的用户对天气预警服务表示满意（含非常满意和相对满意）。2021—2022 财年，84% 的英国公众相信气象局会在必要时提供天气预报。英国气象局的社交媒体关注度也持续增长，总计达到了 190 万人。在“尤尼斯”风暴期间，英国气象局的应用达到 230 万用户，是有史以来最大的应用使用量。

5. 气象信息化

英国气象局的超级计算系统（Cray XC40 超级计算系统）是世界上强大的天气和气候预报支撑系统之一。该系统于 2016 年 12 月成功完成升级。算力超过每秒 14000 万亿次，内存达 2 PB，CPU 达 460000 个，数据存储空间为 24 PB。

2022 年 4 月，英国气象局与微软公司签署了一份金额达数百万英镑、为期 10 年的合同，在 Cray XC40 寿命结束前对其更换，提供世界领先的超级计算能力，支持未来 10 年天气和气候业务与研究工作。新的超级计算机将跻身世界前 25 位超级计算机之列，计算能力是英国其他超级计算机的两倍，其生成的数据将被用于提供更准确的灾害性天气预警，有望成为世界上最先进的天气和气候研究计算机。

6. 气象研究与教育

气象研究方面。英国气象局哈德莱中心是世界上著名的气候研究机构，负责推进气候系统模式的发展，并为英国不同行业、部门和用户提供气候服务信息。哈德莱中心与英国所有开设气象专业的大学在模式发展和应用方面均有很好的合作机制，英国大学的科研基本采用哈德莱中心的模式开展研究，在模式的改进方面发挥了很大作用，大学研究人员的参与也极大地推动了模式的发展。2022 年 3 月，为了提升英国在地球系统预测、模拟天气和气候的软硬件、用于分析天气和气候信息的后处理和数据平台方面的能力，英国气象局制定了研究和创新战略，明确了 3 个核心工作流程和 11 个研究与创新主题（图 6.3）。

图 6.3　英国气象局研究和创新战略

气象教育方面。英国气象局下设英国气象学院，不定期开设针对日常业务、技术的专业培训。此类培训多在国际层面展开，有来自世界各国的气象工作者，范围涵盖气象部门、高校、科研院所和私营气象公司。英国气象学院还承担英国气象局业务产品的推广技术培训。

职业资格认证方面。英国气象局通过英国皇家气象学会进行资格认证。例如，CMet 是为达到规定的知识和经验水平的气象工作者提供的专业资格认证；NVQ 职业资格是国家气象职业标准，该资格认证无须考试，但申请人必须通过工作经验证明个人能力已达到国家认可的专业预报员或观测员水平。目前，NVQ 职业资格已获得私营气象公司的认可。

### （三）未来发展方向

英国气象局的服务理念是成为天气和气候服务全球合作伙伴首选：一是主要科研及业务服务目标聚焦于预防极端天气灾害造成的生命及财产损失；二是不断提升天气和气候服务质量，增强适应能力；三是提升政府及商业公司未来规划及投资的决策水平；四是帮助政府制定应对气候变化风险的策略；五是加强天气和气候信息应用水平，支持经济发展。

## 二、法国气象发展

法国气象工作历史悠久，一直致力于提高对天气和气候风险的认识和预报预测水平，努力追求将法国气象局研究和基础设施保持国际最先进水平。进入 21 世纪以来，法国气象事业保持了积极发展态势。

### （一）概况

法国于 1855 年建立首批气象观测站网，1863 年为港口播报首个预警，1878 年成立中央气象局（隶属于公众教育部）。1945 年成立国家气象局（隶属于交通部），1949 年建立首个气象雷达，1950 年首次使用电脑制作天气预报，1959 年发射首颗气象卫星，1968 年开发首个业务用数值预报模式，1993 年成立现在的法国气象局（Météo-France）。

法国气象局行政总部设于巴黎，国家气象业务中心设在图卢兹，1993 年从法国政府分离出来，成为国家控股（100% 股份）的公共管理机构，隶属于环境、能源和海洋部。根据法国法律规定（1993 年），法国气象局承担气象防灾减灾风险管理、气象观测、气象预报、气象研究、航空气象服务、军事气象服务、国际合作、气象知识普及等职责。法国气象局于 2009 年 2 月获得 ISO9001 体系认证，具体职责和任务由政府通过与法国气象局共同签署的目标与绩效合同予以细化确定。

法国气象局管理层人员的任命和财政预算均由环境、能源和海洋部负责。法国气象局的最高行政长官是首席执行官，下设理事会，理事会由国家代表和气象局内部管理人员组成，气象局内部事务由理事会成员讨论并作出决定。

法国气象局行政总部设有机构使命和国际事务部、区域服务部、秘书处、通信部、质量部5个部门。中央部门和专题部门由预报业务部、天气服务部、气候服务部、信息系统部、观测系统部、中央商业活动部、高等教育和研究部7个单位组成。

法国气象局实行三级管理，即国家、区域中心、地区中心（现调整为50个），其本土设有7个区域中心，海外设有4个区域中心。

目前，法国气象局共有员工3331名（2021年数据），80%以上的雇员为工程技术人员和科研人员，教育水平为硕士及以上。气象经费来源主要包括国家财政预算、航空气象服务收入、商业服务收入及其他来源经费4部分。

## （二）重点领域主要进展

1. 气象观测

地面观测。法国气象部门现有自动气象站554个，包括154个天气站和400个区域自动气象站。此外，通过合作和协议形式，法国气象部门可实时获取环境、能源和海洋部400个观测站及电力公司80个观测站（主要分布在山区）的每小时降水量资料。

高空观测。法国现有高空气象观测站19个，法国本土5个、海外领地10个、大西洋观测船上4个，均采用无线电探空和GPS测风技术。仅布设了1部3千米的边界层风廓线雷达。可获取隶属于法国地理研究所的40个GNSS站的观测资料和欧洲AMDAR平台分析、控制、提供的资料。此外，还在图卢兹建设了1部气溶胶激光雷达，用于观测火山灰轨迹、气溶胶等。

天气雷达。法国本土现有 28 部天气雷达，海外领地有 7 部。气象雷达中心负责雷达网络运行、管理和维护、系统软件开发、研究和发展（双偏振多普勒雷达），以及二维和三维反照率、水文、风切变、降水类型识别等产品的开发。

雷电观测。法国现有 18 个雷电观测站，由私人公司拥有。通过与意大利、德国、西班牙等邻国交换观测资料，扩大观测范围，提高资料质量。

气象卫星。法国气象局地球同步轨道卫星 MSG（Meteosat Second Generation）体系具备较强的观测能力。同时还接收美国 GOES、日本 MTSAT 以及中国风云系列地球同步轨道卫星资料，加上 NOAA 和 METOP 等极轨卫星资料，达到覆盖全球的探测能力。法国地球观测项目大多通过参与欧洲计划，与美国及欧洲其他国家开展合作，近年来一直保持活跃状态。NASA 主导的 2022 年发射的 SWOT 卫星，法国是第二参与机构。2022 年 12 月 13 日，法国第三代气象卫星计划（MTG）的第一颗卫星 MTG–I1 从圭亚那库鲁欧洲基地成功发射。MTG 是欧洲新一代地球静止气象卫星计划，它接替了目前使用的第二代 Meteosat 卫星。法国气象局通过欧洲气象卫星开发组织（EUMETSAT）和欧洲航天局（ESA）参与了该计划。法国气象局正在准备通过其位于拉尼翁的空间天气中心（CMS）接收和使用 MTG–I1 数据。第三代气象卫星计划发射 6 颗卫星，包括 4 颗成像卫星（MTG–I）和 2 颗探测卫星（MTG–S）。4 颗成像卫星（MTG–I）每颗都携带一个欧洲最新的高性能可见光 / 红外成像仪和一个闪光成像仪。与目前的 12 个通道相比，配备 16 个通道的成像卫星将更好地还原观测到的颜色，从而改进火山灰的探测、定位火和燃烧表面、冰云或雾探测。该仪器还可以测量植被、雪、海洋颜色，以及灰尘和火山灰等气溶胶等关键特征。2 颗探测卫星上安装了探测器，属世界首创，直到现在，这种类型的探测器通常只搭载在移动的卫星上。这种类型的探测器可提供有关大气垂直结构的信息，并可在法国以 6 ～ 8 千米的分辨率重建温度和湿度分布，在欧洲则每 30 分钟重建一次。这些卫星还将代表欧盟哥白尼计划携带专用于测量大气成分和监测欧洲空气质量的仪器。12 月发射第一颗卫星后，执行所有任务需要其他 3 颗成像卫星同时在轨，预计 2026 年完成。

海洋气象观测。法国有 70 艘志愿观测船，6 个锚定浮标（大西洋、加勒比海、地中海各 2 个），还有部分漂流浮标。

法国气象部门的观测资料数据除提供给内部天气预报、气候评价和数值预报等部门使用外，还提供给公共服务、法国航空、公司企业等。

2. 气象预报

数值预报。法国气象部门除积极参与欧洲中期天气预报中心的模式发展和应用工作外，还建立了完整的数值预报模式系统。法国数值预报模式由研究部门开发和改进，预报中心负责业务运行、应用和检验。其主要使用两个互补模式：全球数值模式 ARPEGE 和区域数值模式 AROME。其中，ARPEGE 以 5 千米的网格覆盖欧洲，以 5 ～ 24 千米的网格覆盖全球其他地区，每天在世界标准时间的 0 时、6 时、12 时和 18 时作 4 次预报，预报时长分别为 102 小时、72 小时、114 小时和 60 小时；AROME 覆盖的区域仅限于法国本土及邻国，分辨率为 1.3 千米，每天为法国大陆生成 5 次预报（预报时长为 48 小时）。

业务平台。法国气象局统一预报业务平台（Synergie）从 1989 年开始开发，1993 年开始业务应用，先后发布十几个版本，经历了几种操作系统的变更。最新的 Synergie 平台仅在 Linux 上运行，源程序代码超过 150 万行，每年投入的开发量达 180 人。Synergie 具有快速、易用、高效、可裁剪、灵活、易维护等特点，可支持天气监测和临近预报，并可全面应用于气象局的各类业务和教学中。

业务体系。法国气象预报业务正从国家、区域、地区三级向国家、区域二级预报业务体制转变。基本气象预报由国家气象预报中心和区域中心制作发布，涵盖 13 个不同气候条件的区域。整个预报过程包括初始化数据库建立、预报模式选择、数值预报产品释用、人工干预、文字预报产品制作、网站发布（自动生成网站界面）、媒体发布等环节，临近预报产品通过手机发送给公众。

2021 年 2 月，法国气象局的业务投入使用新的 Belenos 和 Taramis 计算机，计算能力提高了 5.5 倍。这一升级涉及气象局所有预报模式（数值天气预报、海浪、高水位、空气质量、预警模式等）。2021 年 6 月 14—25 日，世界气象组织执行理事会通过决议，认定图卢兹为世界气象中心。

3. 气候业务

法国气候变化相关的任务主要由研究单位承担，从事气候变化研究的部门也是法国国家气象研究中心内较大的机构。基于天气数值预报框架，法国气象局研发了气候模式系统，主要包括全球气候模式 ARPEGE-Climate、区域气候模式 ALADIN-Climate 和 NE-MOMED，并积极参与 IPCC 评估报告相关工作。此外，还开展城市气象、飓风路径和气候变化等方面的相关研究。

2021 年 2 月，法国气象局制作了一套新的区域化气候预测参考，突出了 2050 年和 2100 年气候变化影响的不同情景。这些新数据可供所有人使用，为制定减缓和适应气候变化战略奠定了基础。

4. 气象服务

法国公众获取气象信息的渠道包括网站、手机、电台、电视、报纸、电话等。统计显示，37% 的公众通过法国气象网站获取气象信息，85% 的公众通过电视获取气象信息，39% 的公众通过电台、报纸获取气象信息。持有手机的公众可及时获取手机气象信息，主要是基本天气预报和预警。

气象灾害预警由国家气象预报中心和 7 个区域中心首席协商，以确保内容一致、文字通俗易懂。气象预警图每天 2 次（06 时、16 时）在网站发布，指出未来24小时内是否有危害性天气发生，突发灾害一般提前3小时发布。

气象部门主要利用周边自动气象站及公路部门建立的路面气象站观测数据，制作和发布道路沿线站点的天气现象与基本要素预报，并叠加道路信息实时显示。同时，制作路面温度等特殊要素预报。

民航部门不设气象服务机构，服务主要由气象部门承担，各区域气象中心负责本区域的民航机场起降飞机的气象保障服务，在机场设有具体预报服务人员。

法国气象部门既开展公益服务也开展商业服务，气象局下属4个公司提供专业服务。近年来，开始逐渐向海外市场扩张，预计未来海上区块（石油、风能）会成为服务重点。

5. 气象研究与教育

法国国家气象研究中心（Centre National des Recherches Météorologiques，CNRM）位于图卢兹，主要从事业务数值预报系统开发、研制和维护（包括全球模式、区域模式、气候模式等），气象和气候耦合系统开发，同时也关注强对流、海气耦合、气象参数仪器、机上测量、雪以及雪盖结构研究等。其未来发展将集中在以下方面：提高模式分辨率；改进模式的物理过程，以更好地体现小尺度天气现象；集合运用各种新型观测结果，尤其是新一代欧洲卫星，以及所有欧洲雷达；确定性预报与集合预报的结合。2021年1月，法国26个气象服务机构决定加强研究和开发合作，并达成协议成立Accord联合体，以改进其高分辨率数值天气预报模式。

法国气象部门建立了良好的业务与研究共同发展的机制。以数值预报模式发展为例，其数值预报模式系统由研究部门负责研发，业务部门负责运行、应用和检验，各司其职。研究人员与预报中心等业务单位建立良好的信息反馈机制，每6个月根据反馈意见改进模式，得到预报中心认可后再投入业务运行。

法国国家气象学院（École Nationale de la Météorologie，ENM）位于图卢兹，是法国气象局的培训机构，负责对以竞争方式招收的年轻工程师和技术员的初始培训、军队人员和外国学生的培训以及气象局员工的培训（后续培训），同时，还为特定用户举办特定课程（海事、公路管理等）。自 2006 年起，ENM 学历教育持续通过必维国际检验集团（Bureau Veritas，BV）的 ISO9001 认证，2011 年获得欧洲工程教育专业认证体系（EUR-ACE）认证。

### （三）未来发展方向

法国气象局的发展愿景是成为公认的具有世界领先水平的天气气候机构，在天气气候及其相关领域具有一定的影响力，并利用最先进的技术挖掘和传播气象信息，利用各种途径使各方受益于法国气象局的专业服务。

法国气象发展战略重点是以服务为业务核心，提高对天气气候风险的认识和预测水平，使法国气象局的研究和基础设施保持国际最先进水平，发挥科学技术进步杠杆效益等。

2021 年，法国气象局与其监管部门签署了一份新的目标与绩效合同，确定了法国气象局 2022—2026 年的优先发展方向：

一是为人身和财产安全做出决定性贡献，特别是气象灾害预报预警方面取得进展，目标是提前 6 小时（目前是 3 小时）进行预报，以确保政府和公民有更多时间做出反应和应对。

二是支持其合作伙伴和客户适应气候变化。法国气象局将通过广泛合作，部署新的支持措施来扩大其行动范围，以支持国家服务部门、地方政府和经济部门等努力适应气候变化。目标是到 2026 年，法国气象局将推出至少 5 项专门用于适应气候变化的新服务。

三是预测新的服务需求。法国气象局将继续实现其部分产品的自动化，以使预报员能够与用户和客户密切互动，专注于具有最高附加值和最重要的任务。

四是激发响应能力和创新。在创新方面，设定了两个主要优先事项：继续开发人工智能技术，并开发基于这些技术的新产品；除了传统的观测系统外，还使用新的数据源（来自参与式观测系统、社交网络、网络摄像头等）来更好地观测天气并改进天气预报。

五是法国气象局将在所承担社会责任的所有领域加强行动，特别是在提高工作生活质量和减少环境影响方面。

## 三、德国气象发展

进入 21 世纪以来，德国在气象观测、气象灾害预警服务、数值模式及其发展战略、业务平台建设、天气气候服务、预报员培训等方面均取得了积极进展。

### （一）概况

德国气象局（Deutscher Wetterdienst，DWD）隶属于德国联邦交通和数字基础设施部，总部位于法兰克福东部的奥芬巴赫。德国气象局成立于 1952 年，于 1954 年加入世界气象组织（WMO）（表 6.3）。

德国气象局的主要业务是监测德国天气情况，为公众、航空、航海、农业等机构和部门提供天气服务及预警，监测和评估气候变化对德国的影响。其下属 5 个业务领域：员工与业务管理、技术基础设施与运行、科研与发展、天气预报服务和气候与环境；每个业务领域下设多个部门和处级单位。德国气象局在全国约有 2400 名工作人员，除了位于奥芬巴赫的总部外，还有位于汉堡、波茨坦、莱比锡、埃森、斯图加特和慕尼黑的 6 个气象区域中心。

在经费方面，2023 年德国气象业务总支出为 3.62 亿欧元，其中近 1.4

**表 6.3 德国气象局历史大事记**[①]

| 时间 | 事 件 |
|---|---|
| 1781 年 | 开始连续的气象观测 |
| 1847 年 | 在柏林建立气象研究所 |
| 1934 年 | 成立帝国气象局 |
| 1950 年 | 成立民主德国气象局 |
| 1952 年 | 成立德国气象局，颁布德国气象法（合并西部盟国地区气象服务） |
| 1954 年 | 加入世界气象组织（WMO） |
| 1955 年 | 建立无线电监测 |
| 1966 年 | 计算机开始辅助天气预报业务，并首次接收气象卫星图像 |
| 1967 年 | 开始测量大气中的臭氧总量 |
| 1990 年 | 德国统一，民主德国气象服务并入德国气象局 |
| 2002 年 | 德国气象局总部搬迁 |
| 2009 年 | 建立国家气候数据中心 |
| 2012 年 | 将集合预报引入天气预报业务中 |
| 2015 年 | 天气预警应用程序投入使用，开始使用新的全球预报模式 |
| 2019 年 | 德国气象局主席 Gerhard Adrian 教授成为德国首位 WMO 主席 |

亿欧元是对欧洲气象卫星开发组织等国际组织的捐款。近 4350 万欧元用于投资；约 1.19 亿欧元为工作人员支出（约 2150 名雇员）。收入 2030 万欧元，其中近 1620 万欧元为航空气象服务费。

## （二）重点领域主要进展

### 1. 气象观测

自 20 世纪 90 年代以来，德国气象局持续减少人工观测气象站的数量，增加自动气象站的配备，并综合利用雷达、卫星等监测天气情况。观测业

① 资料来源：德国气象局官方网站。

务主要包括地面观测、大气观测和无线电监测。气象观测网及运行维护业务主要由技术基础设施与运行部负责。

地面观测。目前共有地面观测站 180 个，其中 165 个为无人自动站；设物候观测站 1065 个，志愿观测站 1734 个。此外，德国气象局还共享了外部门约 1900 个观测站点的数据。

大气观测。共有 17 部双偏振多普勒天气雷达（平均站距 150 千米），10 个无线电探空站，每年约开展气球探测 7500 次。

海洋观测。共有 391 艘志愿观测船、2 艘研究观测船、125 套船载自动气象站、5 个锚定浮标。

航空观测。德国全境 15 个国际机场、26 个支线机场的观测设备和气象服务全部由德国气象局提供。此外，还有 10 个船载自动航空站。

气象观测系统自动化。德国气象局的目标是到 2023 年全面实现气象观测系统自动化，包括地面观测、探空观测、雷达、卫星、车载、船载气象数据的采集。

2. 气象预报

德国气象局天气预报与服务部门下属的基础预报部负责全国的天气预报、预警、服务咨询工作，以及对区域中心的预报服务进行指导。

天气预报和灾害天气预警主要由中央和区域两级天气预报和咨询中心制作发布。德国气象局基础预报部的主要职责是灾害性天气监测和预警发布、决策和重点用户的咨询服务。常规短中期预报由气象公司根据德国气象局提供的数值预报释用产品进行再加工，处理后发布。

2015 年 1 月 20 日，德国气象局启用了新一代全球模式，成为全世界第一个将下一代全球模式（以非静力、非结构网格、高分辨等为标志）业务化的气象机构。相应的，其全球资料数据同化系统也更新为混合三维变分和集合卡尔曼滤波方案。

德国气象局与汉堡马克斯・普朗克气象研究所在全球建模（ICON 模式）方面合作密切。ICON 模式水平分辨率为 13 千米，垂直分辨率为 90 层，顶部高度为 75 千米。在区域建模领域，德国气象局与希腊、意大利、波兰、罗马尼亚、俄罗斯、以色列和瑞士的国家气象部门也开展了密切的合作（COSMO 联盟）。区域模式 ICON-D2 水平分辨率约为 2.2 千米，覆盖德国、瑞士、奥地利及其他邻国的部分地区，与之前的 COSMO-D2 的模式范围相对应。

3. 气象服务

德国气象局非常重视气象服务，其预算的 18% 来自气象服务（航空气象）收益。其预报服务的用户主要包括联邦及各州政府部门、交通运输部门、媒体、气象公司和社会公众等。气候服务内容主要包括应对气候变化战略的制定、执行和评估，涉及社会经济发展的方方面面，如城市规划、农业发展、生态环境、清洁能源发展等。比较有特色的工作是对气候资源和应对气候变化措施的评估，利用气候资料数据分析和数值模拟为清洁能源的产业布局、发展规模提供科学依据。目前，德国气象局建立了法律框架下的气候服务业务，为促进部门合作和数据服务政策提供了有力保障。另外，德国气象局主要通过用户大会、年度报告、门户网站等提供气候观测、预测和针对性服务产品。

2022 年，德国气象局共发布了约 17.77 万条天气预警，其中约 8000 条为灾害性和极端灾害性天气预警。冬季服务门户网站 SWIS 的页面浏览量约为 2.5 亿次；民防门户网站 FeWIS 的浏览量约为 14 亿次，为民防评估提供了超过 37 TB 的数据。通过德国气象局 Warnwetter 应用程序发送约 14 亿条推送预警信息。发布约 54 万条航空预报和预警信息；为民用航空、机场和航空服务机构提供简报系统，约有 6200 万次浏览量，德国气象局网站上的航空信息点击量达 300 万次，飞行天气应用程序点击量约 640 万次。为政府、民防部门和其他客户提供约 470 份关于天气和气候的报告，记录了

2022 年德国 1500 多起强降雨事件（自 2001 年以来，德国气象局记录了超过 26000 次暴雨事件）。

4. 气象研究与培训

（1）气象研究

德国气象局的研发工作致力于改进天气预报、天气预警和气候服务。德国气象局与大学、研究机构和气象服务合作伙伴密切合作，以基础研究、前期研究和应用研发三大支柱为基础。德国气象局通过研究项目来支持三大支柱的研究和开发。目前，应用研发得到了德国气象局内部研究计划 IAFE（应用研究与开发创新）的支持。汉斯·埃特尔天气研究和气候监测中心的建立将大大加强德国的气象基础研究。

德国气象局参与了全球最大的大气研究跨站点基础设施 ACTRIS 的建设。2023 年 4 月，欧盟委员会正式批准建立 ACTRIS 作为欧洲研究基础设施，目的是为科学、工业和政府提供广泛的高质量数据、技术、服务和资源，促进大气研究领域的尖端研究和国际合作。ACTRIS 是一个用于气溶胶（细颗粒物）、云和微量气体（所谓的短寿命气候强迫因子）研究的基础设施，共分为 6 个专题中心，每个专题都将通过地面观测和地面遥感（与卫星相辅相成）加以处理。ACTRIS 由 17 个成员国组成，在欧洲的部署持续到 2025 年，之后进入运营阶段。其活动经费由成员国资助，成员国在设计、筹备和执行阶段的投资总额约为 7 亿欧元，其中很大一部分用于现有中央和国家设施的现代化或新设施的建设。包括德国气象局在内的 11 所大学、研究机构和政府部门参与了德国 ACTRIS（ACTRIS-D）的建设。德国校准中心、观测站、大气模拟室和移动测量平台的建设将由德国联邦教育和研究部（BMBF）在 8 年内提供 8600 万欧元资金。与此同时，德国联邦环境、自然保护、核安全和消费者保护部（BMUV）为德国的会费和德国校准中心的运作提供了资金。ACTRIS-D 的协调工作由莱比锡莱布尼茨对流层研究所（TROPOS）负责。

（2）气象预报员培训

德国气象局从 1990 年开始启动预报员培训工作，已形成一套体系完整、与 WMO 相关指南衔接、面向基础和航空预报业务、实践操作性强、行之有效的培训制度。目前，欧盟正在实施“同一欧洲天空”计划，未来将在此框架下建立欧盟统一的航空和基础预报员招募、培训计划。

预报员进入工作岗位后，每年进行能力评估，并参加由德国气象局组织的后续培训和教育。对具有技术专科学历人员的培训需要 36 个月，对具有自然科学硕士学位人员的培训需要 5 个月。德国气象局对于预报员实行资格认证和管理，主要包括预报员资格的认证、续认、暂停、撤销和免检。在目前欧洲一体化背景下，航空、交通、能源和灾害性天气的一体化预报服务、用户沟通、技术交流等将英语作为日常“工作语言”，因此，提升业务人员的英语水平也成为目前和未来培训的重点之一。

### （三）未来发展方向

德国气象局 2020—2030 年 10 年发展战略明确了未来发展方向。

一是开展数据挖掘工作。到 2025 年，在不来梅、莱比锡、纽伦堡和上莱茵河谷等大都市地区布设 4 个雷达站，以填补现有空白。建立欧洲综合碳观测系统（ICOS），利用最先进的测量技术监测温室气体，集合来自不同测量系统的数据（包括卫星数据），形成数据集。

二是建设欧洲领先的短期预报中心。为了使德国气象局在未来继续强化天气预报服务，需要进一步发展预报模式和程序，以便在 48 小时内尽可能消除预报误差。SINFONY 项目实现了当前状态和初始模式预报的无缝过渡。在这一数据集的基础上，将为关键客户开发新的产品，特别是满足灾害防御以及运输和能源部门等天气敏感型客户的要求。

三是发展气候和环境服务。利用德国气候服务（Deutscher Klimadienst，

DKD）平台为国家提供决策咨询服务，并在联邦政府的气候预防门户（KliVo-Portal）中提供产品。

四是发展航空气象服务。为机场提供全面的气象数据集，使他们能够更好地管理航空业务。在国际上，参与欧洲单一天空倡议（SES）和国际民航组织推动的全球航空系统更新，以便与其他欧洲气象服务机构共同提供统一的航空气象服务。

五是实现无缝隙预报。推动科学技术进步，与研究机构建立国际网络，共同提高无缝隙预报能力。

六是实施数字征税政策。通过与欧洲和全球合作伙伴的合作，以及有针对性的客户服务，利用新技术处理大量数据，以此支持使用欧洲和国际标准的全球数据交换。

七是气象基础设施和服务国际化。履行世界气象中心职责，向其他会员提供从天气预报到10年期气候预测的全球气象信息。在进一步发展世界气象组织信息系统（WIS）方面发挥重要作用。扩大国际合作网络，通过哥白尼计划等，改进产品和服务，提高德国气象局的国际影响力。同时向资源有限的发展中国家和新兴经济体提供强有力的帮助。

八是加强与科学界的联系。气象学和气候学的研究及发展是德国气象局面临的主要挑战，只有与科学伙伴密切合作，才能成功地处理这一问题。因此，必须致力于跨学科合作，并积极参与重大国际项目。

九是智能化和数字化管理。面对充满活力和技术颠覆性工作带来的挑战，通过智能的数字管理来推动工作更加灵活和独立。

十是可持续的组织文化。科技性的定位和高素质的员工使德国气象局具备发展优势，开放沟通型和学习型的组织文化将使德国气象局持续成为有吸引力的机构。

# 第七章　加澳气象发展*

加拿大、澳大利亚在国际气象科技领域具有一定地位，均已建成比较先进的现代气象观测、气象预报和气象服务体系，气象服务在经济社会发展中发挥了重要作用。

## 一、加拿大气象发展

加拿大在气象科技领域一直保持较强优势，卫星遥感应用广泛、主动遥感技术先进，并有较明显的技术优势；天气预报业务体系比较完整、技术比较先进，建立了多种分辨率和不同区域的业务数值预报模式，预报制作支持系统也有较高的水平。

### （一）概况

加拿大气象局（Meteorological Service of Canada，MSC）成立于 1871 年（表 7.1）。目前，隶属于加拿大环境与气候变化部（Environment and Climate Change Canada，ECCC），下设 4 个职能司，其中信息、科技、人力资源和财务等由加拿大环境与气候变化部直辖的部门统一管理。

加拿大全国分成 5 个预报区，设 5 个区域气象局、7 个风暴预报中心、5 个国家研究实验室（与 5 个区域风暴预报中心在同一处办公）。此外，在

* 执笔人员：于丹

4 个城市设有气象服务中心。

在预算与人员方面，根据加拿大环境与气候变化部的报告，2021—2022 财年（截至 2022 年 3 月底），加拿大气象局有 1714 名在职人员；计划支出 274.38 百万加元，实际支出 274.73 百万加元，相比 2020—2021 财年实际支出（252.73 百万加元）增长 8.7%。

**表 7.1 加拿大气象局历史大事记**[①]

| 时间 | 事件 |
|---|---|
| 1871 年 | 5 月 1 日，成立加拿大气象局，隶属于海洋和渔业部 |
| 1876 年 | 9 月 4 日，为五大湖和大西洋海岸航运活动发布加拿大第一个风暴预警 |
| 1877 年 | 第一份加拿大通用天气预报（称为 Probs）问世 |
| 1878 年 | 12 月 3 日，首次针对沿海地区进行预报，并将其发布到 20 个地点 |
| 1920 年 | 无线电的发明彻底改变了气象学，可以从全国数百个偏远气象站收集信息，并将其传输到孤立的伐木营地、岛屿社区、北极，甚至海上的船只 |
| 1937 年 | 气象局在纽芬兰设立了预报台室，并在蒙特利尔设立了飞行中心，以支持第一个跨大西洋商业航空服务 |
| 1940 年 | 在英联邦空中训练计划的鼎盛时期，300 多名气象工作者被聘用并接受培训，在加拿大皇家空军（RCAF）和英国皇家空军（RAF）的 68 个站点服役 |
| 1941 年 | 加拿大第一个投入运行的高空站在纽芬兰启用，随后在 6 年内又建立了 25 个高空站。到 1950 年，作为北极联合气象站的一部分，又建立了 5 个气象站 |
| 1971 年 | 将气象服务纳入新成立的加拿大环境部 |
| 1973 年 | 加拿大气象中心（CMC）成立，将加拿大天气科学研究、建模和计算机科学技术方面的专业知识汇集到一起并发挥了重要作用 |
| 1976 年 | 安装第一个气象广播接收器，Weatheradio 网络传输连续记录天气监视和警报、公共和海洋预报以及当前天气预报的消息。截至 2022 年 1 月，无线电发射器网络包括大约 240 个站点，覆盖 95% 的加拿大人 |
| 1978 年 | 加拿大气候中心成为世界上第一个具有气候学所有功能的服务机构，即在一个组织下进行项目和规划、数据采集和质量控制、应用和服务、监测和预测以及研究 |
| 1986 年 | 加拿大气象中心成功运行了其扩展模式的早期版本 |
| 1992 年 | 加拿大成为世界上第一个每日发布全国紫外线（UV）指数的国家 |

① 资料来源：加拿大气象局官方网站。

续表

| 时间 | 事件 |
| --- | --- |
| 1994 年 | 加拿大环境部的 Green Lane 网站（后来于 2001 年推出气象台室网站）让世界上的任何人都可以点击访问加拿大各地的最新天气数据。目前每天的平均访问量为 160 万人次 |
| 1996 年 | 加拿大气象局开始与加拿大航空管理局签订义务合同，继续向加拿大运输部提供航空气象服务。加拿大气象局自 20 世纪 30 年代以来一直为航空部门提供气象服务 |
| 1997 年 | 4 月 21 日，国家雷达项目成立——进行整个雷达网络最大规模的扩展和升级 |
| | 加拿大第一个闪电站投入使用，成为由 187 个站点组成的北美闪电探测网络的一部分。该网络的加拿大部分包括 81 个监测站 |
| 2004 年 | 加拿大气象局进行重大组织变革。一个重大变化是将全国 14 个中心的公共、海洋和灾害性天气预报业务整合到位于温哥华、埃德蒙顿、温尼伯、多伦多、蒙特利尔、哈利法克斯和甘德的 7 个风暴预报中心 |
| | 天气雷达网络进一步升级，增加了加拿大南部大部分地区多普勒雷达的覆盖范围，覆盖了加拿大 98% 以上的人口 |
| 2006 年 | 建立天基监测网络，以领导和协调加拿大气象局和加拿大环境部内部天基地球观测。一个关键成果是静止和极轨卫星接收网络为加拿大气象局的业务预报和环境监测项目提供近乎实时的气象卫星数据 |
| 2010 年 | 为温哥华冬奥会和残奥会提供专业气象服务，引入即时广播等新技术，为特定运动地点提供每小时的天气更新 |
| 2012 年 | 推出国家预警集合发布系统，为广播、电视和网络等分发者提供便捷的访问，以传播灾害性天气预警信息 |
| 2017 年 | 上线新的高性能计算基础设施 |
| | 推出世界上第一个大气—冰—海洋耦合预测模式，在环境预测方面向前迈出了重要一步。该模式提高了中期模式预测性能，尤其是在西北太平洋地区 |
| | 2017 年，雷达更新项目启动，用新的 S 波段双偏振设备升级所有多普勒雷达，提供更远的覆盖范围和更好的降水类型检测 |
| 2019 年 | 推出首款适用于苹果和安卓设备的天气应用程序——WeatherCAN，可直接访问加拿大 10000 个地点的天气预报预警信息 |
| 2020 年 | 增加州和地区社交媒体账户数量，发布预报产品和服务 |
| | 5 个气象站被世界气象组织认定为百年观测站 |

## （二）重点领域主要进展

1. 气象观测

地面观测。加拿大地面气象观测站南部稠密，北部稀少。全国地面观测站由 575 个自动气象站、225 个合作气候网络站和 29 个灯塔站组成。海洋气象网由 45 个锚定浮标、49 艘自动志愿观测船和 19 个漂流浮标组成。

高空观测。全国建立了 31 个常规气象要素无线电探空站、10 个臭氧无线电探空站、9 个布鲁尔分光光度计。在人口稠密地区建立了空气质量观测站网。

天气雷达。加拿大多普勒天气雷达网由 31 部雷达组成，1998 年开始建设，2004 年建设完毕。整个雷达网大多设在加拿大中部偏南一线，覆盖加拿大境内人口稠密地区国土面积的 98%，占全部国土面积的 28%。根据加拿大天气雷达网络现代化长期计划，2017 年开始，加拿大开始更新天气雷达，预计到 2023 年全国 S 波段双偏振雷达将达到 33 部。目前，已完成 31 部新的 S 波段双偏振雷达并已完全纳入预报过程。

气象卫星。加拿大环境与气候变化部接收包括美国、欧洲、加拿大的静止和极轨气象卫星资料数据用于天气分析及预报，如 GOES、NOAA、METOP、ENVISAT、RADARSAT 等。加拿大于 1995 年和 2007 年分别发射雷达卫星 RADARSAT-1 和 RADARSAT-2。目前所有卫星资料数据均由 NOAA 提供。2022 年 1 月，加拿大多个部门联合发布了国家卫星地球观测战略。

其他观测网。加拿大水文观测由气象局负责，全国共有 2200 余个水文观测站。加拿大建立了覆盖全国的雷电观测网，有 82 个观测站（是 187 个北美闪电探测网络的一部分）。

2. 气象预报与信息化

数值预报。加拿大气象中心（Canadian Meteorological Centre，CMC）采

用一体化（变网格）的数值预报模式（GEM 模式）作为气候预报、中短期预报、中小尺度预报、集合预报的统一预报模式，每天进行两次全球综合预报，以产生长达 16 天的潜在天气情景。2008—2020 年，以一体化的数值预报模式为基础，建立了从气候预报模式到中尺度预报模式的无缝隙数值预报系统。另外，CMC 的集合预报系统有 20 个成员，均有不同的模式参数化方案、资料数据同化周期和初始扰动场。

加拿大实行两级预报体制，即 CMC（国家级）和区域预报中心（区域级），两级预报有明确的分工，CMC 不制作和发布面向公众的天气预报，各区域预报中心在预报制作业务平台上通过对 CMC 发布的指导产品进行订正，制作和对外发布面向公众的灾害性天气预警、中短期天气预报、空气质量预报、海洋天气预报等。

气候业务。季节性预测包括温度、降水、海面温度、雪量、地表太阳辐射、云量等季节性概率和确定性预测，以及全球温度和降水预测。其使用的加拿大季节—年际预测系统（CanSIPS）能够预测未来 12 个月内全球气候条件的演变。CanSIPS 的预测基于加拿大气候建模与分析中心（CCCma）和数值研究部（RPN-Dorval）开发的两个大气—海洋—陆地耦合物理气候模式中每一个的 10 项集合预报。此外，加拿大环境与气候变化部的气候变化研究，主要侧重于加拿大的气候变化和变率、原因和影响。

高性能计算系统。加拿大环境与气候变化部不断升级其高性能计算机基础设施，以增强天气和环境预报的计算及分析能力。2020 年 1 月，经过几年的科学研究和原型设计，加拿大高性能计算（HPC）计划成功升级，对加拿大环境与气候变化部的天气和环境预报模式进行了创新及改进。

3. 气象服务

加拿大实行的是较为开放的气象服务体系，最突出的是航空服务和海冰服务。加拿大气象局制作、发布的各类预报服务产品以及雷达、卫星和常规观测资料对社会全面开放，由社会各类媒体自主向公众播发。气象部门对外发布预警、预报和其他各类服务产品的主要渠道是自主维护的气象信息服务网站和气象预警广播电台。

4. 气象研究与培训

加拿大气象科研的重点领域主要是国际社会、加拿大联邦政府、地方政府高度关注的热点问题和气象业务发展的关键技术难题。加拿大气象中心投入了大量科研力量研发高水平的数值预报模式，并在此基础上开发了海冰预报、水文预报、空气质量预报等专业预报模式，有效支撑了专业服务的开展；在北极建立了基于光谱分析的大气环境观测站（AOC），成为全球大气结构变化监测网络 40 个成员之一。开展极地环境大气研究；关注多普勒雷达双偏振技术改造和应用研究，通过研发交互式极小质子分类算法软件（iParCA），使冰雹、降水、强降水、冰晶、湿雪、干雪、昆虫与鸟、地物杂波等分辨率有较大的提高。

加拿大拥有完整的气象培训体系。围绕各岗位要求，确定培训内容、时间，将新进人员上岗培训、在职人员继续教育培训、中断业务后的再培训标准化、制度化。其中每个预报员每年 20% 的工作时间被安排为参加学习培训，培训的具体内容比较灵活，通常根据预报员的需求来定制，主要包括新方法、新技术、软件开发应用、遥感应用等方面的内容。

## （三）未来发展方向

在 2023—2024 财年，加拿大环境与气候变化部将通过技术、基础设施和服务方面的创新，继续改善其天气和气候预测服务。将特别关注满足相关风险和紧急情况，如野火、洪水、极端温度、风暴和其他重大大气事件对及时、准确和可靠的天气及气候服务日益增长的需求。根据加拿大环境与气候变化部 2023—2024 财年计划，2023—2024 财年的重点工作包括：一是不断推进加拿大环境与气候变化部的天气和环境预报模式，以及公共预报服务和产品的现代化；二是继续开发量身定制的通信产品，以更好地告知加拿大人天气情况；三是评估加拿大环境与气候变化部观测网络的新技术，以满足不断变化的需求，并改善关键领域的服务，如高影响的天气和洪水。

## 二、澳大利亚气象发展

### （一）概况

澳大利亚气象局（Bureau of Meteorology，BoM）成立于 1908 年 1 月 1 日，是澳大利亚联邦机构之一，隶属于气候变化、能源、环境和水资源部（the Department of Climate Change，Energy，the Environment and Water，DCCEEW）。1955 年的气象法案和 2007 年的水法案是气象部门运行的法律依据。澳大利亚气象局总部设在墨尔本，是行政和业务的双重管理部门，目前由 1 位 CEO 兼气象局局长和 6 位集团高管组成的管理层进行领导，设有 5 个管理部门，下设国家气象与海洋中心（NMOC）、气象局培训中心和澳大利亚天气与气候研究中心（CAWCR）3 个中心，下辖 7 个州气象局以及若干地区气象局。澳大利亚气象局在全国设有 60 个地方台室。

2021—2022 财年，澳大利亚气象局共有员工 1691 人，包括 1456 名全职人员、235 名兼职人员，此外，还有 4600 多名帮助维持澳大利亚气候记录的志愿观测人员。97.84% 的气象预报员具备上岗资格，达到或超过世界气象组织规定的国际标准。每位研究人员在同行评审的期刊上平均发表 1.06 篇文章。2021—2022 财年，澳大利亚气象局总支出为 479.23 百万澳元，较上一年（496.93 百万澳元）减少 3.56%；自有收入为 89.35 百万澳元，较上一年（73.51 百万澳元）增加 21.55%。

## （二）重点领域主要进展

1. 气象观测

澳大利亚现有 724 个自动观测站，自动气象站 20 千米内的人口覆盖率达 92%。此外，地面气象观测站网还包括 500 多个合作观测站和 6300 多个雨量观测站。

澳大利亚全国约有 67 部天气雷达，基本实现了全国天气雷达覆盖。目前，澳大利亚正在新南威尔士州、昆士兰州以及北部地区安装 8 台新的双偏振多普勒雷达，作为对现有天气观测系统的补充，这使澳大利亚全境的雷达覆盖范围增加了 55 万平方千米以上。另外，还布设了 38 个高空气球站和 21 个空间气象观测站。澳大利亚没有自己的气象卫星，目前主要从美国、日本和中国接收卫星资料数据，由国际合作伙伴运行的卫星达 30 多部。

由澳大利亚气象局和合作伙伴共同运营的水文站约 5400 个。布设了 30 多套闪电定位系统、13 部太阳和地面辐射监测仪、6 部臭氧和臭氧廓线测量仪、32 个海浪浮标和 41 个海平面站。此外，气象局也会使用国内航空公司提供的航空飞行气象观测资料。

2. 气象预报

（1）数值预报

澳大利亚气象局研发的气候地球系统模拟器提供 3 种数值模式的结果：全球模式（ACCESS-Globe）、区域模式（ACCESS-Regional）、城市模式（ACCESS-City），可提供空间分辨率为 6 千米的未来 3 天逐 3 小时预报，空间分辨率为 12 千米的未来 4 ～ 7 天逐 6 小时的天气要素预报。城市模式可为大城市（如墨尔本、悉尼）提供空间分辨率为 4 千米及 1.5 千米的精细化数值预报产品。澳大利亚气象局利用多模式集成开展 1 ～ 3 个月短期气候预测业务。

2022 年 6 月，澳大利亚气象局新一代降水临近预报模式（短期综合预报系统）投入业务运行，以同等的技巧将临近时效期延长约 45 分钟。该系统可提前 105 分钟提供综合和概率降雨预报，每 5 分钟更新一次，覆盖澳大利亚气象局所有天气雷达，用户可以在雷达观测后 5 分钟内使用该网格数据。

（2）业务平台

澳大利亚气象局目前应用的是新一代天气预报预警系统，最初由美国开发，维多利亚州气象局自 2005 年引进后进行本地化深入开发，2008 年开始使用并在全国推广。不同用户可通过不同方式利用该系统查看天气预警图或文字材料。通过浏览器，公众可以查看经过气象局质量控制的相关预报信息，包括温度、降水、海浪和风况的预报信息等。

（3）业务体系

澳大利亚天气预报业务技术实行三级分工，逐级指导。澳大利亚国家气象和海洋中心（NMOC）是世界气象中心之一，主要为区域中心提供丰富的各种指导预报产品，但不向社会公众发布天气预报。州气象局在获得国家业务中心指导预报产品的基础上，进行解释、订正后，为社会公众、航空、国防以及政府部门制作发布每日天气预报和预警。地方气象局根据上一级指导产品，结合本地经验，负责制作本地天气预报。

（4）2021—2022 财年业务质量

澳大利亚气象局每日最高气温预报的准确率为 89.4%，夜间最低气温预报的准确率为 82.9%；对沿海地区次日风力预报的准确率为 83%。澳大利亚气象局共发布 5800 次洪水警报和 481 次洪水观测，及时率为 95.5%。草原火险指数的平均准确率为 87%，森林火险指数的平均准确率为 92%。发布了 721 份热带气旋展望和 122 份热带气旋预警；发布 3400 个区域性严重雷暴警报，1147 个详细的严重雷暴警报和 1653 个灾害性天气预警。区域严重雷暴警报的及时率为 97%，详细严重雷暴警报的及时率为 92%，灾害性天气预警的及时率为 87%。

3. 气候业务

澳大利亚国家气候中心和各州气象局气候服务中心的主要职责是：气象数据服务、气候监测、气候预测、媒体服务与沟通以及气候研究等。气候监测方面，各州气象局对全州和重要城市（悉尼、堪培拉等）的周、月和年度天气气候进行总结评价，通过媒体和网站发布。气候预测方面，国家气候中心制作全国的气候预测，各州气象局只负责制作本州的气候预测，目前与 300 多家媒体有联系，接受电话查询等。气候研究方面，国家气候中心和各州气象局气候服务中心负责建立灾害性天气气候数据库，提供数据服务，与大学和有关部门开展合作研究。

2021—2022 财年，澳大利亚气象局季节预测系统实现重大升级。澳大利亚气象局第二代气候和地球系统模拟器——季节性（ACCESS-S2）于 2021 年 10 月开始运行，取代了其前身 ACCESS-S1，实现了季节预测系统的一次重大升级。ACCESS-S2 支持该局的多周和季节性气候展望。相对于 ACCESS-S1,ACCESS-S2 的主要变化在于数据同化,特别是预报的初始条件。在 ACCESS-S2 系统中实施了一个内部数据同化系统，为预报提供海洋初始条件。而以前，初始条件是从英国气象局获得的。同时，已有迹象表明海洋初始状态在 ACCESS-S2 中更好。

4. 气象服务

澳大利亚气象局通过官方网站提供常规天气预报、气候预测、预警、专业预报服务、特殊服务等丰富的预报预测信息，并为特殊用户提供气候变化、气象科学研究、商业天气、空间天气等信息。同时，公众还可实时查看雷达、卫星、天气图等信息。澳大利亚冷暖变化大、天气多变，民众对气象信息的关注度高，气象信息网站被大众所熟知，加上气象网站信息丰富，网站点击率很高。不仅城市居民如此关注气象网站，澳大利亚的农民群体也将相关气象信息的网址存储在手机中，方便查看气象信息。

2021—2022 财年，澳大利亚气象局提供公众气象服务累计达 70 万次，发布海洋安全广播达 16.5 万次，发布天气和海洋预警 2.4 万条（近 5 年发布情况如图 7.1 所示），发布航空预报产品 233 万份。澳大利亚气象局天气应用程序下载量累计 1800 万人次（自建立以来），每天有超过 150 万用户打开该应用来查看天气情况；气象门户网站访问量达 8.08 亿人次。

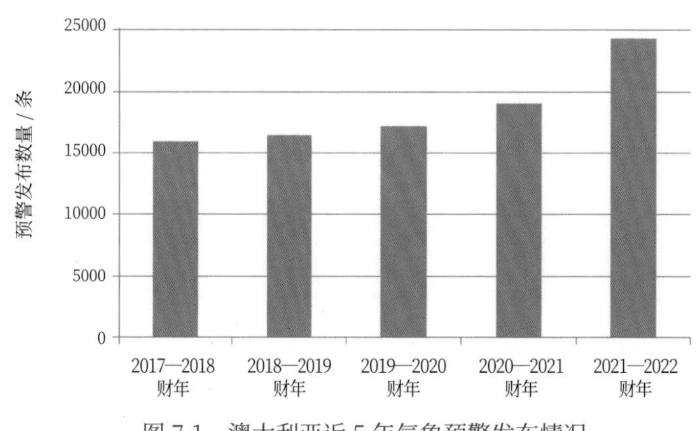


图 7.1 澳大利亚近 5 年气象预警发布情况

2021—2022 财年，澳大利亚气象服务帮助减少因恶劣天气事件造成的损失约 2.835 亿美元，为农业部门带来了约 1.089 亿美元的经济价值，为澳大利亚航空业带来了约 1.64 亿美元的经济价值，为资源行业客户贡献了 0.8 亿～1.2 亿美元的经济价值，为能源行业客户贡献了 0.5 亿～1.0 亿美元的经济价值。

5. 气象教育培训

澳大利亚气象教育培训体系由大学和气象局培训机构共同构成，其模式与美国、英国、加拿大等国家类似。大学以学历教育为主，注重基础理论和素质教育，学生就业面较宽。气象培训机构（培训中心）以上岗培训和岗位能力培训为主，进入气象局的人员需要经过专门的上岗培训，取得岗位资格才能从事业务工作。

澳大利亚气象局培训中心隶属于澳大利亚气象局人事管理司，目前共有职工约 40 人，约占气象局职工总数的 2.6%。培训中心设 5 个部门，分别为行政部（负责日常行政管理）、专业教学部（负责新预报员上岗培训和研究生学历教育）、IT 技术教学部（负责新技术员和观测员上岗培训）、课程开发和继续教育部（负责业务人员在职培训）、职工发展与培训部（负责管理类、安全、员工健康等在职培训）。

### （三）未来发展方向

澳大利亚气象局的愿景是成为一个具有全球影响力的组织，其使命是为澳大利亚提供值得信赖、可靠和响应迅速的天气、水、气候、海洋和空间天气服务。为此，在其 2022—2027 年战略规划中，明确了 4 项行动目标。

一是为提升澳大利亚全民幸福感提供产品和服务。具体行动：提升在气候变化中应对自然灾害的能力；加强数据、信息和咨询意见的及时性、准确性、相关性和可用性，以支持优先部门的决策；使所有公众能够更容易地访问、定制和利用气象产品及服务；发展支持可再生能源系统和协助减少温室气体排放的产品及服务。

二是通过安全、有效和弹性的系统、流程和技术支持优秀人才。具体行动：调整战略、能力、文化、投资和治理方式，以提高影响力和价值；提升部门的系统、流程和技术，以改善客户和员工的体验；将全生命周期的产品、数据、信息和技术管理融入整个部门；实施安全、稳定和有弹性的工作方式，以支持持续提供可信赖的产品和服务。

三是围绕客户需求实施新颖的、以任务为导向的解决方案。具体行动：系统监测和评估外部环境，以预测和识别可增强影响和价值的机会；培养、优先考虑和投资能够为客户带来变革性影响的创新项目；发展符合战略要求和国家利益的国内外合作伙伴关系；建立能够以客户为中心的科学、技术、工程和数学教育（STEM）人才通道。

四是成为有价值的部门。具体行动：提供安全、多样化、尊重、包容、稳定和灵活的工作环境，使员工表现出色，并重视他们的贡献；建立统一的以客户为中心的企业文化；培养具有成长型思维和技能、敏捷且适应未来的劳动力；统筹协调每位工作人员的贡献，以确保共同完成战略计划。

# 第八章　日韩气象发展*

日本和韩国是亚洲两个重要的国家，尽管两国在经济、人口、科技、自然资源和教育水平等方面各有特点，但其气象科技与业务发展目前均处于比较领先的水平，气象发展也一直受到决策者重视和社会公众关注。

## 一、日本气象发展

### （一）概况

1875 年 6 月，日本东京气象台成立，隶属于内务省。1887 年更名为中央气象台，1956 年 7 月改称日本气象厅（Japan Meteorological Agency，JMA），目前隶属于国土交通省（表 8.1）。

在组织架构方面，日本气象厅由总部、地区总部、地方气象局和气象站以及辅助机构组成。总部是行政和运营中心，设主任、副主任和减灾副主任各 1 名，下设行政部、信息基础设施部、大气海洋部、地震火山部 4 个部门。为了向当地社区提供服务，日本气象厅在全国各地布设了多个观象台和气象站。札幌、仙台、东京、大阪、福冈和冲绳 6 个地区总部（Regional Headquarters，RHQ）作为地区中心办公室（相当于我国的区域中心），管理 50 个地方气象局（Local Meteorological Offices，LMO）和 2 个气象站。建有

---

*　执笔人员：于丹

表 8.1　日本气象厅历史大事记[①]

| 时间 | 事 件 |
|---|---|
| 1875 年 | 在内务省成立东京气象台（日本气象厅的前身） |
| 1883 年 | 发布第一张天气图 |
| 1884 年 | 发布第一份国家天气预报 |
| 1887 年 | 更名为中央气象台 |
| 1895 年 | 中央气象台转入文部科学省 |
| 1921 年 | 建立海洋气象观测 |
| 1922 年 | 成立气象培训学校（气象学院前身） |
| 1930 年 | 建立航空气象服务 |
| 1938 年 | 建立以无线电探空仪为主的高空观测 |
| 1943 年 | 中央气象台划入交通运输和电信省 |
| 1945 年 | 中央气象台隶属于交通运输省 |
| 1953 年 | 加入世界气象组织 |
| 1954 年 | 建立天气雷达观测 |
| 1956 年 | 中央气象台更名为日本气象厅（JMA），为交通运输省的一个附属机构 |
| 1959 年 | 建立数值天气预报 |
| 1969 年 | 建立自动数据编辑和交换系统（ADESS） |
| 1974 年 | 建立自动化气象数据采集系统（AMeDAS） |
| 1977 年 | 发射第一颗地球静止气象卫星 GMS-1 |
| 1993 年 | 修订气象服务法，建立气象预报员认证体系 |
| 2001 年 | 日本气象厅隶属于国土交通省 |
| 2004 年 | 开始发布降水临近预报 |
| 2008 年 | 开始发布灾害性天气预警信息 |
| 2010 年 | 开始发布针对城市的天气预警信息 |
| 2013 年 | 开始发布紧急警报 |
| 2014 年 | 开始发布高分辨率降水临近预报 |
| 2015 年 | “葵花 8 号”（Himawari-8）地球静止气象卫星业务运行 |
| 2018 年 | 日本气象厅成立紧急任务小组（JETT） |
| 2019 年 | 开始发布两周气温预报和灾害性天气预警信息 |
| 2020 年 | 设立减灾副主任职位 |

① 资料来源：日本气象厅官方网站。

5 个航空气象服务中心（AWSC）和 3 个航空气象站，支持航空气象服务。日本气象厅下属的辅助机构主要包括气象研究所、气象卫星中心、高空观测所、地磁观测所和气象学院。气象研究所开展天气预报、气候预测、台风、大气物理与应用气象、气象卫星与观测系统、地震与火山、海洋和地球化学等相关研究。气象学院是气象专业本科生和气象厅职工的培训基地。

在人员和预算方面，2022 年，日本气象厅共有员工 5030 人。2022 年总预算为 531.47 亿日元，其中基础设施与业务费用（物件费）为 191.09 亿日元，人工费用为 340.38 亿日元；2023 年，总预算为 542.25 亿日元，其中物件费为 200.44 亿日元，人工费用为 341.81 亿日元。

## （二）重点领域主要进展

1. 气象观测

地面观测。日本共有 160 个地面气象观测站，1300 多个观测点使用自动气象数据采集系统（AMeDAS）自动观测降水、温度、风力和日照时间，平均空间网格 17 千米。强降雪地区有 320 个点监测积雪深度。

高空观测。由无线电探空仪观测网络（16 个站）和风廓线仪观测网络（33 个站）组成。无线电探空仪覆盖距地面最远 30 千米的高空，主要测量温度、压力、湿度和风，每天 0 时和 12 时 UTC 进行两次观测。风廓线仪覆盖范围距离地面最大 12 千米，每 10 分钟自动测量一次风，观测数据由日本气象厅总部实时收集。

天气雷达。日本气象厅自 1954 年开始运营天气雷达，目前天气雷达网由 20 部 C 波段多普勒天气雷达组成，用于观测降水强度和高空风场。2020 年 3 月开始将多普勒天气雷达更新为双偏振天气雷达。日本气象厅天气雷达可覆盖日本大部分地区及其周边地区。

气象卫星观测。1977 年，日本将第一颗地球静止气象卫星（GMS）发射到地球静止轨道（东经 140° 赤道上空约 36000 千米），主要覆盖西太平洋和东亚地区。2014 年发射、2015—2022 年业务运行的“葵花 8 号”（Himawari-8）卫星位于东经 140.7° 赤道上空约 35800 千米，每 10 分钟进行一次观测，包括 3 个可见光波段、3 个近红外波段和 10 个红外波段。“葵花 9 号”具有与“葵花 8 号”相同的成像功能，于 2016 年作为备份和后继卫星发射，业务运行期暂定为 2022—2029 年。

2. 气象预报

日本气象厅自 1959 年建立数值天气预报以来，一直积极开发数值预报模式。目前业务中主要使用全球谱模式（GSM）、全球集合预报模式（GEPS）、区域中尺度模式（MSM）、区域中尺度集合预报模式（MEPS）、局地预报模式（LFM）和季节集合预测模式等，各模式参数如表 8.2 所示。主要产品有短期预报、台风预报、周天气预报、季节性预测、厄尔尼诺现象监测和预报、灾害性天气预警等。

近年来，日本数值天气预报系统不断取得重要进展（表 8.3）。2022 年，日本气象厅将全球集合预报模式 18 天预报的水平分辨率升级至 27 千米，超过 18 天的预报水平分辨率升级至 40 千米；区域中尺度模式垂直分辨率升级至 96 层，顶层高度提高到 37.5 千米，0 时和 12 时的预报时长延长至 78 小时；区域中尺度集合预报模式的垂直分辨率升级至 96 层，顶层高度提高到 37.5 千米；季节性集合预测升级为新系统，其中大气模式和海洋模式水平分辨率分别提高到 55 千米、0.25°×0.25°，大气模式垂直分辨率提高到 100 层，顶层高度提高到 0.01 百帕，海洋模式垂直分辨率提高到 60 层。此外，季节性集合预测模式的集合规模和运行频率升级为每天 5 个集合成员。2023 年，日本气象厅将全球谱模式的水平分辨率从 20 千米升级至 13 千米。

日本气象厅 2022 年发布的厄尔尼诺监测速报、3 个月预报、暖冬季节预报产品已经通过利用新的大气—海洋耦合模式提高了季节预报精度。新

**表 8.2　日本气象厅主要数值预报模式参数**[①]

| 类型 | 全球谱模式（GSM） | 全球集合预报模式（GEPS） | | | | 区域中尺度模式（MSM） | 区域中尺度集合预报模式(MEPS) | 局地预报模式（LFM） | 季节集合预测模式 |
|---|---|---|---|---|---|---|---|---|---|
| 产品 | 台风预报、每日预报、一周预报 | 台风预报 | 一周预报 | 两周温度预报、灾害性天气预警 | 一个月预测 | 天气预警、短距离降雨预报、航空预报 | | | 3 个月预测、暖季展望、冷季展望、厄尔尼诺展望 |
| 预报范围 | 全球 | 全球 | | | | 日本及其周边地区 | | | 全球 |
| 垂直高度 / 顶层高度 | 0.125°（TQ 959） | 0.25°（TQ479） | | | 0.375°（TQ 319） | 5 千米 /817×661 | | 2 千米 / 1581×1301 | 大气：0.25°（TL319）海洋：0.25°×0.25° |
| 垂直高度 / 顶层高度 | 128/ 0.01 百帕 | 128/0.01 百帕 | | | | 96/37.5 千米 | | 76/ 21.8 千米 | 大气：100/0.01 百帕 海洋：60 层 |
| 预报时长（运行频次）/ 集合成员数 | 132 小时（06 时、18 时）264 小时（0 时、12 时） | 5.5 天（06时、18 时）51 个成员 | 11 天（0 时、12 时）51 个成员 | 18 天（12 时）51 个成员 | 34 天（12 时，每周一次）25 个成员 | 78 小时（0 时、12 时）39 小时（03 时、06 时、09 时、15 时、18 时、21 时） | 39 小时（0 时、06 时、12 时、18 时）21 个成员 | 10 小时（每小时） | 7 个月（0 时）5 个成员 |

的大气—海洋耦合模式不仅提高了大气模式和海洋模式的分辨率，而且通过对积雨云的产生、发展等过程进行精细化计算，改善了以厄尔尼诺现象为代表的大气和海洋变化的预测精度，这体现在 3 个月预报和暖冬季节预报中高温和低温等天气特征预报的改善上。

① 资料来源：日本气象厅官方网站。

表 8.3 日本气象厅数值天气预报系统重大进展[①]

| 模式 | 时间 | 事件 |
|---|---|---|
| 全球谱模式和全球集合预报模式（GSM/GEPS） | 2007 年 | GSM 的水平分辨率从 55 千米提高到 20 千米，一周集合预报系统的水平分辨率从 110 千米提高到 55 千米，两种模式的垂直高度从 40 层增加到 60 层 |
| | 2008 年 | 台风集合预报系统投入运行 |
| | 2013 年 | GSM 和一周集合预报系统的 12 时预报时长从 216 小时延长至 264 小时 |
| | 2014 年 | 一周集合预报系统的水平分辨率从 55 千米提高到 40 千米，并增加了每天的运行频次和集合成员数量；GSM 的垂直高度从 60 层增加到 100 层，顶层高度从 0.1 百帕提高到 0.01 百帕；台风集合预报系统水平分辨率从 55 千米提高到 40 千米，集合成员数量从 11 个增加到 25 个 |
| | 2017 年 | 引入 GEPS，作为台风集合预报系统、一周集合预报系统和一个月集合预报系统的统一模式 |
| | 2018 年 | GSM 的 0 时、06 时和 18 时预报时长从 84 小时延长至 132 小时 |
| | 2020 年 | GSM 的 0 时预报时长从 132 小时延长至 264 小时 |
| | 2021 年 | GSM 和 GEPS 的垂直高度从 100 层增加到 128 层；GEPS 11 天预报的集合成员数量从 27 个增加到 51 个，两周预报集合成员数量从 13 个增加到 51 个，一个月预报从 13 个增加到 25 个，两周和一个月的预报频率从每天两次（0 时、12 时）改为每天一次（12 时） |
| | 2022 年 | GEPS 18 天预报水平分辨率从 40 千米提高到 27 千米，超过 18 天的预报水平分辨率从 55 千米提高到 40 千米 |
| | 2023 年 | GSM 水平分辨率从 20 千米提高到 13 千米 |
| 区域中尺度模式（MSM） | 2013 年 | 预报时长扩大到 39 小时，预报频率为每 3 小时一次 |
| | 2019 年 | 0 时和 12 时的预报时长从 39 小时延长至 51 小时 |
| | 2020 年 | 4D-Var 分析模式纳入中尺度资料数据同化系统 |
| | 2022 年 | 垂直高度从 76 层增加到 96 层，顶层高度从 21.8 千米提高到 37.5 千米；0 时和 12 时的预报时长从 51 小时延长至 78 小时 |
| 区域中尺度集合预报模式（MEPS） | 2019 年 | 开始运行 MEPS |
| | 2022 年 | 垂直高度从 76 层增至 96 层，顶层高度从 21.8 千米提高到 37.5 千米 |
| 局地预报模式（LFM） | 2012 年 | 开始运行 LMF，每 3 小时对日本东部进行一次水平分辨率为 2 千米的预报，特别强调建立 9 小时预测，以便为航空业务及时提供精细网格预报 |
| | 2013 年 | 覆盖范围升级为整个日本区域并每小时运行一次，以为进一步减少灾害风险和提高日本上空的飞行安全提供更精细的气象预报 |
| | 2019 年 | 预报时长从 9 小时延长至 10 小时 |

① 资料来源：日本气象厅官方网站。

续表

| 模式 | 时间 | 事件 |
| --- | --- | --- |
| 局地预报模式（LFM） | 2021 年 | 垂直高度从 58 层增加到 76 层 |
| | 2022 年 | 混合分析被纳入局地资料数据同化系统 |
| 季节集合预测模式 | 2015 年 | 大气模式水平分辨率由 180 千米提高到 110 千米，垂直分辨率由 40 层提高到 60 层，顶层高度由 0.4 百帕提高到 0.1 百帕；海洋模式目标区域扩大到全球，并引入海冰模式 |
| | 2022 年 | 季节性集合预测升级为新的 JMA/MRI–CPS3 系统；大气模式水平分辨率由 110 千米提高到 55 千米，海洋模式水平分辨率由 0.3°～ 0.5°×1.0°提高到 0.25°×0.25°；大气模式垂直分辨率由 60 层提高到 100 层，顶层高度由 0.1 百帕提高到 0.01 百帕，海洋模式垂直分辨率由 52 层提高到 60 层；集合规模和运行频率将从每 5 天 13 个集合成员更改为每天 5 个集合成员 |

3. 气象信息化

日本气象服务计算机系统（COSMETS）能接收和处理来自世界各地的气象数据。目前，日本气象厅主要运行两个计算机系统，一个是用于处理观测数据和产品的自动数据编辑及切换系统（ADESS），另一个是数值分析和预报系统（NAPS）。ADESS 通过专用固定电话与日本气象厅各个气象服务设施及相关机构（包括中央政府和地方政府）相连。为了补充陆上通信，日本气象厅在地球静止气象卫星（MTSAT–1R）上安装了通信频道，用于发送地震报告和海啸警报。NAPS 是用于数值天气预报的超级计算机系统。为了应对不断增长的计算性能和容量需求，日本气象厅的计算机系统不断升级。2018 年 6 月完成最近一次升级，启用了第 10 代高性能计算系统克雷 XC50（CrayXC50），最大理论峰值运算速度可达 18166 TFlops，内存容量为 528 TB，总磁盘容量为 10608 TB，可将数值模式运行速度提升约 10 倍。

4. 气象服务

气象灾害预警。日本气象厅是发布气象预警信息的唯一权威机构，并通过各种渠道将信息推送给政府灾害管理机构、地方政府、媒体和公众。私营部门在向最终用户传播日本气象厅发出的预警信息方面发挥着重要作用。

根据《灾害对策基本法》，日本广播公司（Nippon Hoso Kyokai，NHK）是唯一合法的公共广播机构，参与灾害应对。《气象服务法》规定，NHK 负责传播日本气象厅发布的预警信息。

日本气象厅气象预警信息根据可能发生灾害的严重程度，分为特别警报、警报、注意报等不同级别。

## 日本气象特别警报制度

2013 年 5 月 31 日，日本《气象服务法》修订案颁布，明确提出，为确保发生重大灾害时市民的安全，日本气象厅应采取特别警报措施，在发生重大灾害时发出特别警报。在其第 13-2 条和第 15-2 条增加了关于特别警报制度的明确规定，要求日本气象厅应实施特别警报制度，在有重大危险的严重灾害发生时，以易于理解的方式告知公众；制定特别警报的发布标准的过程中，应听取都道府县地方政府的意见，并立即公布；收到特别警报的都道府县政府，应立即采取措施通知公众。根据上述规定，日本气象厅着手制定特别警报的发布标准，并于 2013 年 8 月 30 日开始实施特别警报制度。

（一）特别警报制度

目前，日本气象厅的气象灾害预警主要包括注意报、警报和特别警报 3 类：注意报通常是提前 12 小时发布（在此之前会发布早期注意情报，一般提前一天或数天发布）；警报通常提前 6 小时发布；特别警报通常在灾害性天气的范围或强度达到一定标准时（比如数十年一遇）发布。针对预警发布的不同级别，对应有 5 级警戒等级，并有相应的应对措施。当气象灾害预警发布时，国家有关部门、各

**气象预警信息及对应的 5 级警戒级别**[①]

| 气象预警信息 | 需采取的行动 | 警戒级别 |
|---|---|---|
| 黑色："灾害迫近"<br>大雨特别警报<br>洪水泛滥信息 | 当地政府使用此信息作出发布 5 级警戒的决定；<br>对应于警戒级别 5，表明灾难即将发生或很有可能已经发生。生命危险迫在眉睫，请立即确保您的安全 | 相当于<br>5 级警戒 |
| 紫色："非常危险"<br>泥沙灾害预警<br>洪水泛滥危险警报<br>风暴潮特别警报<br>风暴潮警报 | 此信息是当地政府发布 4 级警戒疏散令的指南；<br>对应于需要从危险场所撤离的 4 级警戒；<br>在预计发生灾害的地区，请注意当地政府发布的疏散命令，即使没有发布疏散命令，也请根据风险分布和河水水位信息作出疏散决定 | 相当于<br>4 级警戒 |
| 红色："警报"<br>大雨警报（泥石流灾害）*<br>洪水泛滥预警信息<br>洪水警报<br>风暴潮警报 | 该信息是当地政府发布 3 级警戒、疏散老年人的指南；<br>老年人相当于 3 级警戒，需要从危险场所撤离；<br>在预计发生灾害的地区，请注意当地政府的老年人避难公告等，并根据风险分布和河水水位信息做好避难准备 | 相当于<br>3 级警戒 |
| 黄色："注意"<br>防汛信息 | 对应于需要确认疏散行为的 2 级警戒；<br>使用灾害地图等确认预计会发生灾害的地区、避难目的地、避难路径等 | 相当于<br>2 级警戒 |
| 大雨注意报<br>洪水注意报<br>风暴潮注意报 | 需要确认避难行为的 2 级警戒；<br>使用灾害地图等确认预计会发生灾害的地区、避难目的地、避难路径等 | 相当于<br>2 级警戒 |
| 早期注意报 | 这是 1 级警戒，表示需要为灾难做好准备；<br>请关注最新的气象防灾信息，提高防灾准备 | 1 级警戒 |

注：* 从夜间到清晨有可能转为大雨警报（泥石流灾害），相当于老年人需要从危险场所撤离的 3 级警戒。

① 资料来源：日本气象厅官方网站。

级地方政府和民众将根据不同级别的防灾机制快速做好相应的防灾避难准备。

其中，特别警报是在重大灾害风险（如几十年一遇的暴雨、重大海啸或影响公众的火山喷发等）的情况下发布的，表明相关地区处于前所未有的极度危险状态，且有必要立即采取保护生命的措施与行动。

气象特别警报主要包括三大类：一是大雨特别警报；二是台风引起的特别警报，包括暴风、风暴潮、海浪特别警报；三是降雪引起的特别警报，包括暴风雪和大雪特别警报。

（二）气象特别警报的发布标准

1. 大雨特别警报

在 2013 年特别警报制度实施之初，大雨特别警报的发布标准为：由于台风或集中暴雨预计带来数十年一遇的大雨，或者由于数十年一遇强度的台风或同等强度的温带气旋预计带来大雨时。2021 年的最新标准修改为：由于台风或集中暴雨，预计将出现数十年一遇降雨量的大雨时。2021 年的大雨特别警报分为洪涝灾害和泥石流灾害两种情况下的大雨特别警报。

（1）大雨特别警报（洪涝灾害）

在预计达到 1）和 2）的任何一种情形，并且预计将继续降雨的地区中，将对出现最高级别洪涝灾害的市町村[①]等发布大雨特别警报（洪涝灾害）。

① 日本行政区划制度，一般分为都、道、府、县（广域地方公共团体）以及市、町、村、特别区（基础地方公共团体）两级。

1）50 个以上的 5 千米网格的 48 小时降水量和土壤水分指数[①]高于 50 年一遇的数值。

2）10 个以上的 5 千米网格的 3 小时降水量和土壤水分指数高于 50 年一遇的数值（但只包括 3 小时降水量超过 150 毫米[②]的网格）。

其中，"50 年一遇的数值"并不是过去 50 年实际观测到的最大值，而是日本气象厅利用 1991 年以来的观测数据，计算出 50 年一遇的降水量及土壤水分指数的值。该值是将日本全国划分为 5 千米的区域（称为"5 千米网格"）计算得出，并每年更新。同时，大雨将出现在一定数量的 5 千米网格是大雨特别警报的发布条件之一。所以，仅出现一个达到"50 年一遇的数值"以上的 5 千米网格，并不具备发布特别警报的条件。

（2）大雨特别警报（泥石流灾害）

每个地区都设定相当于过去造成重大灾害现象的土壤水分指数基准值。如果预计 10 个以上的 1 千米网格达到或超过该基准值，且预计大雨将继续，则向该市町村发布大雨特别警报（泥石流灾害）。

2. 台风引起的特别警报（暴风、风暴潮和海浪特别警报）

如果有中心气压 930 百帕以下或最大风速 50 米 / 秒以上的台风或同等程度的温带气旋来袭时，将发布特别警报。其中，冲绳地区、奄美地区和小笠原群岛的发布标准为中心气压为 910 百帕以下，最大风速为 60 米 / 秒以上。

---

① 土壤水分指数是表征降水在土壤积累状态的数值。该值越高则山体滑坡的风险就越大。
② 3 小时降水量 150 毫米相当于 1 小时 50 毫米的雨持续 3 个小时。

在台风的中心气压或最大风速达到上述指标要求的情况下，在预测台风中心接近或通过的地区，将发布暴风、风暴潮和海浪特别警报。

在预测到温带气旋的最大风速达到指标要求的地区，将发布暴风（如有雪，则为暴风雪）、风暴潮和海浪特别警报。

3. 降雪引起的特别警报（暴风雪、大雪特别警报）

以都道府县为范围，达到 50 年一遇的积雪深度，且预计之后将持续一整天以上的降雪时，将发布大雪特别警报。

商业气象服务。日本商业气象服务起步于 20 世纪 50—60 年代，主要是针对各行业用户的要求，基于公共气象部门的基本气象数据资料，进行解释、分析与细化，进而开展有偿服务。第一家提供预报服务的私营公司于 1953 年获得日本气象厅的授权。目前，私营公司的气象服务已覆盖航空、海运、交通、能源等众多领域。

商业气象服务的支持机构。日本气象厅成立专门机构为商业气象服务提供支持。1994 年，根据气象法，日本气象厅成立了日本商业气象支持中心（Japan Meteorological Business Support Center，JMBSC），负责向私营机构提供数据产品和开展相关认证。JMBSC 的收入全部来自私营部门，其中近 70% 来自数据传播、预报员国家考试和仪器验证相关的授权服务。

在政府的数据开放政策下，JMBSC 向私营部门提供全天候传输服务，可在几秒钟内向用户实时提供日本气象厅的所有数据、产品和信息（包括观测数据、日本气象厅生成的数值天气预报网格数据），而且原则上所有的数据都是免费提供（收取最低的数据处理费以支付实际的传播成本）。目

## 日本天气新闻公司

日本天气新闻公司（Weathernews Inc.，WNI）成立于1986年，是世界上最大的气象服务公司之一。WNI的业务以海运、航空气象服务为核心，并面向交通、建筑、能源、零售、媒体服务、赛事服务等多个行业，覆盖气象观测、数据分析、预报及服务全流程。目前，WNI在21个国家设立了32个办事处。2022年的销售额达到196.5亿日元，员工数为1120人（截至2022年5月31日）。在人员构成上，近一半为气象预报员或获得预报员证书的航海航空等专业技术人员，1/4为计算机开发人员，营销人员占1/5。

WNI基于综合气象观测网和气象预报系统，对客户业务的气象风险进行分析，并根据最新预报结果向用户提供应对风险的策略方案，由熟悉客户业务的风险沟通人员提供24小时服务。WNI在全球范围内开展“WxTech”天气数据分析服务。该服务将AI技术与WNI和世界气象组织的数值预报模式相结合，可提供5千米网格分辨率的高精度天气预报。

WNI的防灾减灾气象服务领域涵盖政府、航空、航海、工业、农业、商业、交通、运输、工程建设等各行各业，其预报时段、服务项目按用户需求设定。

交通气象服务是WNI的优势领域。主要包括为全世界1万余艘船只提供航运和航海服务，为海上可再生能源相关项目及海上业务提供综合支援服务，为列车稳定运行和货物运输提供服务，做好河水泛滥和洪水的监测，减少异常天气、气候对工程的影响，以及为每日 13000 个航班提供安全和高效益的服务等。

2022 年 2 月，WNI 推出“气候影响”服务，针对工厂、企业等提供气候变化和风险评估，帮助企业了解与气候变化影响相关的商业风险与机遇，并推动气候变化减缓和适应措施的落实。6 月，WNI 与葡萄牙电力公司 REN 签约，基于 AI 预报技术为该公司 136 个陆上风力发电厂提供准确率更高的发电量预测服务（15 分钟间隔的 136 个站点 4.5GW 风电预报）。9 月，WNI 与印度尼西亚气象气候机构签署合作备忘录，利用安装在印度尼西亚各地机场的实时摄像头图像，使用 AI 技术自动观测，以尽早发现局部天气事件，并利用 AI 驱动的分析技术来提升预报准确率以支持飞行安全。10 月，WNI 升级了其航海规划工具，来支持客户实现脱碳和管理二氧化碳排放目标。

前，JMBSC 的用户群体已扩展到各个行业领域，主要用户包括授权预报服务公司（约 31%）、大众媒体（8%）、研究机构（6%）、政府（8%）和来自不同领域的私营企业（47%）等。随着信息技术和日本气象厅监测预报技术的进步，JMBSC 数据服务的用户数量迅速扩大。

JMBSC 面向社会开展预报员认证的国家考试。此外，根据 1993 年修订的《气象服务法》，JMBSC 还负责对仪器公司和制造商的气象仪器进行官方认证，以确保观测数据质量，每年 JMBSC 颁发约 1.2 万份气象仪器检验证书。获得许可的私营机构（包括国际公司）可以使用日本气象厅基础气象数据、产品及自己的补充观测和预报服务，向公众和专业用户提供气象服务增值产品。

5. 业务评估

2002 年以来，日本气象厅通过将“使命、愿景和基本目标”中的目标（含相关措施等）细化为具体指标来评估每个财年的业务绩效，以此推动业务改进。最新发布的《日本气象厅业务评估报告书（2023 财年版）》总结了日本气象厅 2022 财年业务实施状况的评估结果以及 2023 财年实施计划（表 8.4）。

**表 8.4 日本气象厅 2022 年业务绩效评估结果**[①]

| 指标 | 目标 | | | 2022 年实际值 |
|---|---|---|---|---|
| | 执行期 | 初始值 | 目标值 | |
| 1. 准确提供防灾天气信息，为预防区域气候灾害做出贡献 | | | | |
| 1–1 准确提供有助于台风和暴雨灾害防御的信息 | | | | |
| （1）提高台风预报准确度（台风中心位置的预报误差） | 中期（5–2） | 207 千米（2020 年） | 180 千米以下（2025 年） | 188 千米 |
| （2）改善线状降水带信息<br>①改善线状降水带防灾气象信息的累计数量<br>②线状降水带预测的捕获率 | 中期（5–1） | ① 1 件<br>② 31%<br>（2021 年） | ① 5 件<br>② 45% 以上<br>（2026 年） | ① 2 件<br>② 32% |
| （3）提高大雨雨量预测准确度（短时降水预报准确度）<br>（大雨预测值与实测值之比） | 中期（5–5） | 0.53<br>（2017 年） | 0.55 以上<br>（2022 年） | 0.48 |
| （4）提高大雨预警信息预测准确度<br>①警报级别可能性“高”的准确率<br>②警报级别可能性“中等”以上的准确率 | 中期（5–1） | ① 52.3%<br>② 73.6%<br>（2021 年） | ① 60% 以上<br>② 80% 以上<br>（2026 年） | ① 50.4%<br>② 73.0% |
| （5）提高大雪预测准确度（大雪预测值与实测值之比） | 中期（5–2） | 0.63<br>（2020 年） | 0.65 以上<br>（2025 年） | 0.62 |
| 1–2 准确提供有助于地震和火山灾害防御的信息（略） | | | | |
| 1–3 与气象灾害防御人员共同推进区域气象防灾 | | | | |
| （10）通过实施气象防灾讲习班促进防灾气象信息的适当有效利用（市区町村参加研讨班的累计工作人员数） | 中期（3–1） | 0 市区町村<br>（2021 年） | 1741 市区町村<br>（2024 年） | 841 市区町村 |
| （11）通过气象防灾顾问，完善地区防灾支援制度<br>①设有气象防灾顾问的都道府县数<br>②每个气象防灾顾问对应的都道府县的平均人数 | 中期（3–1） | ① 28 都道府县<br>② 1.6 人<br>（2021 年） | ① 47 都道府县<br>② 5 人以上<br>（2024 年） | ① 32 都道府县<br>② 2.0 人 |

① 资料来源：日本气象厅官方网站。

续表

| 指标 | 目标 | | | 2022 年实际值 |
|---|---|---|---|---|
| | 执行期 | 初始值 | 目标值 | |
| 2. 准确提供有助于社会经济活动的气象信息数据，提高产业生产率 | | | | |
| 2-1　准确提供有助于飞机、船舶等交通安全的信息 | | | | |
| （12）开始在机场提供详细信息（新提供的航空气象信息数量：10 分钟提供的机场广播） | 中期（2-1） | 0 件（2021 年） | 1 件（2023 年） | 0 件 |
| （13）完善海上交通安全信息（各类信息累计提高数量） | 中期（4-3） | 0 件（2019 年） | 5 件（2023 年） | 4 件 |
| 2-2　准确提供有助于应对全球变暖的信息和数据 | | | | |
| （14）增加和改善地球环境温室气体监测信息（新提供和改善各种信息的累计数量） | 中期（4-1） | 0 件（2021 年） | 4 件（2025 年） | 1 件 |
| （15）促进气候变化信息在地区应对气候变化中的利用（气象厅气候变化信息在地区应对气候变化中的使用率） | 中期（4-3） | 94%（2019 年） | 100%（2023 年） | 100% |
| 2-3　准确提供有助于日常生活和社会经济活动的信息和数据 | | | | |
| （16）一周天气预报准确率（晴雨预报准确度和最高、最低气温预报偏离 3 ℃以上的全年天数）<br>①有无降水<br>②最高温度<br>③最低温度 | 中期（5-1） | ① 83.6%<br>② 84 天<br>③ 53 天<br>（2021 年） | ① 85% 以上<br>② 81 天以下<br>③ 51 天以下<br>（2026 年） | ① 84.7%<br>② 80 天<br>③ 50 天 |
| （17）两周气温预报准确度的提高（最高最低气温预测误差的减少比例）<br>①最高气温<br>②最低气温 | 中期（5-1） | ① 0<br>② 0<br>（2021 年） | ① 5% 以上<br>② 5% 以上<br>（2026 年） | ① -2.0%<br>② -0.6% |
| 2-4　促进利用气象数据提高产业生产率 | | | | |
| （18）强化产业界有效利用气象信息数据的措施（累计参加气象数据分析师培训讲座的人数） | 中期（3-2） | 0 人（2020 年） | 180 人以上（2023 年） | 19 人 |
| 3. 促进与气象业务有关的技术研究和开发 | | | | |
| 3-1　促进用于天气作业的先进研究和开发 | | | | |
| （19）以提高线状降水带等集中暴雨的预报准确度为目标，阐明机理，研发改进观测及数据同化技术，并推进相关研究开发（累计方法等的开发和改进数量） | 中期（5-4） | 0 件（2018 年） | 4 件（2023 年） | 3 件 |
| （20）推进提高区域气候预测准确度的研究和开发，以提供高准确度的区域气候预测信息，支持适应措施的制定（模型改良等累计数量） | 中期（5-4） | 0 件（2018 年） | 2 件（2023 年） | 1 件 |

续表

| 指标 | 目标 | | | 2022 年实际值 |
|---|---|---|---|---|
| | 执行期 | 初始值 | 目标值 | |
| 3-2　改进和升级监测预报系统 | | | | |
| （22）提高数值预报模式的准确度（全球数值预报模式的准确度） | 中期（5-2） | 12.8 米（2020 年） | 11.7 米以下（2025 年） | 12.7 米 |
| （23）双偏振天气雷达数据在雨量分析中的应用（雨量分析中使用的数量） | 中期（4-4） | 0 件（2018 年） | 1 件（2022 年） | 0 件 |
| 4. 促进气象业务的国际合作 | | | | |
| 4-1　促进气象业务的国际合作 | | | | |
| （24）促进发展中国家提高气象业务能力的培训等（通过培训和研讨班等提供人才培养和技术支持的国家和地区的总数量） | 中期（5-1） | 0 个国家 / 地区（2021 年） | 110 个国家 / 地区（2026 年） | 32 个国家 / 地区 |
| （25）扩充有助于提高国际气象业务能力的技术信息（日本气象厅英文主页上新提供或更新的技术信息总数） | 中期（5-1） | 0 件（2021 年） | 110 件以上（2026 年） | 19 件 |

## （三）未来发展方向

根据《着眼于 2030 年科学技术的气象业务的应有状态》报告的相关要求，日本气象的未来发展方向主要包括：

一是观测预报系统发展。为了改善和提高观测预报系统，致力于数值预报模式的改良。努力提高数值预报模式分辨率,进一步改进数据同化系统。继续改良物理过程，扩大卫星观测数据的应用，以大幅度提高精度为目标。加强数值预报研发机构与国内外高校、研究机构等的合作研发，加快数值预报模式研发和观测数据开发利用。继续在全国开展双偏振天气雷达、强降雨区域雨量推算技术的研发，加强雨量分析，提高积雨云监测预测能力。

二是气象业务技术研发。制定中期研究计划，并据此进行研发，使基础业务能反映最新科学技术的发展并达到全球最高的技术水准。

三是气象国际合作。继续开展观测数据和技术信息的国际交换，支持外国气象水文机构提高气象能力。利用国际会议等形式向外国气象机构介绍“葵花”卫星观测数据的使用方法和申请情况。

## 二、韩国气象发展

韩国十分重视提升本国气象科技水平，不断推进气象监测、气象信息网络、数值天气预报能力建设，在气象发展领域为其他国家提供了有益借鉴。

### （一）概况

韩国气象厅（Korea Meteorological Administration，KMA）成立于 1949 年（表 8.5），目前隶属于环境部，为副部级单位。韩国气象厅总部设总务处、审计和监察办公室，以及国立气象科学院、航空气象处、国家气象卫星中心、天气雷达中心、数值模拟中心、人力资源开发所 6 个下设单位，此外还设有 9 个地方气象厅。

韩国十分注重气象法律法规建设，制定颁布了《气象法》《气象观测标准法案》《气象产业推广法案》《地震、海啸和火山喷发监测与预警法案》等一系列法律法规。2023 年 1 月 30 日，韩国国会全体会议通过了《气象法》部分修订案，对包括观测、预报等在内的整个气象领域的法律基础进行了大规模修改。此次修订的主要内容是加强韩国气象厅在气候危机时代为防止和应对气象灾害的作用与权限，修订事项将在一年后实施。

**表 8.5 韩国气象厅历史大事记**[①]

| 时间 | 事件 |
|---|---|
| 1949 年 | 成立国立中央观象台，隶属于教育部 |
| 1956 年 | 韩国作为第 68 个会员加入世界气象组织 |
| 1961 年 | 制定并发布《气象服务法》 |
| 1962 年 | 启动天气雷达建设 |
| 1967 年 | 中央观象台成为科技部下属的一个组织 |
| 1969 年 | 天气雷达正式开展观测业务 |

① 资料来源：韩国气象厅官方网站。

续表

| 时间 | 事件 |
| --- | --- |
| 1978 年 | 成立国家气象研究所 |
| 1982 年 | 更名为中央气象台 |
| 1989 年 | 在南极建立气象观测 |
| 1990 年 | 中央气象台升级为韩国气象厅 |
| 1991 年 | 启动数值预报业务 |
| 1998 年 | 韩国气象厅将其总部进行搬迁 |
| 1999 年 | 超级计算机 1 号机组投入使用 |
| 2005 年 | 韩国气象厅升格为副部级单位 |
| | 全面修订《气象服务法》为《气象法》 |
| | 制定《气象观测标准法案》 |
| 2007 年 | 成为世界气象组织执行理事会成员 |
| 2008 年 | 韩国气象厅隶属于环境部 |
| | 成立国家台风中心启动小区预报 |
| | 启动数字天气预报服务 |
| 2009 年 | 制定《气象产业推广法案》 |
| | 成立国家气象卫星中心和国家气象超级计算机中心 |
| | 经世界气象组织批准，在韩国建立世界气象组织远程预报多模式集成的领导中心 |
| 2010 年 | 发射 COMS 气象卫星 |
| | 成立天气雷达中心 |
| 2011 年 | 韩国第一艘气象船投入使用 |
| 2012 年 | 经世界气象组织批准，在韩国建立全球信息系统中心（GISC） |
| 2014 年 | 颁布《地震、海啸和火山喷发监测与预警法案》 |
| 2015 年 | 新成立首尔大都会气象厅，大邱、全州、清州气象支厅 |
| 2017 年 | 新成立地震和火山中心、数值模拟中心和气象人力资源开发所 |

关于人员和预算方面，截至 2022 年底，韩国气象厅共有员工 1478 人。其中博士 122 人，硕士 327 人，硕士及以上人员占全体气象人员的 30%。韩国气象厅 2023 年预算为 4697 亿韩元（同比增加 160 亿韩元，增长 3.5%），将集中投资于提升台风、暴雨等预报水平，以及扩大关于应对气候变化和具备成为世界领先气象强国的核心技术方面的研究。

## （二）重点领域主要进展

1. 气象观测

韩国气象厅建立了密集的立体综合观测体系。共有地面气象观测站 637 个,其中 614 个为自动气象站（约每隔 13 千米设一个站）。探空站 7 个，2022 年 5 月全部实现自动化。在全国设有 10 部气象雷达、1 个雷达技术开发试验场和 3 个小型气象站。此外，2010 年韩国气象厅与环境部、国防部签订雷达数据联合使用业务协议，与环境部 7 部雷达、国防部 10 部雷达进行实时数据交换和共享使用。韩国与中国、日本、俄罗斯等周边国家交换 43 个地点的雷达数据，用于东亚地区天气的监测预报。2022 年 9 月，韩国完成仁川国际机场天气雷达的升级，将 2001 年运行的旧雷达升级为 C 波段双偏振雷达。

在气象卫星发展方面，韩国 COMS-1 卫星于 2010 年 6 月 26 日由欧洲航天局在法属圭亚那太空中心发射成功，使韩国成为世界上第七个拥有地球同步轨道气象卫星的国家。2012 年，韩国气象厅开始研制第二颗静止轨道多用途卫星（GEO-KOMPSAT）GK-2A，并于 2018 年 12 月 5 日由欧洲航天局在法属圭亚那太空中心发射成功，2019 年 7 月业务运行，至此韩国进入第二代气象卫星时代。2023 年 4 月 13 日，韩国气象厅举行静止轨道气象卫星（“千里眼”卫星 5 号）开发听证会，主题包含卫星开发项目的推进体系和计划等。此项目是韩国第三颗气象卫星项目，将于 2025 年启动，预计 2031 年发射。

在海洋观测方面，韩国气象厅拥有 17 个沿岸气象观测设备、75 个波浪浮标、21 个船舶自动气象站、2 个海洋观测站、100 台海洋雾观测设备及 154 个海洋监控摄像机等。另外，还拥有 2 艘观测船和 1 架气象飞机。

2. 气象预报

韩国实行两级预报体制，韩国气象厅数值模式中心负责韩国全境和沿海海洋的预报制作发布并开展对下业务指导，分布各地的 9 个区域气象台和 1 个航空气象服务处负责本区域预报订正和预警发布，并通过预报会商与国家天气中心讨论天气预报意见。气象灾害预警主要以区域气象台属地化发布为主。

2010 年，韩国气象厅引进英国气象局统一模式（UM），逐步建立了从天气到气候、从全球到局地的高分辨率数值预报业务系统，由数值模拟中心负责业务数值模式研发和运维等工作。目前,韩国气象厅正在运行全球模式、区域模式和集合模式，包括全球数据同化与预报模式（GDAPS）、全球统一预报模式（EPSG）、区域数据同化与预报模式（RDAPS）、局地数据同化与预报模式（LDAPS）、局地概率预测模式（LENS）以及短临分析与预报模式（KLAPS）。应用模式具体有波浪、沙尘暴、风暴潮等预报模式（各模式参数情况详见表 8.6）。

**表 8.6　韩国气象厅主要数值预报模式参数**[①]

| 模式 | | 水平分辨率（垂直高度） | 预报时长 | 作用 |
|---|---|---|---|---|
| GDAPS | 全球预报模式（KIM NE360 NP3） | 12 千米（91 层） | 12 天，87 小时 | 全球天气预报<br>区域预报<br>中期预报 |
| | 全球预报模式（UM N1280 L70） | 10 千米（70 层） | 12 天，87 小时 | |
| EPSG | 全球集合预报模式（KIM NE144 NP3 M26） | 32 千米（91 层） | 12 天 | 韩国半岛<br>用于三维分析或预报 |
| | 全球集合预报模式（EPS UM N400 L70 M25) | 32 千米（70 层） | 12 天 | 全球概率预报<br>周预报 |
| RDAPS | 区域预报模式（KIM 3 千米 L40） | 3 千米（40 层） | 72 小时 | 东亚气象预报 |
| LDAPS | 局地预报模式（UN 1.5 千米 L70） | 1.5 千米（70 层） | 48 小时 | 韩国半岛气象预报 |
| LENS | 局地统一预报模式（UM 2.2 千米 L70 M13） | 2.2 千米（70 层） | 72 小时 | 局地规模概率预报<br>周预报 |

① 资料来源：韩国气象厅官方网站。

续表

<table>
<tr><th colspan="2">模式</th><th>水平分辨率<br>（垂直高度）</th><th>预报时长</th><th>作用</th></tr>
<tr><td rowspan="3">KLAPS</td><td>短临背景预报<br>（UM KLBG）</td><td>5 千米<br>（40 层）</td><td>36 小时</td><td>东亚地区<br>用于生成短临预报模式的背景场</td></tr>
<tr><td>短临分析<br>（UM KL05）</td><td>5 千米<br>（22 层）</td><td>—</td><td rowspan="2">东亚地区<br>用于三维分析或预报</td></tr>
<tr><td>短临预报<br>（UM KLFS）</td><td>5 千米<br>（40 层）</td><td>12 小时</td></tr>
<tr><td rowspan="2">气候预测</td><td rowspan="2">全球气候预测系统<br>（GloSea5）</td><td rowspan="2">60 千米<br>（85 层）</td><td>8 周</td><td rowspan="2">全球季节性预测</td></tr>
<tr><td>6 个月</td></tr>
</table>

注：数据截至 2022 年底。

利用本国技术开发的韩国综合模型（KIM）1.0 版本已于 2020 年 4 月投入运行，水平分辨率 12 千米，垂直 91 层。2022 年韩国气象厅开发 KIM 区域和本地集合模式，计划于 2023 年投入运行。2020—2026 年，短临分析与预报模式（KLAPS）将进行时间和空间集成预报系统研发，增加各种格点系统和海陆耦合的应用，并将数值预报与人工智能技术进行融合。计划长期使用多模式（UM、KIM、ECMWF）集合预报用于决策支撑。

3. 气象信息化

为提升数值预报能力，韩国气象厅不断改进超级计算机性能（表 8.7）。2000 年，韩国气象厅引进气象超级计算机 1 号机（NEC，SX-5/28A）。2005 年超级计算机 2 号机（Cray X1E）提供 5 千米网格预报服务。2010 年超级计算机 3 号机（Cray XE6）提供高分辨率集合模式（UM N512L70）业务运行。2015 年超级计算机 4 号机（Cray XC40）提高了集合模式（UM N1280L70）分辨率，业务运行局地集合模式（LENS）。2021 年 6 月，超级计算机 5 号机（LENOVO SD650）业务运行，性能较 4 号机（理论性能 5.8 PFlops）提升 8 倍以上（理论性能 51 PFlops），总内存容量为 2064 TB（每个系统 1032 TB），有力推动了韩国数值预报模式的稳定运行与持续改进。

表 8.7　韩国气象厅超级计算机升级情况[①]

| 编号 | 超级计算机 1 号机 | 超级计算机 2 号机 | 超级计算机 3 号机 | 超级计算机 4 号机 | 超级计算机 5 号机 |
|---|---|---|---|---|---|
| 型号 | SX-5 | Cray X1E | Cray XE6 | Cray XC40 | LENOVO SD650 |
| 投入时间 | 2000 年 | 2005 年 | 2010 年 | 2015 年 | 2021 年 6 月 |
| CPU | 28 | 1024 | 90240 | 139392 | 612864 |
| 理论性能 | 224 GFlops | 18.5 TFlops | 758 TFlops | 5800 TFlops | 51 PFlops |
| 内存容量 | 224 GB | 4 TB | 120 TB | 744 TB | 2064 TB |
| 共享容量 | 3.78 TB | 88 TB | 3.9 PB | 15.8 PB | 24 PB |
| 备份容量 | 14 TB | 1 PB | 4.5 PB | | |

## （三）未来发展方向

2022 年 12 月，韩国气象厅发布第四次《气象业务发展基本规划（2023—2027 年）》，明确提出未来发展目标：面对气候变化带来的天气波动性和风险的增加，进一步升级气候和气候变化信息，为应对气候变化提供支持；掌握成为世界领先气象强国的核心技术。具体通过以下 4 项战略来实现：

一是通过将气象防灾减灾服务向精细化预报、专项预报转变，加强分部门定制化安全气象信息合作，建立先进的灾害天气监测系统来提升灾害天气应对能力，构建安全社会。

二是通过加强气候变化综合监测分析能力、夯实气候变化预测信息的科学基础、建立气候变化监测和预测系统及技术来支持克服气候危机。

三是通过提高预报技术的基础支撑能力、开发融合技术等提升气象、气候预测能力。

四是培育气象产业创新发展，传播天气和气候价值观。

① 资料来源：韩国气象厅官方网站。

# 专题篇

# 第九章 “数字孪生”建设动态*

数字孪生是充分利用物理模型 / 式、传感器更新、运行历史等数据，集成多学科、多物理量、多尺度、多概率的仿真过程，在虚拟空间完成映射，从而反映相对应的实体装备的全生命周期过程。数字孪生是一种超越现实的概念，可被视为一个或多个重要的、彼此依赖的装备系统的数字映射系统。数字孪生在产品设计、产品制造、医学分析、工程建设、地球科学等领域应用较多，应用最深入的是工程建设领域，关注度最高、研究最热的是智能制造领域。

## 一、欧洲中期天气预报中心“数字孪生地球”概况

数字孪生技术在地球科学领域得到应用。为确保《欧盟绿色协议》和《欧盟数字战略》的顺利实现，欧盟发起了“目标地球倡议”。倡议旨在建立一个高度精确的地球数字模型 / 式——“数字孪生地球”，在空间和时间上精确监测和模拟气候发展、人类活动和极端事件，为决策者采取应对措施提供支撑。

### （一）概述

1. 背景

2020 年《欧盟数字战略》提出，数字孪生可以创建物理产品、过程或

* 执笔人员：唐伟 李萍 于丹 张阔

系统的虚拟副本。通过投资数字孪生可以使私人参与者在公共支持下聚集在一起，通过开发通用平台以及提供对多种云服务的访问，来实现安全的数据存储和共享。

“数字孪生地球”是欧洲中期天气预报中心（ECMWF）2021—2030 年战略的重要组成部分。作为“数字孪生地球”的主要责任单位，欧洲中期天气预报中心对高性能计算、人工智能与机器学习、天气云建设和综合预报系统（IFS）等持续开发，为实施“数字孪生地球”打下了坚实的技术基础。

2. 目的与架构

（1）“目标地球倡议”的目的

持续监测地球健康状况（如研究气候变化、海洋状况、冰层、生物多样性、土地利用和自然资源的影响）；支持欧盟相关政策的制定和实施；对地球自然系统进行高精度的动态模拟；提高建模和预测能力；加强欧盟在模拟、建模、预测数据分析和人工智能以及高性能计算方面的能力（内部结构关系见图 9.1）。

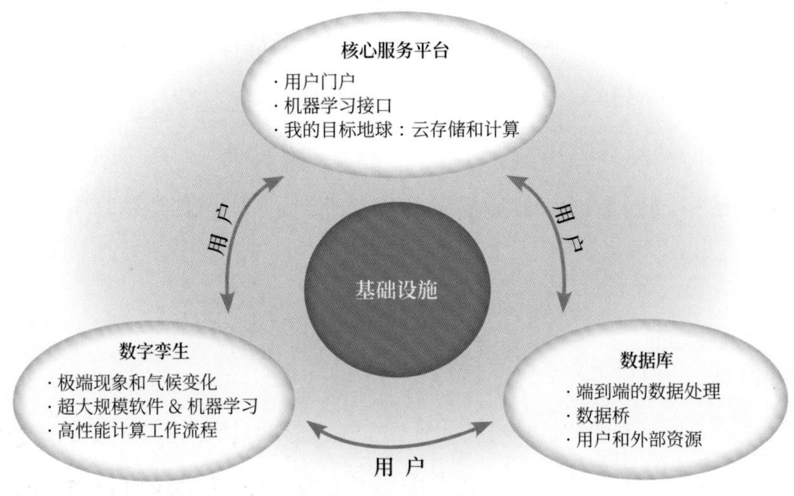


图 9.1 “目标地球倡议”内部结构关系示意图

（2）“目标地球倡议”的组织架构

1）欧盟委员会：负责人。

2）欧洲航天局：系统集成方和核心平台实施者的关键角色。

3）欧洲中期天气预报中心：数字孪生地球实施者。

4）欧洲气象卫星开发组织：负责开发与设计大数据和数据集成，确保数据与数字孪生的操作支持。

5）欧洲货币基金组织：2021年夏季前签订“出资协议”。

（3）“目标地球倡议”的核心要素

1）基于云的联合建模、仿真和预测分析平台。

2）数据（哥白尼计划和地球观测所获得的数据，环境要素及用户拥有的数据）。

3）数字孪生。

4）应用与服务。

3. 内容

宗旨：开发一个极高精度的地球数字模型/式，以监测和模拟自然及人类活动，并开发和测试各种情景，以促进更可持续的发展和支持欧盟的环境政策。

核心：建设一个基于云的联合建模和仿真平台，提供对数据、高级计算基础设施（包括高性能计算）、软件、人工智能应用程序和分析的访问。该平台将集成数字孪生地球系统各个方面的数字复制品，如天气预报和气候变化、粮食和水安全、全球海洋环流和海洋生物地球化学等，让用户能够访问信息、服务、模型/式、场景、模拟和预测。

目标：为用户提供定制的高质量信息、服务、模型/式、场景、模拟和预测，依靠连续观测、建模和高性能模拟的集成，帮助应对重大环境退化和自然灾害，对未来发展作出高度准确的预测。

## （二）主要进展

1. 正式启动

自 2021 年“目标地球倡议”被提出后，2022 年 3 月欧盟委员会正式启动该倡议，目标是到 2030 年开发出一个高度精确的地球数字模型 / 式（时间表详见图 9.2）。“数字欧洲”计划[①] 将为“目标地球倡议”第一阶段（至 2024 年年中）提供 1.5 亿欧元的初始资金。

在组织架构上，欧盟委员会委托欧洲中期天气预报中心、欧洲航天局（ESA）和欧洲气象卫星开发组织（EUMETSAT）共同开发“目标地球倡议”。此外，该倡议还建立了协调小组和战略咨询委员会两个专家组，以促进欧洲、国家和区域层面的合作协同，为倡议的实施及进一步发展提供技

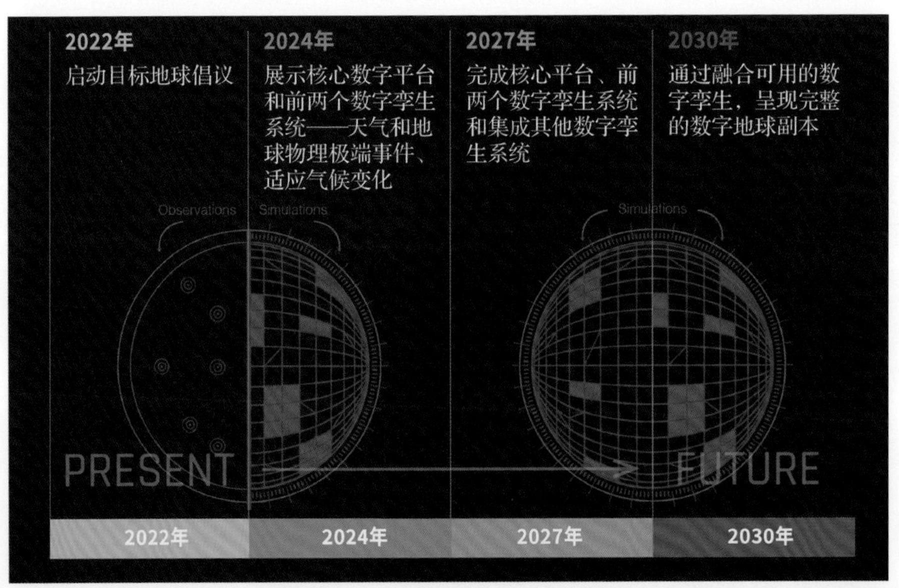


图 9.2 “目标地球”倡议时间表

① “数字欧洲”计划是欧盟首个专注于将数字技术带给企业和公民的资助计划。该计划 7 年内的总预算为 75 亿欧元（按现行价格计算），建立数字欧洲计划的法规于 2021 年 5 月 11 日在《欧盟官方公报》上发布，并于同日生效，自 2021 年 1 月 1 日起追溯适用。

术和科学建议。

到 2024 年底，“目标地球倡议”将由以下部分组成：

核心服务平台：由欧洲航天局运营。它将提供基于开放、灵活和安全的云计算系统的决策工具、应用程序和服务。

数据湖：由欧洲气象卫星开发组织运营。它将提供存储空间和对数据集的无缝访问。数据湖将建立在现有的科学数据集之上，包括数字孪生、欧洲气象卫星开发组织的地球观测卫星系统、哥白尼数据和信息获取服务（DIAS）等，并辅以其他基于传感器的环境数据和社会经济数据。

数字孪生：由欧洲中期天气预报中心开发，包括数字孪生引擎、下一代超高精度预报模式所需的复杂软件、硬件环境和两个数字孪生系统——天气和地球物理极端事件数字孪生和气候适应数字孪生。

2. 主要任务与建设方式

（1）主要任务

数字孪生地球是很多数字孪生的集合。每一个数字孪生将产生接近实时的、高度详细的、不断演变的，包括人类活动影响的地球复制品。最终，这些数字孪生将被结合起来，建立一个单一的、高度复杂的地球系统复制品——数字孪生地球，它将比以往任何系统都要详细，具有提供前所未有的细节和可靠性的预测能力，同时也提供了一个基础设施，以一个新的方式供模型/式和数据进行交互。欧洲中期天气预报中心构建数字孪生地球的主要任务包括：

1）构建数字孪生引擎。数字孪生引擎为数字孪生提供动力，利用超级计算机技术，为极端尺度的模拟和数据融合、数据处理、机器学习提供所需的软件基础设施。它将产生一个强大的、可扩展的、交互式的引擎，可以实时访问数字孪生的数据，并具有足够的灵活性来适应未来所有数字孪生的不同架构和需求。

2）建立天气和地球物理极端事件数字孪生系统。该系统侧重于洪水、干旱、热浪和地震、火山爆发、海啸等地球物理现象。例如，在发生洪水的情况下，该系统将帮助地方当局更准确地测试行动，有助于挽救生命并减少财产损失。第一个高优先级的数字孪生是极端天气数字孪生，它将在准确性、详细程度、交互性和数据访问速度方面取得突破，为日益频繁的极端天气事件的影响和风险评估提供近实时的决策支持。欧洲中期天气预报中心与橡树岭国家实验室使用改编版综合预报系统（IFS）完成的 1 千米分辨率全球大气模拟实验,为数字孪生建设奠定了基础。在建设的第二阶段，该数字孪生将扩展到地球物理极端事件上。

3）建立气候适应数字孪生系统。该系统将为应对气候变化行动提供观测，以及从全球到区域、国家层面的气候情景模拟，以帮助社会、决策者和气候敏感型部门的用户更好地了解气候变化的影响，支持适应和减缓气候变化。为了帮助实现碳中和，系统也将向可持续农业、能源安全和生物多样性保护等不同领域提供信息。

（2）建设方式

欧洲中期天气预报中心认为，只有通过全面的国际合作和共同设计方法，才能应对天气气候预测和计算科学的挑战。因此，数字孪生地球项目采取招标，以及与领先的科学技术组织、会员国气象机构合作等方式开展。

2022 年 3 月以来，欧洲中期天气预报中心已经就天气和地球物理极端事件的数字孪生、适应气候变化的数字孪生、可视化和沉浸式技术、“目标地球”应用案例 4 个项目面向社会进行了招标。通过对“目标地球”应用案例的社会公开招标，欧洲中期天气预报中心释放出一个强烈的信号，表明其将与水管理、可再生能源、卫生和农业等部门的用户共同设计和测试数字孪生系统，从而增加数字孪生在社会应用方面的附加值。

3. 发布时间

2023 年 3 月，欧洲中期天气预报中心宣布将于 2024 年年中开发完成并发布两个数字孪生系统的示范产品，以支持气候变化适应政策和决策制定。其中一个是由芬兰科学中心交付的适应气候变化的数字孪生产品，该产品将提供一个可配置的气候信息系统，以不超过 5 千米的分辨率开展几十年的全球气候模拟；另一个是由欧洲中期天气预报中心交付的极端天气数字孪生产品，该产品将在欧洲中期天气预报中心综合预报系统的基础上提供未来几天的极端天气事件预报。

欧洲中期天气预报中心已与相关的欧洲组织签订了交付两个数字孪生产品的合同，并与意大利计算中心 Cineca 达成协议，推动在欧洲高性能联合计算计划（EuroHPC JU）中实施数字孪生。意大利 IT 服务公司 Exprivia 将为数字孪生系统开发实施创新的可视化路径、渲染和沉浸式技术。欧洲中期天气预报中心已经与欧洲高性能计算技术平台（ETP4HPC）达成协议，双方合作制定数字技术战略来开发数字孪生系统。2024 年年中，这两个数字孪生系统的演示产品将在欧洲航天局的核心服务平台、欧洲气象卫星开发组织的数据湖与欧洲中期天气预报中心的数字孪生和引擎进行端到端的系统演示。数字孪生系统的开发分布在不同的超级计算机上，输出将通过欧洲气象卫星开发组织的数据湖和欧洲航天局的服务平台提供。

4. 应用进展

1 千米分辨率的全球大气模拟实验为生成数字孪生地球奠定了基础。2020 年，欧洲中期天气预报中心与橡树岭国家实验室使用改编版的欧洲中期天气预报中心综合预报系统（IFS）共同完成了世界上第一个平均网格间距为 1 千米的季节尺度全球大气模拟。通过深对流和地形的解析反馈等，以 1 千米分辨率模拟地球大气，能够产生逼真的全球平均环流并改善平流层，这些数据首次提供了极端天气的直接迹象。该模拟为地球未来“数字孪生”的原型奠定了基础。

国际知名 AI 计算公司在模拟数字孪生地球领域实现新突破。2022 年 3

月 24 日，国际知名人工智能计算公司英伟达（NVIDIA）[①] 发布了一个用于科学计算的数字孪生平台，可加速物理学机器学习模型，以超过以往数千倍的速度解决百万倍规模的科学和工程问题。该平台可以实时创建基于物理信息的交互式 AI 模拟，以精确反映真实世界，使计算流体动力学等模拟的速度比传统工程模拟和设计优化工作流程方法加快 1 万倍。英伟达将使用 FourCastNet 物理学机器学习模型 / 式在 Omniverse 平台[②] 中创建数字孪生地球。该模型 / 式能够模拟并预测飓风等极端天气事件的发展和风险，不但具有更高的置信度，且速度最高可加快 4.5 万倍。

## 二、部分国家数字孪生相关政策

自 2019 年以来，部分国家已将数字孪生上升为国家战略。德国“工业 4.0”参考框架将数字孪生作为重要内容；美国发布《工业应用中的数字孪生》，从工业互联网角度给出定义、行业价值和标准；英国发布《国家数字孪生体原则》，阐述了构建国家级数字孪生体的价值、标准、原则及路线图；新加坡率先搭建“虚拟新加坡”平台，用于城市规划、维护和灾害预警项目；法国推进数字孪生巴黎建设，打造数字孪生城市样板；在中国，“探索建设数字孪生城市”已经纳入“十四五”规划和 2035 年远景目标纲要（表 9.1）。

中国紧跟数字孪生技术发展步伐，在“十四五”规划中对数字孪生进行了一系列政策部署。2021 年 3 月，国家“十四五”规划纲要明确提出要“探索建设数字孪生城市”，为数字孪生城市建设提供了国家战略指引。此后，国家层面陆续印发了不同领域的“十四五”规划（表 9.2），为各领域如何利用数字孪生技术促进经济社会高质量发展作出了战略部署，涉及通信、

① 欧洲中期天气预报中心和英伟达公司合作开展了 1 千米分辨率的全球大气模拟实验。

② Omniverse 是英伟达公司专为 3D 设计协作和数字孪生模拟而构建的开放平台。

表 9.1 部分国家数字孪生相关政策

| 国家 | 时间 | 政策名称 | 主要内容 |
| --- | --- | --- | --- |
| 德国 | 2019 年 3 月 | 德国“工业 4.0” | 数字孪生体不是单个对象或单一的数据模型，而是包括数字化展示、功能性、模型、接口等诸多不同的方面 |
| 美国 | 2020 年 2 月 | 工业应用中的数字孪生：定义，行业价值、设计、标准及应用案例 | 从工业互联网的视角阐述了数字孪生的定义、商业价值、体系架构以及实现数字孪生的必要基础，通过不同行业实际应用案例描述工业互联网与数字孪生的关系；<br>组建数字孪生联盟，将数字孪生作为工业互联网落地的核心和关键 |
| 英国 | 2020 年 4 月 | 英国国家数字孪生体原则 | 构建国家级数字孪生体的价值、标准、原则及路线图，以便统一各行业数字孪生开发标准，实现孪生体间高效、安全的数据共享，释放数据资源整合价值，优化社会、经济、环境发展方式 |
| 中国 | 2021 年 3 月 | “十四五”规划和 2035 年远景目标纲要 | 探索建设数字孪生城市 |

表 9.2 中国国家级“十四五”规划中各领域数字孪生政策主要内容

| 时间 | 规划名称 | 关于数字孪生的政策 |
| --- | --- | --- |
| 2021 年 11 月 | 《“十四五”信息通信行业发展规划》 | 加速人工智能、区块链、数字孪生、虚拟现实等新技术与传统行业深度融合发展 |
| 2021 年 11 月 | 《“十四五”信息化和工业化深度融合发展规划》 | 围绕机械、汽车、航空、航天、船舶、兵器、电子、电力等重点装备领域，建设数字化车间和智能工厂，构建面向装备全生命周期的数字孪生系统；<br>开展人工智能、区块链、数字孪生等前沿关键技术攻关，突破核心电子元器件、基础软件等核心技术瓶颈，加快数字产业化进程；<br>开展数字孪生等重点领域国家标准、行业标准和团体标准制修订工作；<br>面向原材料、装备制造、消费品、电子信息等重点行业及产业集聚区建设行业和区域特色平台，建设云仿真、数字孪生、数据加工等技术专业型平台 |
| 2021 年 11 月 | 《“十四五”工业绿色发展规划》 | 加快人工智能、物联网、云计算、数字孪生、区块链等信息技术在绿色制造领域的应用，提高绿色转型发展效率和效益；<br>打造面向产品全生命周期的数字孪生系统，以数据为驱动提升行业绿色低碳技术创新、绿色制造和运维服务水平 |

续表

| 时间 | 规划名称 | 关于数字孪生的政策 |
|---|---|---|
| 2021 年 12 月 | 《“十四五”国家信息化规划》 | 加强数字孪生等关键前沿领域的战略研究布局和技术融通创新；<br>探索建设数字孪生城市 |
| 2021 年 12 月 | 《“十四五”数字经济发展规划》 | 因地制宜构建数字孪生城市 |
| 2021 年 12 月 | 《“十四五”智能制造发展规划》 | 围绕数字孪生等重点领域，支持行业龙头企业联合高校、科研院所和上下游企业建设一批制造业创新载体。<br>推动数字孪生等新技术在制造环节的深度应用，探索形成一批“数字孪生 +”“人工智能 +”“虚拟 / 增强 / 混合现实 +”等智能场景；<br>推动数字孪生、人工智能等新技术创新应用，研制一批国际先进的新型智能制造装备；<br>研发融合数字孪生、大数据、人工智能、边缘计算、虚拟现实 / 增强现实、5G、北斗、卫星互联网等新技术的新型装备；<br>推动数字孪生等基础共性和关键技术标准制修订，满足技术演进和产业发展需求 |
| 2021 年 12 月 | 《“十四五”原材料工业发展规划》 | 构建面向主要生产场景、工艺流程、关键核心设备的数字孪生模型 |
| 2021 年 12 月 | 《“十四五”水安全保障规划》 | 推进数字流域、数字孪生流域建设，全面提升水利数字化水平；<br>积极探索构建水利数字孪生应用场景，推动构建水利“2+N”智能业务应用体系，提升仿真、分析、预警、调度、决策和管理支撑能力 |
| 2021 年 12 月 | 《“十四五”铁路科技创新规划》 | 推进毫米波通信、无线大数据、数字孪生、云网边端协同、感知—通信—计算一体化等技术在铁路通信信号领域的应用；<br>开展智能建造数字孪生平台研发应用 |
| 2022 年 4 月 | 《气象高质量发展纲要（2022—2035 年）》 | 构建数字孪生大气，提升大气仿真模拟和分析能力 |
| 2023 年 2 月 | 《数字中国建设整体布局规划》 | 推动数字技术和实体经济深度融合，在农业、工业、金融、教育、医疗、交通、能源等重点领域，加快数字技术创新应用。<br>完善自然资源三维立体“一张图”和国土空间基础信息平台，构建以数字孪生流域为核心的智慧水利体系 |

信息化、工业制造、铁路、水利等行业部门。其中，2021 年 12 月，国家发展改革委、水利部印发《“十四五”水安全保障规划》，提出推进数字流域、数字孪生流域建设，全面提升水利数字化水平，积极探索构建水利数字孪生应用场景，推动构建水利“2+N”智能业务应用体系，提升仿真、分析、预警、调度、决策和管理支撑能力。2023 年 2 月，中共中央、国务院印发《数字

中国建设整体布局规划》,按照“2522”的整体框架对数字中国建设进行布局,其中包括推进数字技术与经济、政治、文化、社会、生态文明建设“五位一体”深度融合,强化数字技术创新体系和数字安全屏障“两大能力”,在“建设绿色智慧的数字生态文明”里特别提到,完善自然资源三维立体“一张图”和国土空间基础信息平台,构建以数字孪生流域为核心的智慧水利体系。

# 第十章 人工智能气象应用进展*

人工智能（AI）是研究、开发用于模拟、延伸和扩展人类智能的理论、方法、技术及应用系统的一门新的科学技术。近年来，随着大数据和高性能计算能力的不断发展，全球部分国家通过将人工智能与气象深度融合，为突破气象监测预报能力瓶颈带来了新的机遇。

## 一、美欧气象部门推进人工智能应用的主要措施

美国国家海洋大气管理局（NOAA）和欧洲中期天气预报中心（ECMWF）已经从算力、数据、算法和管理等多方面着手，全面系统地推动人工智能在气象领域的应用。

### （一）提升人工智能算力支撑

1. 加强自身超级计算机能力建设

欧洲中期天气预报中心平均每 4 ～ 5 年对超级计算机系统升级一次。2022 年 10 月 18 日投入业务运行的 Atos Sequana XH2000 系统，总投资超过 8000 万欧元，拥有 104 万核，性能是上一代 Cray XC40 系统的 5 倍。2022 年 6 月 28 日，美国国家海洋大气管理局宣布两台运算速度各为 12.1 PFlops 的超级计算机（分别位于弗吉尼亚州马纳萨斯和亚利桑那州凤凰城）

---

* 执笔人员：唐伟 周勇 李欣

投入应用，其超级计算机系统总能力达到了 42 PFlops。

2. 共享利用政府公共设施和企业资源

“欧洲高性能计算共同计划”（EuroHPC）是欧盟、欧洲国家和私人合作伙伴之间的一项联合计划，为天气预报、气候变化、材料设计和生物工程等提供世界领先的算力资源。目前，EuroHPC 已采购 8 台超级计算机，分布在欧洲各地，总峰值运算速度超过 1244 PFlops。2021 年，EuroHPC 支持欧洲中期天气预报中心实施“可扩展天气和气候的机器学习”项目。该项目为期 3 年，旨在为大规模机器学习应用作准备。《未来 10 年欧洲中期天气预报中心机器学习路线图》提出，欧洲天气云将成为未来机器学习训练和应用的重要资源，且已有科学家将其用于大型数据集的机器学习。此外，欧洲中期天气预报中心与信息技术公司 Atos 合作，已于 2020 年组建了卓越中心（Center of Excellence），使用 Atos 公司的量子学习机（QLM），开展面向天气和气候的超级计算、人工智能和量子计算研究。

3. 采用适合人工智能的混合系统架构

人工智能算力系统与传统超级计算机系统的最大区别在于处理器。传统超级计算机系统的核心算力主要由高性能中央处理器（CPU）提供，注重双精度通用计算能力，追求数值计算的精确性；而人工智能算力系统大量使用图形处理器（GPU）、张量处理器（TPU）、众核处理器等加速器件，着重并行计算效率和单精度/半精度计算性能，面向神经网络运算优化。为支持人工智能研发应用，美欧气象部门使用的超级计算机系统绝大部分都采用了 CPU 和 GPU 混合系统架构。如 EuroHPC 的 LEONARDO 超级计算机系统，拥有 3456 个计算节点，每个节点由 4 块 GPU 和 1 块 CPU 构成，合计 GPU 数量达到 13824 块。需要说明的是，上述美欧超级计算机系统中常用的 GPU 芯片是 NVIDIA A100，而该芯片已从 2022 年 8 月 26 日起，被美国政府纳入对华出口管制范围。

## （二）夯实人工智能数据基础

美欧气象部门主要通过制作发布优质气象数据集的方式，加强人工智能的数据基础建设。

1. 提高常规通用数据集的质量

天气气候常规通用数据集对于发展人工智能仍很重要。华为盘古气象大模型 / 式和谷歌 GraphCast 模型 / 式等使用的都是欧洲中期天气预报中心第五代大气再分析资料数据（ERA5），该数据集属于天气气候科研业务常用数据集，并非为发展人工智能而专门开发。目前，除 ERA5 外，常被用于人工智能研发应用的数据集还包括 CMIP6 数据集和 TIGGE 数据集等。

2. 研发人工智能专题和基准数据集

相对于大模型 / 式所用的大数据集，经过预处理的专题数据集更适合小规模深度训练模型 / 式。美欧制作并发布多套经过预处理的专题数据集，如美国联合制作的“地球系统科学人工智能 Hackathon 数据集”、美国国家大气科学研究中心大气模式工作组（Atmosphere Model Working Group，AMWG）制作的“社区大气模型 / 式（CAM5）基础上的极端天气数据集”、欧洲中期天气预报中心制作的次季节—季节人工智能挑战数据集（S2S AI challenge Datasets）等。此外，欧洲中期天气预报中心提出，为了进行研究成果的相互比较，需要提供人工智能基准数据集。2020 年，德国专家发布了机器学习在天气和气候建模中应用的第一个基准数据集 WeatherBench。此后，用于全球空气质量机器学习的基准数据集 AQ-Bench、用于训练和评估全球云分类模式的基准数据集 CUMUL、用于卫星图像预报全球降水的基准数据集 RainBench 等数据集被陆续发布。

3. 采取提高数据质量和促进数据应用配套措施

为提高数据质量，欧洲中期天气预报中心建立了完善的用户反馈和改进机制，如通过官方网站及时发布用户对 ERA5 数据集质量的反馈信息和对错误数据的错因分析及处理情况。在促进应用方面，世界气象组织引述了数据科学界的“数据引力”（Data Gravity）概念，并将其用于人工智能领域，在《WMO 关于数据处理和人工智能在环境建模中的应用的概念说明》中指出，将加强在数据格式和标准、数据所有权角色和责任、数据政策等方面的指导，以提高人工智能数据集的可查找性、可访问性、互操作性和重复使用性。

### （三）促进人工智能算法创新

美欧气象部门主要通过引领合作与强化平台支撑，促进人工智能算法创新。

1. 提供人工智能气象应用方向指引

整体而言，人工智能气象应用仍处于探索前进阶段。美欧通过规划引领、交流研讨和经验分享等方式，凝练主攻方向，力求把有限资源聚焦到重点领域。

一是规划引领。《NOAA 人工智能战略规划（2021—2025 年）》，提出了提高数据处理效率、开发自动检测和分类工具包、改进数据同化和预报模式等人工智能算法研发的重点方向。

二是交流研讨。如在 2022 年欧洲中期天气预报中心和欧洲航天局联合举办的第三届“机器学习用于地球观测和预报”国际学术交流会上，提出了地球观测、混合数据同化、数值模式仿真和面向用户的地球科学等人工智能方面的 4 个重点应用研发方向。

三是经验分享。如 2023 年初，WMO 对全球天气、水、海洋、气候和环境领域人工智能应用案例进行梳理，提出了数据预处理和数据同化、模式参数化替代、模式降尺度（包括偏差校正和模式输出处理等）、极端事件检测和归因分析、基于确定性模式输出结果后处理的产品制作、基于集合预报（单模式和多模式）输出结果后处理的产品制作、实时数据融合，以及分类和简化模型 / 式 8 个重点应用研发方向。

2. 强化人工智能气象平台支撑

集数据、算力和开发工具于一体的平台，是支撑人工智能算法研发和运行的必备环境条件。通过与企业合作、直接利用开放社区平台等方式，美欧气象部门以低成本快速搭建了若干支撑人工智能算法研发的平台。在美国，NOAA 与谷歌、微软和亚马逊合作实施了 NOAA 开放数据传播（NODD）计划，通过加强公私合作，促进全面和开放的数据访问，并与商业伙伴的开发工具相结合来鼓励创新。

在欧洲，欧洲中期天气预报中心（ECMWF）利用全球最大的开源软件开发社区平台 GitHub，向公众提供 5 种级别的软件代码（包括：官方软件包、综合预报系统开源组件、用于探索性工作和单次培训与开发活动的软件包、特定用户科研任务软件包和欧洲夏季天气（ESoWC）项目软件包），并建立开源社区与内部业务系统结合的流程规范（图 10.1）。此外，欧盟委员会资

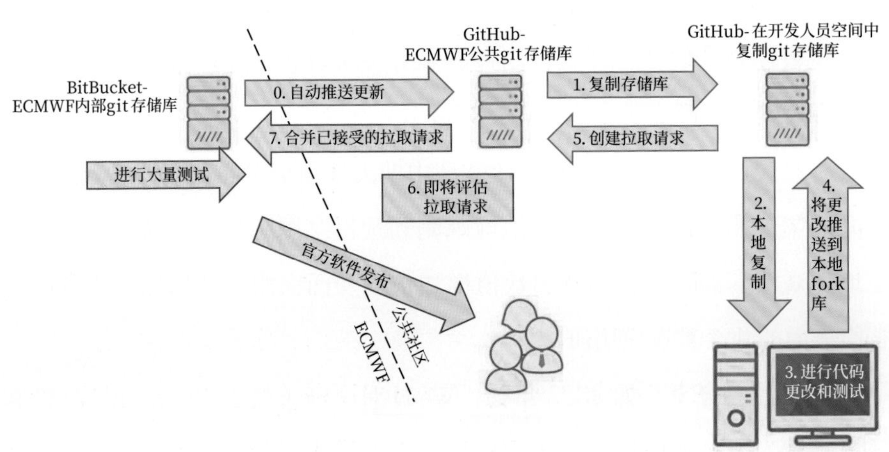


图 10.1 GitHub 开源软件开发社区平台与欧洲中期天气预报中心（ECMWF）内部业务的衔接流程

助建立了一套基于云的数据和信息访问服务（DIAS）平台，为用户提供发现、操作、处理和下载哥白尼（Copernicus）数据和信息的能力，允许用户在云中开发和托管自己的程序。

3. 组织人工智能气象创新活动

以竞赛形式，吸引跨学科、跨部门科研人员参与算法研发，是各国推进人工智能发展的一项共性措施。《NOAA 人工智能战略规划（2021—2025 年）》提出，要通过组织一系列年度竞赛，加速 NOAA 人工智能研发。从 2020 年起，NOAA 每年与英伟达（NVIDIA）等合作伙伴联合举办人工智能竞赛，推进 GPU 的使用和模式移植。2021—2022 年，世界气象组织（WMO）、瑞士数据科学中心（SDSC）和欧洲中期天气预报中心（ECMWF）共同组织了名为“s2s-ai-challenge”的人工智能次季节预报大赛，利用人工智能、机器学习技术改进降水和温度预报。

## （四）营造人工智能发展生态

美欧气象部门重视气象科学管理和组织学术交流，在营造气象人工智能发展生态方面组织开展了一系列活动。

1. 加强顶层设计

美国和欧洲制定了推进人工智能研发应用的整体战略。NOAA 于 2020 年发布了《NOAA 人工智能战略》，提出了五大战略目标；2021 年又发布了《NOAA 人工智能战略规划（2021—2025 年）》，明确了分阶段任务和分工。欧洲中期天气预报中心于 2021 年发布了《未来 10 年欧洲中期天气预报中心机器学习路线图》，提出了总体框架、技术路线、分阶段目标、任务清单以及到 2031 年的长期愿景。美欧人工智能的顶层设计建立在充分调研的基础上，《NOAA 人工智能战略》和《未来 10 年欧洲中期天气预报中心机器学习路线图》发布前，NOAA 和欧洲中期天气预报中心都曾组织过大规模的人工智能国际研讨会，广泛听取政府、科研机构、企业及国外同行意见，编制准备时间都长达一年以上。

2. 健全管理体系

NOAA 成立人工智能执行委员会（NAIEC），负责监督人工智能战略规划的执行；扩大 NOAA 科学委员会（NSC）及 NOAA 科学与技术协同委员会的范围，负责加强 NOAA 人工智能战略与 NOAA 数据战略、云战略、无人系统战略等的协同；组建 NOAA 人工智能中心（NCAI）（表 10.1），负责人工智能技术规程和标准，并扩大合作；建立 NOAA 人工智能工作组（NAIWG），负责为 NAIEC 和 NCAI 提供技术指导。欧洲中期天气预报中心增设人工智能和机器学习活动协调员岗位，负责协调整个欧洲中期天气预报中心人工智能和机器学习相关活动，并协调与人工智能相关的其他规划活动，《未来 10 年欧洲中期天气预报中心机器学习路线图》即由协调员牵头编制完成。

**表 10.1 NOAA 人工智能中心大事记**①

| 时间 | 事件 |
|---|---|
| 2019 年 | 4 月，NOAA 举办第 1 届 NOAA 人工智能研讨会；<br>11 月，NOAA 宣布四大科学技术重点领域，人工智能是其中之一 |
| 2020 年 | 2 月，NOAA 发布《NOAA 人工智能战略》；<br>夏季，发布 3 项人工智能试点项目；<br>2020 年 7 月—2021 年 2 月，线上举办第 2 届 NOAA 人工智能研讨会；<br>8 月，NCAI 实践社区正式启动；<br>11 月，《国防授权法案》正式授权建立 NCAI |
| 2021 年 | 1 月 1 日，2020 年美国《国家人工智能倡议法案》生效，AI.gov 上线；<br>1 月，发布《NOAA 人工智能战略规划（2021—2025）》；<br>春季，NOAA 批准建设 NCAI 官方网站；<br>夏季，罗布・雷德蒙博士当选 NCAI 负责人；<br>秋季，举办第 3 届 NOAA 人工智能研讨会，NOAA.gov/AI 开始运行 |
| 2022 年 | 秋季，举办第 4 届 NOAA 人工智能研讨会 |

① 资料来源：NOAA 官方网站。

3. 推动交流合作

从 2020 年起，欧洲中期天气预报中心（ECMWF）和欧洲航天局（ESA）已经连续 3 年组织召开了“机器学习用于地球观测和预报”国际学术交流会，每届会议都有来自世界各国政府部门、院校、企业的数百名专家学者参加，已经成为欧洲中期天气预报中心最重要的学术活动之一，在促进跨学科合作与交叉融合方面发挥了重要作用。NOAA 从 2019 年起，每年组织召开国际性“NOAA 人工智能研讨会”，为 NOAA 制定人工智能战略提供了支撑。此外，NOAA 在其人工智能战略中明确提出：在人工智能基础环境方面，加强与国防部（DOD）、内政部（DOI）、能源部（DOE）和国土安全部（DHS）等部门的合作；通过合作研究与开发协议（CRADA）和小企业创新研究基金（SBIR）等已有机制，建立新的公私伙伴关系；与美国国家科学技术委员会（NSTC）人工智能特别委员会合作，通过国内、国际会议等形式加强学术交流。

## 二、人工智能气象大模型 / 式的发展

近年来，“人工智能 + 气象”成为人工智能领域的热门话题。以企业为代表的一些研究者大胆地尝试利用人工智能气象大模型 / 式直接进行天气预报，独立于传统的数值预报过程，其预报流程如图 10.2 所示。这些人工智

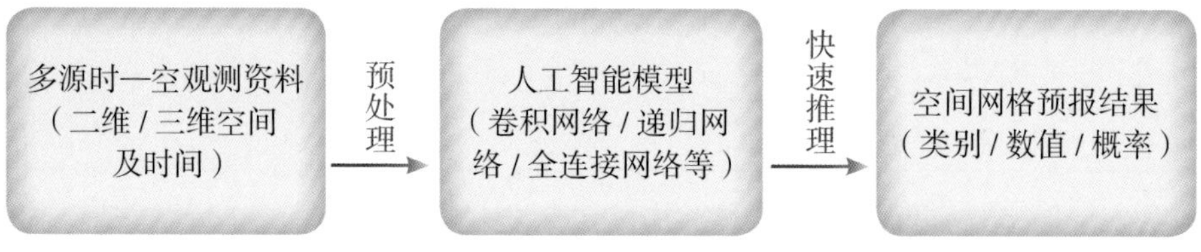


图 10.2　基于人工智能大模型 / 式的天气预报流程①

① 来源：孙健 等，2021。

能气象大模型 / 式的核心是基于数据驱动的深度学习算法。利用强大的计算能力、巨量历史数据训练和各种深度学习架构，这些模型 / 式能够快速预测 20 ～ 25 千米分辨率的常规气象要素场，以及台风路径、极端天气、近地面风场、降水等关键信息（表 10.2），一些中期预报结果与数值天气预报模式相比具有相近甚至更高的预报精度，预测（推理过程）计算速度也具有明显优势。

**表 10.2 7 种 AI 气象大模型 / 式建构信息**

| 模型 / 式名称 | 内核 | 模型 / 式分辨率和预报范围 | 预报时效 | 预报要素 | 训练数据 |
|---|---|---|---|---|---|
| FourCastNet | 数据驱动 | 0.25° × 0.25°<br>6 小时，全球 | 中期（10 天） | 5 个地表变量（含降水）、4 个大气变量 | ERA5<br>40 年 |
| GraphCast | 数据驱动 | 0.25° × 0.25°<br>6 小时，全球 | 中期（10 天） | 5 个地表变量（含降水）、6 个大气变量 | ERA5<br>39 年 |
| ClimaX | 数据驱动 | 5.625°（32×64）和 1.40625°（128×256）全球 / 区域 | 6 小时、中期（1/3/5/7/14 天）、S2S、年 | 中期：3 个地表变量（不含降水）、6 个大气变量 | CMIP6<br>ERA5 |
| 盘古 | 数据驱动 | 0.25° × 0.25°<br>1 小时，全球 | 中期（1 小时至 7 天） | 4 个地表变量（不含降水）、5 个大气变量 | ERA5<br>39 年 |
| 风乌 | 数据驱动 | 0.25° × 0.25°<br>6 小时，全球 | 中期（14 天） | 4 个地表变量（不含降水）、5 个大气变量 | ERA5<br>39 年 |
| 伏羲 | 数据驱动 | 0.25° × 0.25°<br>6 小时，全球 | 中期（15 天） | 5 个地表变量（含降水）、5 个大气变量 | ERA5<br>39 年 |
| Nowcast Net | 数据驱动<br>+<br>物理规律 | 20 千米 × 20 千米<br>10 分钟，区域 | 临近（3 小时） | 极端降水 | 雷达观测 6 年 |

自 2022 年以来，欧美以英伟达、DeepMind、微软公司为代表，中国以华为、上海人工智能实验室、复旦大学、清华大学为代表发布的 AI 气象大模型相继亮相，给气象界带来了不小的影响。

## （一）欧美天气预报大模型 / 式

1. 英伟达 FourCastNet 模型 / 式

2022 年 2 月，英伟达联合劳伦斯伯克利国家实验室、密歇根大学安娜堡分校、莱斯大学等机构开发了一种基于傅里叶的神经网络预报模型 / 式 FourCastNet，首次把预报水平分辨率提升到了与数值预报相比拟的水平，它能以 0.25°×0.25° 的分辨率生成关键天气变量的全球预报，可以每隔 6 小时为 5 个地表变量和 4 个大气变量作 10 天的预报。该研究使用 ERA5 来训练 FourCastNet，使用来自样本外测试数据集的初始条件初始化模型 / 式。

FourCastNet 在节点小时基础上比传统数值天气预报（NWP）模式快约 45000 倍，这使得它能够以很低的成本生成超大规模集合预报。该研究专注于两个大气变量，即 10 米风速和 6 小时总降水量，并首次成功利用深度学习模型进行大规模降水预测。对比 500 百帕高度场和 2 米气温预报结果的异常相关系数（ACC）和均方根误差（RMSE）两项指标，FourCastNet 在约 48 小时或更短时间内获得了比 ECMWF 综合预报系统（IFS）更好的性能。该模型 / 式代码已公开。

2. DeepMind 和谷歌推出 GraphCast 模型 / 式

2022 年 12 月，DeepMind 和谷歌推出 GraphCast 大模型 / 式，提供高效的中期全球天气预报。GraphCast 模型 / 式使用 ERA5 进行训练。该模型 / 式建立在图神经网络和新颖的高分辨率多尺度网格表示之上。分辨率为 0.25°×0.25°，可以每隔 6 小时为 5 个地表变量和 6 个大气变量作 10 天的预报。

研究结果显示，GraphCast 在 99.2% 的预报结果上超过了华为盘古气象大模型 / 式，在 90% 的预报结果上超过了 ECMWF 高精度确定性预报（ECMWF HRES）。而且，借助 Cloud TPU v4 技术，GraphCast 可以在 60 秒内生成 10 天的预测（35 GB 数据）。

3. 微软 ClimaX 模型/式

2023 年 1 月，微软自治系统和机器人研究小组以及微软研究院 AI4Science 和加州大学洛杉矶分校研究提出了首个天气—气候大模型/式——ClimaX。ClimaX 使用 CMIP6 气候数据集进行无监督训练，并在 ERA5 数据集上进行微调。为了在保持广泛可用性的同时增加计算能力，ClimaX 用新颖的编码和聚合块扩展了 Transformer。

在初始训练之后，ClimaX 可以微调以执行广泛的天气预报和气候预测，包括 6 小时预报、中期预报（1 天、3 天、5 天、7 天、14 天）、S2S 预报以及年平均气候预测。ClimaX 采用 5.625°（32×64 格点）和 1.40625°（128×256 格点）两种分辨率，即使在较低的分辨率和较少的算力下进行预训练，ClimaX 的通用性也使其在天气预报和气候预测基准上的表现处于行业前列。

## （二）中国天气预报大模型

1. 华为盘古气象大模型/式—全球天气预报

2022 年 11 月，来自华为云的研究人员提出了一种新的高分辨率全球 AI 气象预报系统——盘古气象大模型/式。该模型/式采用 3D Earth-Specific Transformer（3DEST）神经网络方法，并且使用层次化时域聚合策略来减少预报迭代次数，从而减少了迭代误差。该模型/式的水平分辨率达到 0.25°×0.25°，覆盖 13 层垂直高度，可以每隔 1 小时为 4 个地表变量和 5 个大气变量作 7 天的预报。盘古气象大模型/式的训练和测试均在 ERA5 数据集上进行，包括 43 年（1979—2021 年）的全球实况气象数据。其中，1979—2017 年数据作为训练集，2019 年数据作为验证集，2018 年、2020 年、2021 年数据作为测试集。

盘古气象大模型/式是首个预报准确率超过传统数值预报方法的 AI 模

型/式，1 小时至 7 天预测精度均高于传统数值方法（ECMWF IFS），如盘古气象大模型/式提供的 Z500 5 天预报均方根误差为 296.7，显著低于之前最好的数值预报方法（ECMWF IFS：333.7）和 AI 方法（FourCastNet：462.5）。同时预测速度提升 10000 倍，能够提供秒级的全球气象预报，包括位势、湿度、风速、温度、海平面气压等。作为基础模型/式，盘古气象大模型/式还能直接应用于多个下游场景。例如，在热带风暴预测任务中，盘古气象大模型/式的预测精度显著超过欧洲中期天气预报中心的高精度预报（ECMWF HRES Forecast）结果。该模型/式代码已公开，研究成果已刊登在《自然》杂志（*Nature*），并在欧洲中期天气预报中心实现业务运行。

2. 上海“风乌”全球中期天气预报大模型/式

2023 年 4 月，上海人工智能实验室联合中国科学技术大学、上海交通大学、南京信息工程大学、中国科学院大气物理研究所及上海中心气象台发布了全球中期天气预报大模型/式——“风乌”。基于多模态和多任务深度学习方法构建，“风乌”首次实现在 0.25°×0.25° 分辨率上对核心大气变量进行超过 10 天的有效预报，可以每隔 6 小时为 4 个地表变量和 5 个大气变量作 14 天的预报。该研究使用 ERA5 来训练。“风乌”在 80% 的评估指标上超越 DeepMind 的模型/式 GraphCast。此外，“风乌”仅需 30 秒即可生成未来 10 天全球高精度预报结果，在效率上大幅优于传统模型/式。

据气象专家介绍，尽管目前市面上有一些产品提供未来 15 天的气象预报服务，但是 10 天以上的预报性能还具有很大的不确定性，无法达到有效预报的标准。实践证明，将观测、数值预报与人工智能相结合，可有效提升数值预报的准确性，“风乌”首次将全球气象预报的有效性提高到了 10.75 天。

3. 复旦大学“伏羲”气象大模型/式

2023 年 6 月，复旦大学人工智能创新与产业研究院联合大气与海洋科学系发布伏羲气象大模型/式。该模型/式利用 AI 算法提出了更加高效的

U–Transformer 结构，通过 Cascade 的方式级联模型 / 式，提升预报精度和时长。该研究使用 ERA5 来训练。最终，伏羲大模型 / 式拥有 45 亿参数，水平分辨率达到 0.25° ×0.25°，并首次将基于 AI 的天气预报时长提升到 15 天，可以每隔 6 小时为 5 个地表变量和 5 个大气变量作 15 天的预报。伏羲大模型 / 式 0 ～ 9 天的预报结果优于欧洲中期天气预报中心集合平均结果，15 天的预报结果分别有 67.92% 和 53.75% 的变量优于集合平均结果。针对未来 10 天的预报，伏羲大模型的预报精度明显优于 GraphCast 模型 / 式和 ECWMF HRES 确定性预报结果。

4. 清华大学和中国气象局的“鬼天气”预报大模型 / 式

2023 年 7 月，清华大学软件学院与国家气象中心、国家气象信息中心合作，发布了一个名为“鬼天气”（Nowcast Net）的极端降水临近预报大模型 / 式，采用近 6 年的雷达观测资料完成模型 / 式训练。模型 / 式分辨率为 20 千米 ×20 千米，可以逐 10 分钟生成 3 小时的降水预报。在全国 62 位气象预报专家的过程检验中，该方法大幅领先国际上的同类方法，其研究成果已刊登在《自然》杂志（*Nature*）上。目前，Nowcast Net 已经在国家气象中心短临预报业务平台（SWAN 3.0）部署上线，将为全国极端降水天气短临预报业务提供支撑。

该模型 / 式的核心是端到端建模降水物理过程的神经演变算子，实现了深度学习与物理规律的无缝融合。此外,研究团队提出了对流尺度生成网络，以中尺度演变网络预测结果为条件，通过概率生成模型 / 式，进一步捕捉对流生消等混沌效应更显著的千米尺度降水过程。

得益于上述融合设计，该模型 / 式兼具深度学习与物理建模的优势，在国际上首次将降水临近预报的时效延长至 3 小时，并弥补了极端降水预报的短板。

## （三）天气预报大模型 / 式评价

基于深度学习的天气预报大模型 / 式在过去一年中发展迅速，取得了相当可观的成果。其中一些大模型 / 式的源代码是公开的，如盘古大模型 / 式和 FourCast Net 模型 / 式，其中盘古大模型 / 式已经在欧洲中期天气预报中心实现业务运行。欧洲中期天气预报中心的科学家发文讨论了其发展以及对未来的潜在影响。文章指出，盘古大模型 / 式的总体预测性能经得起独立评估。当使用异常相关系数（ACC）或均方根误差（RMSE）等确定性分数进行评估时，盘古大模型 / 式和 IFS 效果相当。这不仅适用于根据分析场进行评估，而且适用于根据观测场进行评估。对于热带气旋路径预报水平，盘古大模型 / 式在前 5 个预测日内的整体性能与 IFS 模型 / 式一样好。

欧洲中期天气预报中心认为，目前正处于天气预报历史上一个重要时刻，使用这些基于深度学习的模型 / 式（由于其计算速度非常快）进行预报意味着可以构建具有 500 个成员而不是 50 个成员的高分辨率集合预报。同时，深度学习的模型 / 式需要和传统物理模型以混合建模的方式部署，因为目前这些深度学习模型 / 式依赖于传统物理模型 / 式（如 IFS）生成的 ERA5 数据集和初始场等。

# 第十一章　全球天气预报服务市场发展*

近年来，全球天气预报服务市场迅速发展，跨国气象公司纷纷在全球开拓天气预报服务市场。数据显示，全球部分国家近年来天气预报服务市场均呈增长趋势。

## 一、全球天气预报服务市场概况

考虑到代表性和可行性，本章选取占全球天气预报服务市场比重较高的美国、中国、加拿大、英国、日本、澳大利亚、韩国 7 个国家的相关数据进行对比分析，主要研究时间段为 2016—2019 年，预测时间段为 2020—2025 年①。

### （一）从国家层面分析

近年来，中国天气预报服务市场增速领跑全球。数据显示，2016—2019 年，中国天气预报服务市场增幅为 37.4%，年均复合增长率为 11.3%，分别高出全球水平 9.9 和 2.9 个百分点，位居全球第一（图 11.1）。其次为

*　执笔人员：肖芳　吕丽莉　李萍

①　本章数据主要来源于美国一家全球领先的市场研究咨询公司 MarketsandMarkets™ 的分析报告《WEATHER FORECASTING SERVICES MARKET – GLOBAL FORECAST TO 2025》。因为报告是 2020 年发布的，所以本章中相关国家的现状数据时间截至 2019 年底，2020 年及以后是作为预测年份出现的。

韩国、日本、加拿大、澳大利亚、英国和美国。预测显示，2020—2025 年，中国天气预报服务市场继续保持最高增速和最大增幅，年均复合增长率达 11.6%，增幅达 72.7%，其次为日本、加拿大、英国、美国、韩国和澳大利亚（图 11.2）。

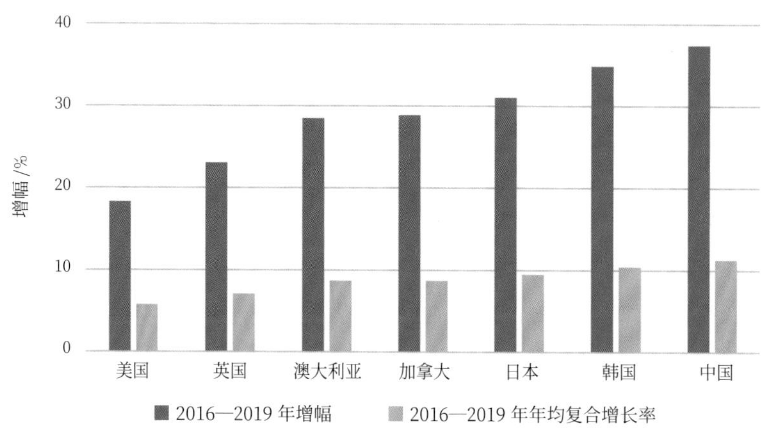


图 11.1　2016—2019 年全球部分国家天气预报服务市场增长趋势

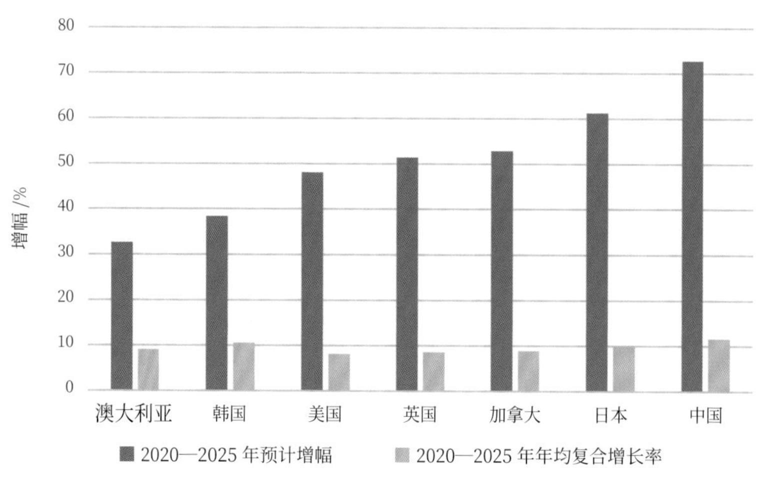


图 11.2　2020—2025 年全球部分国家天气预报服务市场增长趋势预估

近年来，美国天气预报服务市场规模占比最高。2019 年，全球天气预报服务市场为 14.66 亿美元，其中美国为 3.17 亿美元，占全球市场的 21.62%，远远高于其他国家；其次是中国，为 1.36 亿美元，占全球市场的 9.28%。据预测，2020—2025 年，美国天气预报服务市场在全球市场的比重将略有下降，预计 2025 年为 20.32%，但仍为全球最大市场；中国市场的比重将会从 2019 年的 9.28% 上升至 2025 年的 10.52%，仅次于美国（图 11.3）。

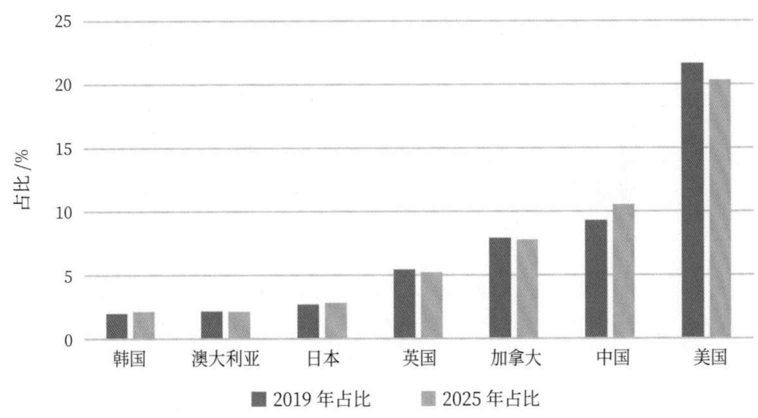


图 11.3　2019 年和 2025 年全球部分国家天气预报服务市场占比

## （二）从市场的不同类别分析

近年来，能源和公用事业天气预报服务市场占据最大市场份额。本研究将天气预报服务市场划分为航空、农业、交通运输与物流、海洋、油气、能源与公用事业、保险、零售、媒体、建筑与采矿及其他行业服务市场进行分析。数据显示，2019 年，在美国、加拿大、英国、中国、日本、韩国、澳大利亚等国家中，只有澳大利亚的建筑和采矿业市场占比最高，能源与公用事业次之，其他国家的能源与公用事业天气预报服务市场无一例外占据本国市场的最大份额，基本上都在 20% 左右（图 11.4），而且在 2020—

2025 年的预测中，该行业比重仍旧最高，且各国均有所提升。其原因是随着电力系统的日益普及，全球能源需求的不断增加以及化石燃料的日益枯竭，各国政府纷纷采用可再生能源，这将带来能源和公用事业的增长，进而带来该行业天气预报服务市场的发展。

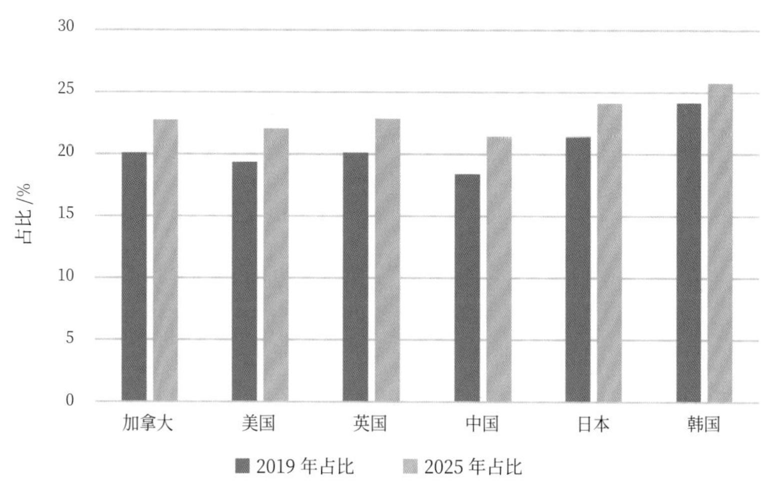


图 11.4　2019 年和 2025 年全球部分国家能源与公用事业天气预报服务市场在本国市场的占比

短期预报类的市场规模最大。根据预报类型，天气预报服务市场分为临近预报、短期预报、中期预报和气候预测。短期预报市场估计在 2020—2025 年引领天气预报服务市场。这主要是由于体育和社交活动越来越需要短期预报服务来支撑相关决策。此外，可再生能源和石油天然气行业对短期天气预报的需求也日益增长。

### （三）从区域层面分析

北美地区天气预报服务市场规模最大。2019 年，北美地区天气预报服务市场为 4.33 亿美元，占全球市场规模的 29.54%，其次是亚太地区（3.83

亿美元，占比 26.13%）和欧洲（3.43 亿美元，占比 23.40%），再次是拉丁美洲、中东和非洲（图 11.5）。

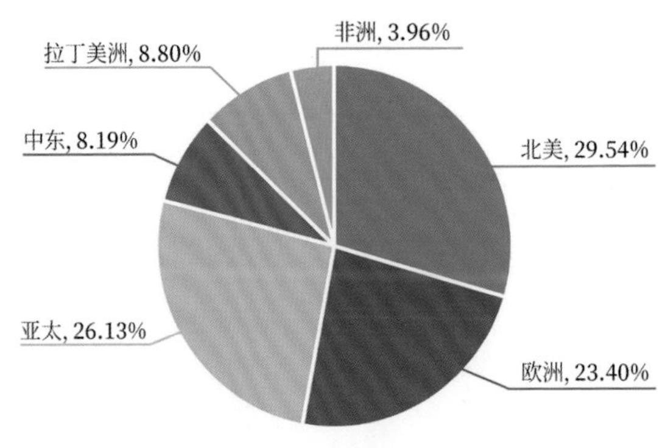


图 11.5　2019 年全球天气预报服务市场地区分布情况

天气预报服务市场增长显著，亚太地区增长最快。2016—2019 年，全球天气预报服务市场从 11.50 亿美元增长到 14.66 亿美元，增幅为 27.48%。其中，亚太地区近 3 年的增幅为 37.28%，年均复合增长率为 8.3%，为全球最高；其次为拉丁美洲，其增幅达到了 31.63%（表 11.1）。

2020—2025 年，天气预报服务市场将显著增长，亚太地区增速继续领跑且将取代北美成为全球市场规模最大的地区。研究预测，2020—2025 年，全球天气预报服务市场规模将增长 56.05%，年均复合增长率将达到 9.3%，高于 2016—2019 年的年均增长率。预计亚太地区市场将从 2020 年的 4 亿美元增长到 2025 年的 6.79 亿美元，增幅达 69.75%，年均复合增长率 11.2%（表 11.2），增幅和增速均高于全球其他地区。同时，2025 年，亚太地区在全球市场的占比为 28.93%，将取代北美市场（2025 年占全球市场的 28.08%）成为全球最大市场。

表 11.1 2016—2019 年全球各地区天气预报服务市场规模 单位：百万美元

| 地区 | 2016 年 | 2017 年 | 2018 年 | 2019 年 | 占比（2019 年） | 年均复合增长率 | 增幅 |
|---|---|---|---|---|---|---|---|
| 北美 | 358 | 381 | 409 | 433 | 29.54% | 4.9% | 20.95% |
| 欧洲 | 276 | 298 | 320 | 343 | 23.40% | 5.6% | 24.28% |
| 亚太 | 279 | 303 | 333 | 383 | 26.13% | 8.3% | 37.28% |
| 中东 | 93 | 99 | 109 | 120 | 8.19% | 6.5% | 29.03% |
| 拉丁美洲 | 98 | 105 | 114 | 129 | 8.80% | 7.2% | 31.63% |
| 非洲 | 46 | 48 | 53 | 58 | 3.96% | 6.1% | 26.09% |
| 总计 | 1150 | 1235 | 1338 | 1466 | — | — | 27.48% |

表 11.2 2020—2025 年全球各地区天气预报服务市场规模 单位：百万美元

| 地区 | 2020 年 | 2021 年 | 2022 年 | 2023 年 | 2024 年 | 2025 年 | 年均复合增长率 | 增幅 |
|---|---|---|---|---|---|---|---|---|
| 北美 | 441 | 472 | 507 | 547 | 602 | 659 | 8.4% | 49.43% |
| 欧洲 | 351 | 377 | 407 | 443 | 491 | 540 | 9.0% | 53.85% |
| 亚太 | 400 | 438 | 484 | 538 | 605 | 679 | 11.2% | 69.75% |
| 中东 | 123 | 133 | 148 | 157 | 175 | 194 | 9.4% | 57.72% |
| 拉丁美洲 | 131 | 140 | 147 | 163 | 178 | 194 | 8.2% | 48.09% |
| 非洲 | 58 | 61 | 64 | 70 | 76 | 82 | 7.1% | 41.38% |
| 总计 | 1504 | 1621 | 1756 | 1918 | 2128 | 2347 | 9.3% | 56.05% |

### MarketsandMarkets：未来 5 年全球商业气象预报服务市场年均复合增长率为 9.9%

据 MarketsandMarkets 公司 2023 年 8 月发布的一份研究报告显示，天气预报服务市场规模预计将从 2021 年的 17 亿美元增长到 2026 年的 27 亿美元，预测期内的年均复合增长率为 9.9%。

报告涉及的天气预报服务市场行业，包括航空、农业、海洋、石油和天然气、能源和公用事业、保险、零售、媒体等，并分析了这些行业针对临近预报、短期预报、中期预报、长期预报的需求市场。

报告指出，预测期内，保险部门将占最大的市场规模，中小型企业的年均复合增长率预计将达到最高，短期预测类型将占最大的市场规模。在市场区域分布方面，亚太地区预计将以最高的年均复合增长率增长，这主要得益于海运和空运的快速发展、灾害管理对连续天气监测的需求不断增加、快速工业化以及区域经济的持续增长。

## 二、部分国家天气预报服务市场分析

各国天气预报服务市场发展与其气象科技发展状况、经济社会发展水平、人口和经济发展规模，以及地理气候区位等因素高度相关，而且这些因素相互交织，共同对天气预报服务市场发展产生影响。因此，本节选取部分国家进行天气预报服务市场分析，为各国天气预报服务市场发展提供借鉴。

### （一）中国天气预报服务市场

近年来，中国天气预报服务市场增速领跑全球。数据显示，中国天气预报服务市场从 2016 年的 0.99 亿美元增长到 2019 年的 1.36 亿美元，增幅达 37.37%，高于全球和其他代表性国家的增幅，年均复合增长率达到 11.3%，也远超过其他国家。

中国各行业天气预报服务市场增长均衡，农业和零售业市场增幅最大。2016—2019 年，农业、零售业的天气预报服务市场增幅都达到了 50%，在各行业中增长最多；各行业市场的增速均衡，年均复合增长率在 10.3% ～ 12.2%；能源与公用事业天气预报服务市场增速最快，年均复合增长率为 12.2%，其次是媒体、农业、海洋等行业天气预报服务市场（表 11.3）。

**表 11.3　中国 2016—2019 年天气预报服务市场规模**　　单位：百万美元

| 行业 | 2016年 | 2017年 | 2018年 | 2019年 | 占比（2019年） | 年均复合增长率 | 增幅 |
|---|---|---|---|---|---|---|---|
| 航空 | 9 | 9 | 10 | 12 | 8.82% | 11.6% | 33.33% |
| 农业 | 4 | 5 | 5 | 6 | 4.41% | 11.9% | 50.00% |
| 交通运输与物流 | 5 | 5 | 5 | 6 | 4.41% | 10.4% | 20.00% |
| 海洋 | 11 | 12 | 14 | 15 | 11.03% | 11.7% | 36.36% |
| 油气 | 16 | 18 | 19 | 22 | 16.18% | 10.3% | 37.50% |
| 能源与公用事业 | 18 | 20 | 23 | 25 | 18.38% | 12.2% | 38.89% |
| 保险 | 6 | 6 | 7 | 8 | 5.88% | 11.0% | 33.33% |
| 零售 | 4 | 5 | 5 | 6 | 4.41% | 11.1% | 50.00% |
| 媒体 | 7 | 8 | 9 | 10 | 7.35% | 12.1% | 42.86% |
| 建筑与采矿 | 13 | 14 | 15 | 17 | 12.50% | 10.7% | 30.77% |
| 其他 | 6 | 6 | 7 | 8 | 5.88% | 11.2% | 33.33% |
| 总计 | 99 | 108 | 118 | 136 | — | 11.3% | 37.37% |

预计 2020—2025 年，中国天气预报服务市场将继续高速增长。据预测，2020—2025 年，中国天气预报服务市场将从 1.43 亿美元增加到 2.47 亿美元，增幅达 72.7%，年均复合增长率为 11.6%，无论是增幅还是增速均为全球最高。在各行业市场中，能源与公用事业、媒体市场的增幅最高，达到 90% 以上，其次是海洋、航空、保险、农业等行业（表 11.4）。

**表 11.4　中国 2020—2025 年天气预报服务市场规模**　　单位：百万美元

| 行业 | 2020 年 | 2021 年 | 2022 年 | 2023 年 | 2024 年 | 2025 年 | 占比（2025 年） | 年均复合增长率 | 增幅 |
|---|---|---|---|---|---|---|---|---|---|
| 航空 | 13 | 14 | 16 | 17 | 20 | 23 | 9.3% | 12.4% | 76.9% |
| 农业 | 7 | 7 | 8 | 9 | 11 | 12 | 4.9% | 13.2% | 71.4% |
| 交通运输与物流 | 7 | 7 | 8 | 8 | 9 | 10 | 4.0% | 8.5% | 42.9% |
| 海洋 | 16 | 18 | 20 | 23 | 26 | 30 | 12.1% | 12.7% | 87.5% |
| 油气 | 23 | 24 | 27 | 29 | 33 | 37 | 15.0% | 10.1% | 60.9% |
| 能源与公用事业 | 27 | 31 | 35 | 40 | 46 | 53 | 21.5% | 14.1% | 96.3% |
| 保险 | 8 | 9 | 10 | 11 | 12 | 14 | 5.7% | 10.5% | 75.0% |
| 零售 | 6 | 7 | 7 | 8 | 9 | 10 | 4.0% | 10.8% | 66.7% |
| 媒体 | 11 | 12 | 14 | 16 | 18 | 21 | 8.5% | 13.7% | 90.9% |
| 建筑与采矿 | 18 | 19 | 21 | 23 | 25 | 28 | 11.3% | 9.7% | 55.6% |
| 其他 | 8 | 8 | 9 | 9 | 10 | 11 | 4.5% | 5.9% | 37.5% |
| 总计 | 143 | 157 | 174 | 194 | 219 | 247 | — | 11.6% | 72.7% |

## （二）美国天气预报服务市场

美国天气预报服务市场是一个高度开放的市场，而且国家公益气象服务与市场气象服务划分得十分清晰。近年来，一些美国气象服务公司纷纷开拓全球市场，以抢占全球天气预报服务市场份额。

1. 美国天气预报服务市场发展情况

近年来，美国天气预报服务市场规模居全球首位，但增长缓慢。数据显示，2019 年，美国天气预报服务市场占全球市场的 21.62%，居全球首位。2016—2019 年，美国天气预报服务市场从 2.68 亿美元增长到 3.17 亿美元，增幅为 18.28%，年均复合增长率为 5.8%，均低于全球平均增幅和增速。美国各行业天气预报服务市场中，涨幅最大的是农业，其次为能源与公用事业、零售、媒体、航空。农业天气预报服务市场 2016—2019 年的增幅为 23.01%，年均复合增长率为 7%，为增长最多、增速最快的行业，但其市场规模较小，为 0.13 亿美元，仅占美国市场的 4.38%。

能源与公用事业占据了近 20% 的美国天气预报服务市场。2019 年，按行业划分，能源与公用事业天气预报服务市场规模达到 0.61 亿美元，占美国市场的 19.37%，其次是海洋、油气市场，都超过了 10%（表 11.5）。

**表 11.5　美国 2016—2019 年天气预报服务市场规模**　单位：百万美元

| 行业 | 2016年 | 2017年 | 2018年 | 2019年 | 占比（2019年） | 年均复合增长率 | 增幅 |
|---|---|---|---|---|---|---|---|
| 航空 | 25.9 | 27.5 | 29.5 | 30.8 | 9.72% | 6.0% | 18.92% |
| 农业 | 11.3 | 12.4 | 13.6 | 13.9 | 4.38% | 7.0% | 23.01% |
| 交通运输与物流 | 19.9 | 20.8 | 21.8 | 23.3 | 7.35% | 5.3% | 17.09% |
| 海洋 | 44.0 | 46.1 | 48.7 | 51.7 | 16.31% | 5.5% | 17.50% |
| 油气 | 36.8 | 38.3 | 40.1 | 42.9 | 13.53% | 5.3% | 16.58% |
| 能源与公用事业 | 50.7 | 54.8 | 59.7 | 61.4 | 19.37% | 6.6% | 21.10% |
| 保险 | 15.6 | 16.3 | 17.2 | 18.3 | 5.77% | 5.4% | 17.31% |
| 零售 | 12.4 | 13.3 | 14.4 | 14.9 | 4.70% | 6.5% | 20.16% |
| 媒体 | 14.4 | 15.4 | 16.5 | 17.2 | 5.43% | 6.1% | 19.44% |
| 建筑与采矿 | 19.5 | 20.1 | 20.9 | 22.5 | 7.10% | 4.9% | 15.38% |
| 其他 | 17.5 | 18.0 | 18.7 | 20.2 | 6.37% | 4.9% | 15.43% |
| 总计 | 268.0 | 283.0 | 301.0 | 317.0 | — | 5.8% | 18.28% |

2. 美国天气预报服务市场发展预测

预计 2020—2025 年美国天气预报服务市场增速将加快，农业市场增幅最大且比重也将略有增加。分析显示，2025 年，美国天气预报服务市场规模将达到 4.77 亿美元，比 2020 年（3.22 亿美元）增加 48.14%，年均复合增长率将达到 8.2%，高出 2016—2019 年增长率（5.8%）近 3 个百分点。其中，增幅最大的是农业市场，预计增幅达到 70% 以上，其次是能源与公用事业、零售、媒体、航空，增幅都将超过 50%。同时，农业天气预报服务市场在本国市场的比重也有所提高，将从 2019 年的 4.38% 提高到 2025 年的 5.26%。

预计 2025 年，能源与公用事业仍然是天气预报服务市场最重要的构成。据分析，2025 年，能源与公用事业天气预报服务市场规模将达到 1.05 亿美元，占总市场规模的 22.08%，其次为海洋、油气和航空业市场（表 11.6）。

**表 11.6 美国 2020—2025 年天气预报服务市场规模** 单位：百万美元

| 行业 | 2020年 | 2021年 | 2022年 | 2023年 | 2024年 | 2025年 | 占比（2025年） | 年均复合增长率 | 增幅 |
|---|---|---|---|---|---|---|---|---|---|
| 航空 | 31.6 | 33.9 | 36.7 | 39.8 | 44.0 | 48.4 | 10.15% | 8.9% | 53.16% |
| 农业 | 14.6 | 16.1 | 17.8 | 19.8 | 22.4 | 25.1 | 5.26% | 11.5% | 71.92% |
| 交通运输与物流 | 23.3 | 24.6 | 26.1 | 27.7 | 30.0 | 32.4 | 6.79% | 6.8% | 39.06% |
| 海洋 | 52.1 | 55.2 | 58.8 | 62.9 | 68.5 | 74.2 | 15.56% | 7.3% | 42.42% |
| 油气 | 42.9 | 45.1 | 47.7 | 50.6 | 54.7 | 58.8 | 12.33% | 6.5% | 37.06% |
| 能源与公用事业 | 63.8 | 69.7 | 76.4 | 84.2 | 94.4 | 105.3 | 22.08% | 10.5% | 65.05% |
| 保险 | 18.4 | 19.4 | 20.6 | 22.0 | 23.9 | 25.8 | 5.41% | 7.0% | 40.22% |
| 零售 | 15.4 | 16.8 | 18.3 | 20.1 | 22.5 | 25.0 | 5.24% | 10.1% | 62.34% |
| 媒体 | 17.7 | 19.0 | 20.6 | 22.4 | 24.8 | 27.3 | 5.72% | 9.1% | 54.24% |
| 建筑与采矿 | 22.3 | 23.2 | 24.3 | 25.5 | 27.2 | 28.9 | 6.06% | 5.3% | 29.60% |
| 其他 | 20.0 | 20.8 | 21.7 | 22.8 | 24.3 | 25.8 | 5.41% | 5.2% | 29.00% |
| 总计 | 322 | 344 | 369 | 398 | 437 | 477 | — | 8.2% | 48.14% |

## （三）加拿大天气预报服务市场

近年来，加拿大天气预报服务市场稳步增长，航空业市场增幅较大。数据显示，加拿大天气预报服务市场从 2016 年的 0.9 亿美元增长到 2019 年的 1.16 亿美元，增幅达 28.89%，高于同期全球（27.48%）和美国市场的增幅（18.28%）。其中，航空业、能源与公用事业、保险业以及其他行业的天气预报服务市场增幅最大，都达到了 30% 以上。

能源与公用事业天气预报服务市场是加拿大市场的重要构成，且近年来增长迅速。2019 年，能源与公用事业天气预报服务市场规模为 0.23 亿美元，占全国市场的 20.09%，远超其他行业市场规模。2016—2019 年，能源与公用事业市场规模增长了 30.17%，在各行业中居于领先水平（表 11.7）。

**表 11.7　加拿大 2016—2019 年天气预报服务市场规模**　单位：百万美元

| 行业 | 2016 年 | 2017 年 | 2018 年 | 2019 年 | 占比（2019 年） | 年均复合增长率 | 增幅 |
|---|---|---|---|---|---|---|---|
| 航空 | 5.3 | 5.8 | 6.5 | 6.9 | 5.95% | 9.2% | 30.19% |
| 农业 | 3.7 | 4.1 | 4.5 | 4.8 | 4.14% | 9.2% | 29.73% |
| 交通运输与物流 | 4.3 | 4.6 | 5.0 | 5.5 | 4.74% | 8.0% | 27.91% |
| 海洋 | 8.8 | 9.5 | 10.3 | 11.2 | 9.66% | 8.6% | 27.27% |
| 油气 | 12.1 | 12.7 | 13.9 | 15.1 | 13.02% | 7.7% | 24.79% |
| 能源与公用事业 | 17.9 | 19.5 | 21.8 | 23.3 | 20.09% | 9.3% | 30.17% |
| 保险 | 9.0 | 9.9 | 11.0 | 11.7 | 10.09% | 9.2% | 30.00% |
| 零售 | 9.1 | 9.9 | 10.9 | 11.7 | 10.09% | 8.6% | 28.57% |
| 媒体 | 5.7 | 6.2 | 6.9 | 7.4 | 6.38% | 9.0% | 29.82% |
| 建筑与采矿 | 10.5 | 11.2 | 12.1 | 13.3 | 11.47% | 8.2% | 26.67% |
| 其他 | 3.9 | 4.6 | 4.8 | 5.2 | 4.48% | 9.6% | 33.33% |
| 总计 | 90 | 98 | 108 | 116 | — | 8.7% | 28.89% |

预计 2020—2025 年，加拿大天气预报服务市场将大幅增长，能源与公用事业市场增幅最大。分析显示，2025 年，加拿大天气预报服务市场的规模将达到 1.82 亿美元，比 2020 年的 1.19 亿美元增长 52.94%。其中，能源与公用事业市场的增幅将达到 69.67%，在各行业中增长最多（表 11.8）。

**表 11.8 加拿大 2020—2025 年天气预报服务市场规模** 单位：百万美元

| 行业 | 2020年 | 2021年 | 2022年 | 2023年 | 2024年 | 2025年 | 占比（2025年） | 年均复合增长率 | 增幅 |
|---|---|---|---|---|---|---|---|---|---|
| 航空 | 7.1 | 7.7 | 8.5 | 9.3 | 10.4 | 11.5 | 6.32% | 10.1% | 61.97% |
| 农业 | 5.0 | 5.4 | 6.0 | 6.5 | 7.3 | 8.1 | 4.45% | 10.1% | 62.00% |
| 交通运输与物流 | 5.5 | 5.8 | 6.1 | 6.5 | 7.0 | 7.5 | 4.12% | 6.6% | 36.36% |
| 海洋 | 11.3 | 12.0 | 12.8 | 13.7 | 15.0 | 16.2 | 8.90% | 7.4% | 43.36% |
| 油气 | 15.2 | 16.1 | 17.1 | 18.3 | 19.9 | 21.5 | 11.81% | 7.1% | 41.45% |
| 能源与公用事业 | 24.4 | 26.8 | 29.6 | 32.8 | 37.0 | 41.4 | 22.75% | 11.2% | 69.67% |
| 保险 | 12.1 | 13.2 | 14.4 | 15.9 | 17.8 | 19.8 | 10.88% | 10.2% | 63.64% |
| 零售 | 12.1 | 13.1 | 14.3 | 15.6 | 17.4 | 19.3 | 10.60% | 9.8% | 59.50% |
| 媒体 | 7.6 | 8.2 | 9.0 | 9.8 | 10.9 | 12.1 | 6.65% | 9.7% | 59.21% |
| 建筑与采矿 | 13.4 | 14.2 | 15.0 | 16.1 | 17.5 | 18.9 | 10.38% | 7.2% | 41.04% |
| 其他 | 5.0 | 5.1 | 5.1 | 5.2 | 5.3 | 5.4 | 2.97% | 1.5% | 8.00% |
| 总计 | 119 | 128 | 138 | 150 | 165 | 182 | — | 8.9% | 52.94% |

### （四）英国天气预报服务市场

近年来，英国天气预报服务市场增速不高，零售业市场增速领跑。数据显示，英国天气预报服务市场从 2016 年的 0.64 亿美元增加到 2019 年的 0.79 亿美元，增幅达 23.07%，年均复合增长率为 7.1%。在各行业市场中，零售业市场的增幅达到 31.58%，年均复合增长率为 8.2%，高于其他行业；

同时，其他行业天气预报服务市场的增长幅度差异不大，都在 20% ～ 30%（表 11.9）。

预计 2020—2025 年英国天气预报服务市场增速加快，其中零售业市场涨幅最大。分析显示，2020—2025 年，英国天气预报服务市场将从 0.8 亿美元增长到 1.22 亿美元，增幅将达到 51.4%，年均复合增长率将达到 8.6%，高于 2016—2019 年的增速。其中，零售业市场的增幅将达到 73.1%，其次为农业、能源与公用事业等（表 11.10）。

**表 11.9　英国 2016—2019 年天气预报服务市场规模**　单位：百万美元

| 行业 | 2016 年 | 2017 年 | 2018 年 | 2019 年 | 占比（2019 年） | 年均复合增长率 | 增幅 |
|---|---|---|---|---|---|---|---|
| 航空 | 10.7 | 11.5 | 12.3 | 13.2 | 16.60% | 7.0% | 23.36% |
| 农业 | 2.0 | 2.2 | 2.4 | 2.5 | 3.14% | 8.0% | 25.00% |
| 交通运输与物流 | 4.0 | 4.2 | 4.5 | 4.9 | 6.16% | 6.6% | 22.50% |
| 海洋 | 5.6 | 6.0 | 6.3 | 6.8 | 8.55% | 6.6% | 21.43% |
| 油气 | 9.4 | 10.0 | 10.6 | 11.4 | 14.34% | 6.6% | 21.28% |
| 能源与公用事业 | 12.7 | 14.0 | 15.4 | 16.0 | 20.13% | 8.0% | 25.98% |
| 保险 | 4.1 | 4.4 | 4.7 | 5.0 | 6.29% | 7.0% | 21.95% |
| 零售 | 1.9 | 2.1 | 2.4 | 2.5 | 3.14% | 8.2% | 31.58% |
| 媒体 | 5.4 | 5.8 | 6.3 | 6.7 | 8.43% | 7.4% | 24.07% |
| 建筑与采矿 | 6.8 | 7.1 | 7.5 | 8.2 | 10.31% | 6.5% | 20.59% |
| 其他 | 1.9 | 2.1 | 2.2 | 2.4 | 3.02% | 7.4% | 26.32% |
| 总计 | 64.6 | 69.2 | 74.5 | 79.5 | — | 7.1% | 23.07% |

表 11.10　英国 2020—2025 年天气预报服务市场规模　单位：百万美元

| 行业 | 2020年 | 2021年 | 2022年 | 2023年 | 2024年 | 2025年 | 占比（2025年） | 年均复合增长率 | 增幅 |
|---|---|---|---|---|---|---|---|---|---|
| 航空 | 13.3 | 14.2 | 15.2 | 16.4 | 18.1 | 19.8 | 16.2% | 8.2% | 48.9% |
| 农业 | 2.6 | 2.8 | 3.1 | 3.4 | 3.9 | 4.4 | 3.6% | 11.1% | 69.2% |
| 交通运输与物流 | 4.9 | 5.2 | 5.5 | 5.8 | 6.3 | 6.8 | 5.6% | 6.9% | 38.8% |
| 海洋 | 6.9 | 7.2 | 7.7 | 8.2 | 8.9 | 9.6 | 7.8% | 7.0% | 39.1% |
| 油气 | 11.5 | 12.1 | 12.9 | 13.7 | 15 | 16.1 | 13.1% | 7.1% | 40.0% |
| 能源与公用事业 | 16.7 | 18.3 | 20.1 | 22.2 | 25.1 | 28.0 | 22.9% | 10.9% | 67.7% |
| 保险 | 5.1 | 5.4 | 5.8 | 6.3 | 6.9 | 7.5 | 6.1% | 8.1% | 47.1% |
| 零售 | 2.6 | 2.8 | 3.1 | 3.5 | 4.0 | 4.5 | 3.7% | 11.5% | 73.1% |
| 媒体 | 6.8 | 7.4 | 8.0 | 8.7 | 9.7 | 10.7 | 8.7% | 9.3% | 57.4% |
| 建筑与采矿 | 8.2 | 8.6 | 9.1 | 9.7 | 10.5 | 11.3 | 9.2% | 6.7% | 37.8% |
| 其他 | 2.4 | 2.6 | 2.8 | 3.1 | 3.4 | 3.8 | 3.1% | 9.5% | 58.3% |
| 总计 | 80.9 | 86.7 | 93.2 | 101.1 | 111.8 | 122.5 | — | 8.6% | 51.4% |

## （五）日本天气预报服务市场

近年来，日本天气预报服务市场增长较快，能源与公用事业市场占比最大。数据显示，2016—2019 年，日本天气预报服务市场从 0.3 亿美元增长到 0.39 亿美元，增幅达到 31%，年均复合增长率为 9.5%。其中能源与公用事业占比最大，达到 21.4%，增幅也较高，达到 32.8%（表 11.11）。

预计 2020—2025 年，日本天气预报服务市场将持续较快增长，农业市场增幅最大。分析显示，2020—2025 年，日本天气预报服务市场将从 0.41 亿美元增至 0.66 亿美元，增幅达到 61.3%，年均复合增长率为 10%，略高于过去 3 年的增速。其中，除其他行业外，农业市场增幅最大，将达到 80%，其次为能源与公用事业、保险、媒体等（表 11.12）。

表 11.11　日本 2016—2019 年天气预报服务市场规模　单位：百万美元

| 行业 | 2016年 | 2017年 | 2018年 | 2019年 | 占比（2019 年） | 年均复合增长率 | 增幅 |
|---|---|---|---|---|---|---|---|
| 航空 | 1.2 | 1.2 | 1.3 | 1.5 | 3.8% | 8.8% | 25.0% |
| 农业 | 0.7 | 0.8 | 0.9 | 0.9 | 2.3% | 10.3% | 28.6% |
| 交通运输与物流 | 2.6 | 2.7 | 2.9 | 3.3 | 8.3% | 8.8% | 26.9% |
| 海洋 | 2.3 | 2.4 | 2.6 | 2.9 | 7.3% | 8.8% | 26.1% |
| 油气 | 2.9 | 3.1 | 3.3 | 3.8 | 9.6% | 8.6% | 31.0% |
| 能源与公用事业 | 6.4 | 6.9 | 7.8 | 8.5 | 21.4% | 10.3% | 32.8% |
| 保险 | 4.3 | 4.7 | 5.2 | 5.7 | 14.4% | 9.8% | 32.6% |
| 零售 | 2.7 | 2.9 | 3.1 | 3.5 | 8.8% | 9.0% | 29.6% |
| 媒体 | 3.2 | 3.5 | 3.8 | 4.2 | 10.6% | 9.7% | 31.3% |
| 建筑与采矿 | 3.0 | 3.1 | 3.5 | 3.9 | 9.8% | 9.2% | 30.0% |
| 其他 | 1.0 | 1.1 | 1.3 | 1.4 | 3.5% | 10.3% | 40.0% |
| 总计 | 30.3 | 32.3 | 35.8 | 39.7 | — | 9.5% | 31.0% |

表 11.12　日本 2020—2025 年天气预报服务市场规模　单位：百万美元

| 行业 | 2020年 | 2021年 | 2022年 | 2023年 | 2024年 | 2025年 | 占比（2025年） | 年均复合增长率 | 增幅 |
|---|---|---|---|---|---|---|---|---|---|
| 航空 | 1.5 | 1.6 | 1.8 | 1.9 | 2.1 | 2.3 | 3.5% | 7.9% | 53.3% |
| 农业 | 1.0 | 1.1 | 1.2 | 1.4 | 1.6 | 1.8 | 2.7% | 12.2% | 80.0% |
| 交通运输与物流 | 3.4 | 3.6 | 3.9 | 4.2 | 4.5 | 4.9 | 7.4% | 7.9% | 44.1% |
| 海洋 | 3.0 | 3.2 | 3.4 | 3.7 | 4.0 | 4.4 | 6.6% | 8.0% | 46.7% |
| 油气 | 3.8 | 4.0 | 4.3 | 4.6 | 5.0 | 5.4 | 8.1% | 7.2% | 42.1% |
| 能源与公用事业 | 9.0 | 9.9 | 11.1 | 12.4 | 14.1 | 16.0 | 24.1% | 12.2% | 77.8% |
| 保险 | 6.0 | 6.5 | 7.2 | 8.0 | 9.0 | 10.1 | 15.2% | 11.0% | 68.3% |
| 零售 | 3.6 | 3.9 | 4.2 | 4.5 | 5.0 | 5.5 | 8.3% | 8.6% | 52.8% |
| 媒体 | 4.4 | 4.8 | 5.3 | 5.8 | 6.5 | 7.3 | 11.0% | 10.6% | 65.9% |
| 建筑与采矿 | 4.0 | 4.3 | 4.6 | 5.1 | 5.6 | 6.2 | 9.4% | 9.3% | 55.0% |
| 其他 | 1.4 | 1.6 | 1.8 | 2.0 | 2.3 | 2.6 | 3.9% | 12.4% | 85.7% |
| 总计 | 41.1 | 44.5 | 48.7 | 53.6 | 59.7 | 66.3 | — | 10.0% | 61.3% |

## （六）澳大利亚天气预报服务市场

近年来，澳大利亚天气预报服务市场稳步增长，各行业市场增长均衡，建筑采矿业占比最大。数据显示，2016—2019 年，澳大利亚天气预报服务市场从 0.24 亿美元增长到 0.32 亿美元，增幅达 28.51%，年均复合增长率为 8.7%，略高于全球平均增速。零售业和保险业市场增幅最大，但各行业增幅基本在 20% ~ 30%，相对均衡，只有交通运输与物流业和其他行业市场 2016—2019 年没有增长（表 11.13）。在各行业中，无论是 2016—2019 年还是 2020—2025 年，建筑与采矿业在澳大利亚本国市场中都占有最大比重。

**表 11.13 澳大利亚 2016—2019 年天气预报服务市场规模** 单位：百万美元

| 行业 | 2016 年 | 2017 年 | 2018 年 | 2019 年 | 占比（2019 年） | 年均复合增长率 | 增幅 |
|---|---|---|---|---|---|---|---|
| 航空 | 3.0 | 3.2 | 3.6 | 3.9 | 12.19% | 9.0% | 30.00% |
| 农业 | 0.5 | 0.5 | 0.6 | 0.6 | 1.88% | 9.0% | 20.00% |
| 交通运输与物流 | 0.3 | 0.3 | 0.3 | 0.3 | 0.94% | 9.4% | 0 |
| 海洋 | 2.8 | 2.9 | 3.2 | 3.5 | 10.94% | 8.3% | 25.00% |
| 油气 | 2.7 | 2.7 | 3.0 | 3.3 | 10.31% | 7.8% | 22.22% |
| 能源与公用事业 | 3.5 | 3.7 | 4.2 | 4.5 | 14.06% | 9.3% | 28.57% |
| 保险 | 1.3 | 1.4 | 1.6 | 1.7 | 5.31% | 9.6% | 30.77% |
| 零售 | 1.6 | 1.8 | 2.0 | 2.1 | 6.56% | 9.2% | 31.25% |
| 媒体 | 2.4 | 2.5 | 2.8 | 3.1 | 9.69% | 8.9% | 29.17% |
| 建筑与采矿 | 6.6 | 6.9 | 7.7 | 8.4 | 26.25% | 8.4% | 27.27% |
| 其他 | 0.4 | 0.4 | 0.4 | 0.4 | 1.25% | 5.1% | 0 |
| 总计 | 24.9 | 26.2 | 29.3 | 32.0 | — | 8.7% | 28.51% |

预计2020—2025年，澳大利亚天气预报服务市场增速加快，交通运输与物流业市场增速领跑。据预测，2020—2025年，澳大利亚天气预报服务市场规模将增长32.64%，年均复合增长率将达到9.1%，较2016—2019年略有提高。其中，交通运输与物流业增幅最大，将达到50%（表11.14）。

**表11.14　澳大利亚2020—2025年天气预报服务市场规模** 单位：百万美元

| 行业 | 2020年 | 2021年 | 2022年 | 2023年 | 2024年 | 2025年 | 占比（2025年） | 年均复合增长率 | 增幅 |
|---|---|---|---|---|---|---|---|---|---|
| 航空 | 4.0 | 4.3 | 4.8 | 5.2 | 5.9 | 6.5 | 12.80% | 10.2% | 35.42% |
| 农业 | 0.7 | 0.7 | 0.8 | 0.9 | 1.0 | 1.1 | 2.17% | 10.2% | 37.50% |
| 交通运输与物流 | 0.4 | 0.4 | 0.4 | 0.5 | 0.5 | 0.6 | 1.18% | 11.1% | 50.00% |
| 海洋 | 3.5 | 3.8 | 4.0 | 4.4 | 4.8 | 5.2 | 10.24% | 7.8% | 30.00% |
| 油气 | 3.4 | 3.5 | 3.7 | 4.0 | 4.3 | 4.6 | 9.06% | 6.3% | 24.32% |
| 能源与公用事业 | 4.7 | 5.2 | 5.7 | 6.3 | 7.1 | 8.0 | 15.75% | 10.9% | 40.35% |
| 保险 | 1.8 | 1.9 | 2.2 | 2.4 | 2.7 | 3.1 | 6.10% | 11.6% | 40.91% |
| 零售 | 2.2 | 2.4 | 2.7 | 2.9 | 3.3 | 3.7 | 7.28% | 10.5% | 37.04% |
| 媒体 | 3.2 | 3.4 | 3.7 | 4.1 | 4.5 | 5.0 | 9.84% | 9.7% | 35.14% |
| 建筑与采矿 | 8.6 | 9.2 | 9.9 | 10.7 | 11.8 | 12.9 | 25.39% | 8.4% | 30.30% |
| 其他 | 0.4 | 0.4 | 0.4 | 0.3 | 0.3 | 0.3 | 0.59% | –8.2% | –25.00% |
| 总计 | 32.8 | 35.3 | 38.3 | 41.7 | 46.1 | 50.8 | — | 9.1% | 32.64% |

## （七）韩国天气预报服务市场

近年来韩国天气预报服务市场增长迅速,媒体市场增幅最大。数据显示，2016—2019年，韩国天气预报服务市场从0.22亿美元增长到0.29亿美元，增幅达34.86%，年均复合增长率为10.4%。其中，媒体市场增幅达40%，其次为零售、航空等行业市场（表11.15）。

表 11.15 韩国 2016—2019 年天气预报服务市场规模 单位：百万美元

| 行业 | 2016年 | 2017年 | 2018年 | 2019年 | 占比（2019 年） | 年均复合增长率 | 增幅 |
|---|---|---|---|---|---|---|---|
| 航空 | 1.9 | 2.1 | 2.3 | 2.6 | 8.84% | 10.6% | 36.84% |
| 农业 | 1.0 | 1.1 | 1.2 | 1.3 | 4.42% | 10.6% | 30.00% |
| 交通运输与物流 | 1.1 | 1.1 | 1.2 | 1.4 | 4.76% | 10.2% | 27.27% |
| 海洋 | 3.4 | 3.7 | 4.1 | 4.6 | 15.65% | 10.7% | 35.29% |
| 油气 | 1.3 | 1.4 | 1.4 | 1.7 | 5.78% | 8.9% | 30.77% |
| 能源与公用事业 | 5.3 | 5.7 | 6.4 | 7.1 | 24.15% | 10.8% | 33.96% |
| 保险 | 1.1 | 1.2 | 1.3 | 1.5 | 5.10% | 9.5% | 36.36% |
| 零售 | 1.3 | 1.5 | 1.6 | 1.8 | 6.12% | 10.9% | 38.46% |
| 媒体 | 1.5 | 1.7 | 1.9 | 2.1 | 7.14% | 10.7% | 40.00% |
| 建筑与采矿 | 3.3 | 3.5 | 3.8 | 4.4 | 14.97% | 10.0% | 33.33% |
| 其他 | 0.7 | 0.7 | 0.8 | 0.9 | 3.06% | 10.2% | 28.57% |
| 总计 | 21.8 | 23.5 | 25.9 | 29.4 | — | 10.4% | 34.86% |

预计 2020—2025 年韩国天气预报服务市场将持续快速增长，零售业市场增速最快。据预测，未来 5 年，韩国天气预报服务市场的增幅将达到 38.36%，年均复合增长率将达到 10.6%，高于近 3 年的增速。其中，零售业市场年均复合增长率将达到 12.1%，领先于其他行业的增速（表 11.16）。

表 11.16 韩国 2020—2025 年天气预报服务市场规模 单位：百万美元

| 行业 | 2020年 | 2021年 | 2022年 | 2023年 | 2024年 | 2025年 | 占比（2025 年） | 年均复合增长率 | 增幅 |
|---|---|---|---|---|---|---|---|---|---|
| 航空 | 2.7 | 2.9 | 3.3 | 3.6 | 4.1 | 4.6 | 9.11% | 11.3% | 39.39% |
| 农业 | 1.4 | 1.5 | 1.7 | 1.9 | 2.1 | 2.3 | 4.55% | 11.1% | 35.29% |
| 交通运输与物流 | 1.5 | 1.6 | 1.7 | 1.9 | 2.1 | 2.4 | 4.75% | 10.1% | 41.18% |
| 海洋 | 4.8 | 5.3 | 5.8 | 6.5 | 7.3 | 8.2 | 16.24% | 11.4% | 41.38% |
| 油气 | 1.7 | 1.8 | 1.8 | 1.9 | 2.1 | 2.2 | 4.36% | 5.1% | 22.22% |

续表

| 行业 | 2020年 | 2021年 | 2022年 | 2023年 | 2024年 | 2025年 | 占比（2025年） | 年均复合增长率 | 增幅 |
|---|---|---|---|---|---|---|---|---|---|
| 能源与公用事业 | 7.5 | 8.2 | 9.1 | 10.2 | 11.6 | 13.0 | 25.74% | 11.7% | 42.86% |
| 保险 | 1.5 | 1.6 | 1.7 | 1.8 | 2.0 | 2.1 | 4.16% | 7.5% | 23.53% |
| 零售 | 1.9 | 2.1 | 2.4 | 2.6 | 3.0 | 3.4 | 6.73% | 12.1% | 41.67% |
| 媒体 | 2.2 | 2.4 | 2.6 | 2.9 | 3.3 | 3.7 | 7.33% | 11.3% | 42.31% |
| 建筑与采矿 | 4.5 | 4.9 | 5.3 | 5.8 | 6.4 | 7.0 | 13.86% | 9.2% | 32.08% |
| 其他 | 0.9 | 1.0 | 1.1 | 1.2 | 1.4 | 1.5 | 2.97% | 9.9% | 36.36% |
| 总计 | 30.5 | 33.2 | 36.5 | 40.4 | 45.2 | 50.5 | — | 10.6% | 38.36% |

# 第十二章　全球气候治理主要进展*

全球气候变化涉及各国政治、经济、外交、社会发展的方方面面，是关乎人类未来发展的重要议题。应对气候变化不仅涉及科学问题，也是国际政治经济共同关注的问题。

## 一、全球气候治理的简要历程

1979 年 2 月，日内瓦第一次世界气候大会（FWCC）首次较正式地提出气候变暖问题。1992 年通过的《联合国气候变化框架公约》(以下简称《公约》) 为全球气候治理体系确立了基本框架，各缔约方基于“共同但有区别的责任”原则、公平原则、各自能力原则和可持续发展原则，建立了由联合国主导的多边气候治理格局，以共同应对气候变化，减少温室气体排放。2005 年生效的《京都议定书》是《公约》下第一个具有法律约束力的成果，要求发达国家承担强制减排责任。2015 年签署的《巴黎协定》(以下简称《协定》) 是首次达成的覆盖近 200 个国家和地区的全球减排协议。2021 年，在联合国气候变化框架公约第二十六次大会（COP26）上，近 200 个国家达成了《格拉斯哥气候协议》。2022 年 11 月，COP27 首次将损失与损害议题纳入大会议程，并达成协议设立损失与损害基金，以帮助气候脆弱国家更好地应对气候灾难。经过多年的发展，全球气候治理取得了积极进展。

* 执笔人员：肖芳　贾朋群

一是全球气候治理的制度体系不断完善，已形成多层多元且具有较强韧性的全球气候治理架构。自联合国气候谈判启动以来，全球气候治理的基本结构经过不断演进，逐渐形成了以《公约》及其框架下的《京都议定书》和《协定》为核心，包括国家行为体、次国家行为体和非国家行为体在内，覆盖全球各区域、国家及次国家层面的全球多元多层治理体系和网络。其中，非国家行为体的作用日益上升，已成为全球气候治理发展的重要趋势。与其他领域的全球治理结构相比，全球气候治理的结构是最完整、最系统的治理体系之一。

二是全球气候治理的理念和目标发生了变化。在全球气候治理的进程中，各国从谈判初期将应对气候变化国际合作普遍看成一个责任和成本分担的过程，逐渐转向将国际气候合作看成既是责任分担，同时又是机会共享的过程。同时，气温升幅“保 2 ℃争 1.5 ℃”的量化目标，有利于进一步敦促缔约方依其承诺履约。

三是全球气候治理的原则不断演进和丰富。《公约》规定了风险预防原则、公平原则和“共同但有区别的责任”原则及各自能力原则等作为国际气候合作的基本原则。《协定》中对“共同但有区别的责任”原则进行了补充，在表明必须遵循《公约》所确立的“包括以公平为基础并体现共同但有区别的责任和各自能力的原则”基础上，增加了“同时要根据不同的国情”的表述。另一个值得关注的变化是，可持续发展原则在全球气候治理进程中不断地得到强化。

四是全球气候治理中的减排模式发生重大变化。《京都议定书》采用的是以“自上而下”为主的减排目标分摊模式。2015 年《巴黎协定》将减排目标分摊模式改为以“自下而上”为主的国家自主贡献模式。这种转变有利于在尊重各参与主体权益的前提下，最大限度地激发其参与全球气候治理的意愿，推动更多国家相继出台并落实相关政策举措，在一定程度上为改革全球气候治理体系提供了活力和动力。当然，这种变化也存在一定风险，即由于减排模式的国际法律约束力下降，缔约方履约的动力也可能随之减弱。

另外，联合国政府间气候变化专门委员会（IPCC）在全球气候治理中发挥了重要作用。IPCC 通过汇总评估全球范围内气候变化领域的最新研究成果，为全球气候治理提供科学依据及可能的政策建议。IPCC 评估报告不仅为各国政府制定相关的应对气候变化政策与行动提供了科学依据，同时也是气候变化科学阶段性成果的总结，是普通公众了解气候变化知识的重要途径。IPCC 自 1995 年发布第一份报告以来，在近 30 年组织世界上众多各学科专家对全球气候变化问题进行了 6 次全面的评估，使各国政府和科学界大大加深了对全球气候变化的认识和了解，极大提升了全球应对气候变化的影响力，使全球气候治理逐渐成为国际社会共识。

## 二、全球气候治理的主要内容

### （一）全球气候治理中的不同主体

在应对气候变化的谈判中，相关国家会根据自身的利益、诉求、偏好进行博弈，在博弈的过程中横向互动得到不断强化，最终形成利益联盟。目前，在应对气候变化的国际谈判中，主要形成了 5 类利益联盟。

一是以欧盟为代表的利益联盟。欧盟国家在低碳技术研发与应用上领先于世界平均水平，一直是谈判的强有力推动者。欧盟主张在制度安排上要充分体现自身优势；主张通过建立碳市场实现碳减排的市场化；还主张严格的履约机制，认为应对气候变化所规定的所有条款都应当得到严格执行。

二是以美国为首的伞形集团国家。伞形集团国家包括日本、加拿大、澳大利亚、新西兰、挪威等国，他们要求灵活执行碳减排制度，坚持要求减少义务、增加灵活性的谈判立场。

三是“77 国集团 + 中国”。其成员几乎全部由发展中国家组成，以维护“共区原则”为主要目标，要求发达的工业化国家率先减少温室气体排放量，建立补偿机制，并要求给予发展中国家足够的发展空间。

四是一些雨林国家联盟和小岛国家联盟。小岛国家联盟由于其自身的特殊利益，又区别于其他一般性发展中国家。小岛国家联盟包含 40 多个地势低洼小岛国，直接面临着海平面升高导致“国家消失”的灾难，对应对气候变化、减缓气候变暖也最为积极热切，主张从严实施《公约》《京都议定书》与《协定》。

五是经济严重依赖于国际石油贸易的国家，主要是石油输出国组织（OPEC）的成员国。从长远来看，全球气候治理趋向降低世界化石能源需求总量，鼓励寻求替代资源。因而，石油输出国组织更倾向于强调气候变化问题的不确定性。除此之外，还存在其他利益各异的集团和团体，如俄罗斯和乌克兰等国家拥有大量剩余碳排放额度，因此期望通过排放权交易获取资金；墨西哥、巴西和部分非洲国家将清洁发展机制视为外汇获取渠道。

## （二）全球气候治理的主题

1. 关于减排责任及自身发展空间

从全球来看，虽有减排承诺，但减排责任的落实阻力巨大。截至 2023 年 2 月，全球已有 132 个国家明确提出了 21 世纪中叶的碳中和目标，以应对全球气候危机的加剧。但相关信息显示，虽然有 200 多个国家在 COP26 上同意在 COP27 之前提高其减排承诺，但截至 2022 年底采取行动的只有 20 多个国家，并且多为“渐进式”。巴西甚至准备打破 2016 年作出的减排承诺，设置更低的目标。欧盟也正在讨论碳边境调节措施，力图用贸易和气候变化行动捆绑的单边措施来迫使发展中国家采取进一步的减排行动。而且从 2021 年开始，地缘政治已经越来越多地影响到多边国际气候合作。

另外，美国和欧盟间的分歧暴露得越来越多，主要表现在认知差异（欧洲公众参与度高，美国 30% 的共和党人是气候变化怀疑论者）、行动差距（美国气候政策随着总统任期而摇摆；欧盟试图作为全球气候政治的领导者）和目标各异（如转移支付力度）等方面。这些分歧的产生，涉及美国和欧盟各自在全球治理中的定位、经济增长模式和政体等方面的深刻原因，短时间内很难消除。这些情况使得双方既可以开展气候合作，又难以避免气候博弈，尤其是围绕能源结构和领导权竞争等问题。

2. 关于应对气候变化所需资金与技术转移

应对气候变化、实现“双碳”转型，需要大量资金和技术的支持，而技术在很大程度上又是靠资金撬动的，因此气候融资是应对全球气候变化的一个关键。

（1）在资金方面

资金缺口巨大。国际货币基金组织研究发现，自 1990 年以来，72 个发展中国家的 GDP 平均每增长 1%，排放量就会相应增长 0.7%。一些富裕国家的领导人表示，可以通过资助绿色发展项目来解决这一问题。2023 年 6 月 23 日，在巴黎举行的新全球融资契约峰会结束时，富裕国家再次承诺兑现每年提供 1000 亿美元“气候融资”的目标。然而，即使该目标实现，资金也远远不够。要想让发展中国家走上绿色增长的道路，在 2030 年之前每年需要 2.8 万亿美元的投资，其中至少 1 万亿美元需要来自富裕国家。另外，气候政策倡议组织（CPI）发布的《2021 年全球气候投融资报告》显示，气候资金增速在过去几年中有所放缓，气候资金流量远未达到估计的需求。若在 2030 年实现国际商定的气候目标，实现向可持续、净零排放和有韧性的世界过渡，每年的气候融资至少需要增加 590%。

气候融资面临很多难题。一方面，贫富差距大。发达经济体和发展中经济体在应对气候变化的技术条件、基础设施、金融手段等方面存在较大差距。全球气候风险指数分析显示，欠发达国家通常会比工业化国家受到更大的影响。目前，只有 15% 的清洁技术投资流向全球约 80% 人口居住的发展中经济体，这些差距将进一步放大现有的“气候应对鸿沟”。另一方面，历史欠账多。在 COP27 上，西方国家的“气候欠账”问题成为会议的一大焦点。因为早在 2009 年哥本哈根联合国气候变化大会上，发达国家就作出承诺，向发展中国家提供 1000 亿美元的气候资金支持，但至今没有兑现。另外，一些西方国家会在国际气候援助中附加较多的条件，让本就强度不够的资金支撑更难以到位。这导致资金已经成为制约各国应对气候变化的重要因素。

以非洲为例，目前已有 53 个非洲国家签署并批准《巴黎协定》，提出了自主贡献目标和构建现代低碳、经济适用的清洁能源体系的愿望，但实现这些目标需要海量资金和高端技术支持。由于许多国家财政紧张，非洲开发银行提出释放私营部门在非洲气候领域融资潜力这一解决方案。即便如此，气候融资缺口依然巨大。有研究认为，目前非洲仅能获得全球气候融资的 3%，其中 14% 来自私营部门。这个比例是世界上最低的。另外，多重不利因素叠加进一步推高了非洲融资需求。世界银行非洲首席经济学家安德鲁·达巴伦表示，通货膨胀和全球货币紧缩政策将加剧非洲资本外流、货币疲软和主权债券利差扩大，使得非洲债务问题更加脆弱。债务问题在一定程度上也会导致非洲在国际市场融资渠道受限。

（2）在低碳技术转移方面

在低碳技术转移的方式上，发达国家与发展中国家存在分歧。发达国家强调低碳技术掌握在私人企业手中，需要通过市场机制实现有偿转让，而发展中国家强调政府在技术转移中的重要作用。就发展中国家而言，如果没有硬性碳减排的约束，是否运用低碳技术不会对企业乃至国家的竞争力产生影响，进而导致主动节能减排的动力不足。总体来讲，在温室气体减排问题上，发展中国家属于“有心无力”，发达国家属于“有力无心”，这正是应对气候变化合作分歧的症结所在。

## 三、部分国家应对气候变化的主要行动

### （一）中国

中国在全球气候治理中的作用和角色受到国际社会的广泛关注。自参加国际气候谈判以来，中国在全球气候治理中的作用和角色不断变化，大致经历了 3 个阶段，即从全球气候治理的积极参与者到积极贡献者，再到积极引领者。在这一过程中，中国积极贡献全球气候治理的中国理念，在谈判的关键环节发挥关键作用，进一步加大国内应对气候变化的力度，积极推动气候变化南南合作，同时加大对外气候援助，其引领作用受到国际社会的普遍认可。

从 1972 年中国开始参与全球环境治理到 2009 年哥本哈根联合国气候变化大会，中国的气候立场主要是“参与”，主张通过实现全球环境正义，防止西方发达国家“以碳为名”打压发展中国家的发展。通过对“发展排放权”的争取，中国为广大发展中国家的经济与发展赢得宝贵的排放空间。

2009 年哥本哈根联合国气候变化大会后，中国转变为较为积极的“贡献者”，希望在参与全球气候合作应对全球气候变化的同时，推动自身的可持续发展。

2014 年《中美气候变化联合声明》的发表和 2015 年习近平主席在巴黎世界气候大会上发表的重要讲话，标志着中国在全球气候治理方面进入了一个新阶段——从积极“参与”到主动“引领”。在这一阶段，中国奉行“能力原则”，主动承担全球气候治理的责任，不仅要实现自身的低碳发展，还要推动实现全球的低碳发展。2020 年，习近平主席在第 75 届联合国大会一般性辩论中指出，中国将力争于 2030 年前实现碳达峰，于 2060 年前实

现碳中和。2021 年，习近平主席在“领导人气候峰会”上倡导，国际社会要以前所未有的雄心和行动，共商应对气候变化挑战之策，共谋人与自然和谐共生之道，勇于担当，勠力同心，共同构建人与自然生命共同体。同年 10 月，中国向联合国气候变化框架公约秘书处正式提交了《中国落实国家自主贡献成效和新目标新举措》和《中国本世纪中叶长期温室气体低排放发展战略》，体现了中国积极应对全球气候变化所做的努力。2022 年，党的二十大报告强调“积极参与应对气候变化全球治理”。这一切都表明，中国政府已将绿色低碳发展作为实施可持续发展国家战略的关键抓手，将保护生态环境和应对气候变化作为制定国家内外政策的重要内容，中国已成为应对全球气候变化、推动全球生态文明建设的中流砥柱。

中国在气候投融资领域也开展了积极行动。2015 年，中国设立 200 亿元人民币的“中国气候变化南南合作基金”；自 2016 年起，中国在发展中国家启动了 10 个低碳示范区、100 个减缓和适应气候变化项目、1000 个应对气候变化培训名额的合作项目，实施了 200 多个应对气候变化的援外项目。从成立中国环境科学学会气候投融资专业委员会，到出台《关于促进应对气候变化投融资的指导意见》，再到全国 23 个气候投融资试点地区开展项目库建设，中国一直在持续推进气候投融资。在投融资政策引导下，中国产业格局加快调整升级，在新能源汽车、光伏制造等领域的国际竞争力不断提升。此外，在绿色“一带一路”和南南合作框架下，中国也积极地为其他发展中国家应对气候变化提供支持和帮助，成为全球生态文明的践行者、气候治理的行动派。

### （二）德国

德国是积极推动应对气候变化的主要发达国家之一。德国应对气候变化的战略、规划和行动计划，可分为气候保护和适应气候变化两大内容。气候保护的核心目标是促成全球平均气温与工业化前相比升幅不超过 2 ℃，避免气候变化造成不可承受的后果和风险；适应气候变化的长期目标是减少气候变化对自然、社会和生态系统的危害，尽量维护自然、社会和生态系统，提升适应气候变化的能力。在适应气候变化方面，2005 年，德国基于《德国气候变化——气候脆弱性和适应》报告，在当年新修订的《国家气候保护计划》中，首次提及气候变化适应问题，并提出将制定全国性的适应气候变化战略。为此，德国建立了“德国气候变化适应委员会”和“适应气候变化部际工作组”。德国环境、自然保护、建筑和核安全部于 2008 年、2011 年分别提交了《德国气候变化适应战略》（DAS）和《德国气候变化适应战略行动计划》（APA），从联邦一级制定了适应气候变化的政策框架，确定了 15 个行动领域的具体措施。根据 DAS 框架，联邦政府需要每 4 年就德国在适应气候变化方面的进展情况进行评估。

德国的气候治理选择了先制定气候行动计划以框定目标、取得共识，后通过联邦气候立法以增强法律约束力的路线。1987 年，德国政府成立了本国首个应对气候变化的机构——大气层预防性保护委员会；1990 年，成立了跨部工作组——“二氧化碳减排”工作组；1992 年，签署了《联合国气候变化框架公约》；1995 年，在柏林举办了联合国气候变化大会；1997 年，签署了《京都议定书》；2000 年，通过了《国家气候保护计划》，并在 2005 年进行了修订，增加了许多具体行动计划；2014 年，通过了《气候保护行动方案 2020》；2016 年，制定了《气候保护计划 2050》；2019 年，通过了《联邦气候保护法》，首次以法律形式确定了德国中长期温室气体减排目标，采用总量控制、部门分解和地方先行的立法模式，并在气候立法后建立了定期跟踪评估机制。

德国的气候变化行政管理体系采取自上而下的形式。该体系主要涉及 5 个联邦部门，分别是联邦环境部、联邦教研部、联邦经济部、联邦交通部和联邦农业部。其中，联邦环境部是联邦层面负责处理气候变化问题最主要的部门。其职责是制定德国国家气候保护法律和规定，确保国际及欧盟气候保护协议在德国的实施。在总体协调上，德国目前尚无统一协调全国气候变化所有部门和领域的工作机构。

## （三）英国

目前，英国虽然继续强调减排和绿色复苏，但在新冠疫情导致的经济复苏缓慢的背景下，其实现气候目标的信心“明显下降”。2019 年 6 月 27 日，英国修订《气候变化法案》，正式确立到 2050 年实现温室气体净零排放的目标，由此成为世界主要经济体中率先以法律形式确立这一目标的国家。2019 年 7 月，鲍里斯 · 约翰逊当选英国首相，保守党新政府延续了到 2050 年净零排放的目标。2020 年 6 月，英国商业、能源和产业战略部组织成立了 5 个以商业为重点的新工作组，其中一个就是“绿色复苏”，强调英国如何从向净零碳排放转变中抓住经济增长的机会。2020 年 11 月，英国政府宣布一项涵盖 10 个方面的“绿色工业革命”计划。2021 年 2 月 23 日，首相鲍里斯·约翰逊表示英国将大力发展清洁能源，力争成为风能大国。但 2023 年 6 月 28 日英国气候变化委员会（CCC）发布的 2023 年度进度报告显示，由于过去 12 个月政府缺乏新的行动，英国“已经错过了一个加快进展步伐的关键机会”，并警告称，人们对英国从 2030 年起实现具有法律约束力的脱碳目标的信心“显著”下降。

2019 年 9 月，英国首相宣布，在 2021—2026 年期间，英国将把对国际气候融资的贡献增加至 116 亿英镑。但近期，据英国《卫报》网站 2023 年 7 月 4 日报道，英国政府正在起草计划，目的是放弃英国在气候和自然方面投入 116 亿英镑的承诺。英国政府气候顾问在 2023 年 6 月 28 日发布的报告显示，英国政府的气候目标大部分没有实现，英国已经失去了在气候方面的世界领导者地位。

# 第十三章 欧盟哥白尼计划实施进展*

自 2013 年欧洲全球环境与安全监测计划（Global Monitoring for Environment and Security，GMES）更名为哥白尼计划（Copernicus Program）以来，已有 10 年时间。作为欧盟发起的一项对地观测计划，哥白尼计划主要利用遥感技术对陆地、水体和大气进行监测，并为气候变化、应急管理、安全等多个领域提供服务。同时，作为开放数据计划，无论是政府机构、高校还是初创企业，都可以通过官网或云端平台获取卫星和地面观测数据进行开发与加工，这也促进了上下游产业链的发展。本章将集中呈现该计划的运行机制、主要内容和最新进展。

## 一、运行机制

哥白尼计划是由欧盟委员会牵头组织并管理的地球观测计划，由欧洲航天局（ESA）、欧洲气象卫星开发组织（EUMETSAT）、欧洲中期天气预报中心（ECMWF）和欧盟成员国负责具体实施，并成立了哥白尼委员会负责用户管理。该计划是一项由用户驱动的信息服务项目，以遥感对地观测数据和地面数据为基础，提供数据、信息和服务，其前身是“全球环境与安全监测计划”。

* 执笔人员：樊奕茜

哥白尼计划由空间和服务两部分组成，分别由欧洲航天局、欧洲气象卫星开发组织和欧洲中期天气预报中心等签订委托协议开展活动。哥白尼计划是一项雄心勃勃的地球观测计划，不仅对全球开展全方位的观测，提升观测和服务的经济效益，还将促进可持续发展并保持欧洲对地观测技术的独立性和世界领先地位。同时，决策者、研究人员、商业用户以及全球科学界都可以从该计划提供的数据和信息中受益。哥白尼计划注重为促进空间基础设施和数据国际合作做出贡献，如数据处理合作、将第三方数据（包括实地数据）集成到哥白尼数据系统、数据同化到哥白尼服务的模式和产品中。截至目前，哥白尼计划已与美国、澳大利亚、巴西、哥伦比亚、智利、印度、乌克兰、塞尔维亚和非洲联盟达成合作。其他国家也表示有兴趣与哥白尼计划进行数据交换，以便将来可以达成合作。

## 二、主要内容及进展

哥白尼计划主要由空间和服务两部分组成。

### （一）空间部分

哥白尼计划的空间部分由一组专用卫星和其他共享卫星组成。专用卫星主要是“哨兵”（Sentinel）系列卫星，是专门为满足哥白尼信息服务及其用户需要而设计的。自 2014 年发射 Sentinel-1A 卫星以来，欧盟已经启动了一个项目，计划在 2030 年之前将近 20 颗卫星组成的完整星座送入轨道。“哨兵”卫星共有 6 个系列，涵盖了哥白尼观测的广泛需求，包括陆地和海洋表面、海面地形和空气质量，测量大气中的微量气体等，以确保欧洲独立自主的对地观测能力。每个“哨兵”都是由两颗卫星组成的星座，两颗卫星之间相差 180°，均采用太阳同步轨道，以满足重访和覆盖要求，为哥白尼服务提供强大的数据集。将“哨兵”数据输入哥白尼服务系统（Copernicus

Services）中，以服务于应对气候变化、城市化、粮食安全、海平面上升、极地冰层减少、自然灾害等挑战。

哥白尼计划现已成功发射 Sentinel-1、Sentinel-2、Sentinel-3、Sentinel-5P、Sentinel-6 系列卫星。Sentinel-1 负责开展陆地和海洋观测，可完成全天候 SAR 成像任务，在欧洲上空至少每 6 天提供一次全覆盖探测。Sentinel-2 可完成多光谱高分辨率成像任务，用于土地和植被探测，可提供植被、土壤和水覆盖、内陆水道和沿海地区等图像。Sentinel-3 可实现高精度的海面地形、海陆表面温度、海洋水色和陆地颜色等探测，支持海洋预报、环境和气候监测。Sentinel-5 Precursor（也称为 Sentinel-5P）的主要任务是进行大气化学探测，提供影响空气质量和气候的多种微量气体及气溶胶数据。Sentinel-6 主要用于海洋学和气候业务研究。

Sentinel-4 和 Sentinel-5 是 ESA 正在推进的哥白尼计划任务，专门用于大气监测，主要包括空气质量监测、平流层臭氧和太阳辐射等。Sentinel-4 是静止卫星，将专注于高分辨率空气质量监测，用于支持欧洲大气成分和空气质量监测及预报，主要数据产品为全球温室气体、气溶胶和云特性等（表 13.1）。

**表 13.1 “哨兵”系列卫星主要任务**

| | 卫星 | 主要任务 |
|---|---|---|
| 已发射 | Sentinel-1 | 陆地和海洋 SAR 观测 |
| | Sentinel-2 | 高分辨率土地和植被探测 |
| | Sentinel-3 | 高精度海洋探测 |
| | Sentinel-5P | 大气化学探测 |
| | Sentinel-6 | 海洋学和气候业务研究 |
| 计划中 | Sentinel-4 | 大气探测 |
| | Sentinel-5 | |

## （二）服务部分

服务系统是哥白尼计划的另一大特色。其改变了以往观测与应用服务脱节的做法，创新性地以应用服务为牵引和驱动，提高观测的针对性，注重发挥社会效益。哥白尼服务的主要用户是决策者，即需要利用地球观测信息来制定环境立法和政策的决策者，或者是在紧急情况下对突发性、关键性环境事件（如自然灾害或应对人道主义危机等）进行管理的决策者。服务对象的明确大大增强了观测的针对性，很多观测产品可直接用于服务，从而避免了中间转化的时间。具体来讲，哥白尼服务旨在利用对地观测数据和地面数据为欧洲各国提供大气监测、海洋环境管理、土地管理、气候变化监测、应急管理、安全六大服务。

1. 哥白尼大气监测服务

哥白尼大气监测服务（CAMS）由欧盟委托欧洲中期天气预报中心执行。其依靠强大的卫星覆盖和应用能力，直接提供近实时的每日大气成分和空气质量分析及针对政府决策者的服务产品，还可提供太阳辐射、温室气体和气溶胶等相关监测产品。2022 年的最新进展包括：

（1）持续提供全球大气监测服务

2022 年，哥白尼大气监测服务持续监测全球大气排放情况和欧洲区域空气质量。据哥白尼大气监测服务全球火灾同化系统和大气成分预测估计，受 2022 年夏季极端高温和干旱影响，全球野火和植被火灾已产生约 1455 兆吨碳排放。哥白尼大气监测服务还跟踪了 1 月在撒哈拉和 3 月在西欧发生的历史性沙尘暴事件，以及 9 月北溪管道爆炸造成的甲烷泄漏，并模拟出甲烷扩散路径。在公共卫生服务方面，哥白尼大气监测服务提供大气中的花粉浓度数据和预测，从春季的桦树花粉到秋季的豚草花粉，为过敏患者和卫生部门提供服务。

（2）建设二氧化碳服务原型系统

近 10 年来，哥白尼大气监测服务每年都在美国气象学会公报（BAMS）上发表年度气候状况报告，提供数据与分析。2022 年，哥白尼大气监测服务在报告中发表了一篇摘要，概述了其第二阶段（2021—2028 年）的新项目——“哥白尼二氧化碳服务原型系统”项目（$CO_2$）。该项目旨在建设一个从全球、区域和地方层面估算人为 $CO_2$ 排放的原型系统（$CO_2$ MVS），提供人为 $CO_2$ 排放量监测和验证支持。$CO_2$ MVS 原型的主要部件预计将于 2023 年交付，该系统将于 2026 年全面投入运行。$CO_2$ MVS 投入运行后，将协助哥白尼大气监测服务支持各国履行降碳减排义务，帮助使用者更好地了解当前气候变化减缓行动执行情况，以随时调整政策和行动。

（3）加强对外交流与合作

2022 年 11 月，哥白尼大气监测服务参加了第 27 届联合国气候变化大会（COP27），与欧洲综合碳观测系统（ICOS）一起讨论 $CO_2$ 监测和验证支持的作用，以及系统观测温室气体以支持城市和地区气候行动。

2022 年 6 月，欧洲中期天气预报中心与欧洲遥感公司协会（EARSC）签署协议，加强相关企业与欧洲中期天气预报中心合作，推动地球观测为哥白尼服务做出贡献。欧洲中期天气预报中心还与意大利政府签署了一项协议，促进意大利的国家组织与哥白尼大气监测和气候变化服务的交流合作。新协议将有助于将哥白尼数据交付至国家层面的决策者手中，使他们能够从医疗保健到农业等多个政策领域作出科学的决策。

2. 哥白尼气候变化监测服务

哥白尼气候变化服务（C3S）也是由欧洲中期天气预报中心负责执行，其主要内容是提供欧洲和全球其他地区过去、现在和未来气候变化的数据及信息，支持欧盟应对气候变化政策的实施。哥白尼气候变化服务提供气候数据记录，以监测和记录气候变化的主要驱动因素（例如地表气温）。主要产品包括多种类的历史观测数据、再分析资料（如 ERA5 数据）、季节性预报和近实时的气候监测数据，并开发程序工具以推进气候数据的应用和分析。2022 年的主要进展包括：

（1）发布年度气候报告和数据集

哥白尼气候变化服务每年都会发布有关气候状况的权威、开放的信息和数据集，以支持决策者和企业的气候变化适应战略。2022 年 1 月，哥白尼气候变化服务发布 2021 年气候数据，并发现 2021 年是全球有记录以来最热的 7 个年份之一。同年 11 月，哥白尼气候变化服务与世界气象组织联合发布了第一版欧洲气候状况报告，对欧洲 2021 年的主要极端天气事件及其影响和未来情景进行了全面评估。这份报告是由世界气象组织牵头对全球气候变化分析的一部分，旨在提供特定区域的基本气候数据和信息，加强适应和减缓战略。

2022 年底，哥白尼气候变化服务推出 ERA5-Land-T 服务，为决策者、企业和学者提供近实时的每小时数据。ERA5 是对 1950 年 1 月至今的全球气候进行的第五代大气再分析资料。ERA5-Land 是 ERA5 再分析中的一个地表数据子集，将满足用户对陆地的长时间段数据和近实时的高时空分辨率数据的需求，并提供多年代际时间尺度上土地演变的数据，将有益于洪水或干旱预报等需要长时间实时监测的应用。此次发布的 ERA5-Land-T 为 ERA5-Land 产品的预发布，数据时间延迟 5 天，每天将更新数据。

（2）追踪气候变化和极端天气事件

2022 年全球出现了创纪录的长时间极端干旱、高温、野火、洪水事件。哥白尼气候变化服务监测全球气候变化情况，并跟踪这些极端事件。哥白尼气候变化服务每个月会发布月度气候公报，通过关键的气候变化指标（如气温、降水）展现当前气候状况，并提供数据分析和地图制作指南。

2022 年 7 月，哥白尼气候变化服务的气候公报报道了欧洲夏季的极端高温事件，数据分析发现，2022 年 7 月是全球有记录以来最热的 3 个月份之一，也是欧洲第 6 个最热的 7 月。2022 年 9 月的气候公报发现，格陵兰岛经历了自 1979 年以来 9 月记录的最热平均气温。

哥白尼气候变化服务气候公报同时报告月度海冰范围，基于 ERA5 再分析数据，对极地冰盖进行近实时监测，并制作海冰图。据哥白尼气候变化服务报告，2022 年 6 月和 7 月，南极海冰面积达到卫星数据记录 44 年来的最低月度值，分别比平均值低 9% 和 7%。这一趋势全年持续存在，即使在 2022 年的最后几个月，北极和南极的海冰浓度也低于平均水平。

（3）对外交流与合作

2022 年 11 月，哥白尼气候变化服务参加了第 27 届联合国气候变化大会（COP27），展示了与地中海联盟合作开发的两个应用程序。一个应用程序使用哥白尼数据探索地中海海平面上升对世界遗产地的潜在风险；另一个应用程序分析气候变化对地中海病媒传播疾病（如疟疾、登革热等）的影响。

欧洲中期天气预报中心于 2021 年 11 月与欧洲投资银行签署了合作协议，以加强欧洲投资银行对哥白尼气候变化服务和哥白尼大气监测服务数据、信息和工具的使用，适时调整与气候变化适应相关的战略。在 COP27 上，欧洲中期天气预报中心与欧洲投资银行讨论了哥白尼数据如何支持气候适应投资。

3. 哥白尼应急管理服务

哥白尼应急管理服务（CEMS）为参与自然灾害、紧急情况和人道主义危机管理的所有参与者提供及时、准确、完善的地理空间信息，助力灾前预防、灾中应急、灾后恢复。哥白尼应急管理服务分为地图部分和预警部分。地图部分提供基于卫星图像的地图服务，该服务自 2012 年 4 月 1 日起全面投入运营，由欧盟委员会委托联合研究中心实施。预警部分包含洪水预警系统、森林火灾和野火信息系统、干旱观测站，其中欧洲中期天气预报中心参与了洪水预警系统与森林火灾和野火信息系统服务。2022 年哥白尼应急管理服务的主要进展包括：

（1）哥白尼应急管理服务 10 周年大会推出创新服务

在全球气候变化影响加深的大背景下，灾害和风险管理决策服务的需求不断增加。2022 年哥白尼应急管理服务在其成立 10 周年之际，推出了多项创新服务和升级产品。

洪水：推出全天时全球洪水监测产品，提供洪水区域的自动监测，可在图像采集不到 8 小时内绘制洪水影响区域地图。新一代全球和欧洲洪水预警系统（EFAS-Next 和 GloFAS-Next）将于 2023 年底发布，将带来更高空间分辨率（欧洲空间分辨率可达 1.5 ～ 5.0 千米）和更高精度的数据。

干旱：更新 2.0 版联合干旱指标，以提供更准确的估计。目前正在开展新版本的开发，重点是通过卫星数据动态监测干旱对植被和作物的影响。3.0 版本预计将在 2023 年初发布。

野火：介绍了欧洲森林火灾信息新系统功能，包括持续评估欧盟和邻国火灾危险趋势、估计野火排放量以及野火后潜在的土壤侵蚀。

（2）欧洲中期天气预报中心为哥白尼应急管理服务更新水文预报服务

欧洲中期天气预报中心在 2021—2028 年继续作为哥白尼应急管理服务的水文预报计算中心，持续提供欧洲和全球洪水预警服务。欧洲中期天气预报中心主要负责运行哥白尼应急管理服务最先进的水文概率预报系统，包括开发、维护和托管洪水预警系统及其相关的网络服务，并为哥白尼应急管理服务水文预报中心量身定制数据分析和传播工具。

作为洪水预警运营服务端，欧洲中期天气预报中心将在下一阶段改进水文预报模式精度、提高产品评估功能，并改善数据访问和共享服务。

# 三、作用与效益

哥白尼计划实施的作用与效益主要体现在对上游部门的效益和对下游用户的效益两个方面，其效益具有综合性特征。

## （一）上游部门的效益

在哥白尼计划中，上游部门包括所有参与并为计划提供空间数据的参与者。例如，“哨兵”卫星及其地面部分（获取和处理卫星数据）的制造商、发射服务提供商、光学和雷达传感器制造商以及贡献任务的数据供应商都是上游部门的参与者。研究表明，哥白尼计划的上游部门通过利用投资，在 2008—2017 年产生了 83 亿欧元的收入。该研究阶段预计，2017—2027 年欧洲航天业有望通过哥白尼计划每年获得 10 亿欧元的额外收入。据估计，航天工业中共有 4000 个工作岗位依赖于哥白尼计划。2017—2035 年，哥白尼计划预计将为欧洲社会带来 670 亿～ 1310 亿欧元的收益，为项目成本的 10 ～ 20 倍。其他经济领域（如农业、渔业、保险等）使用哥白尼数据获取的收益预计超过 80%（图 13.1）。

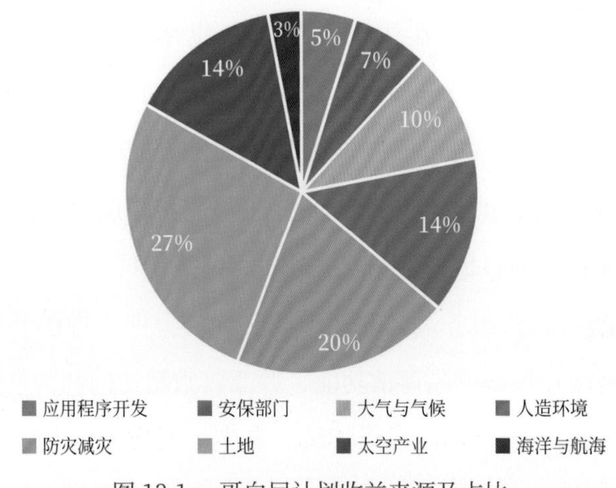


图 13.1 哥白尼计划收益来源及占比

### （二）下游用户的效益

哥白尼计划的下游部门包括所有使用哥白尼数据来提供产品及服务的公司和组织。

1. 为用户带来了综合效益

研究表明，下游部门的收益约占哥白尼计划的 84%。这些效益可分为经济效益、社会效益和环境效益。下游部门的经济效益体现在哥白尼计划中免费且公开的地球观测数据上，哥白尼计划的下游商业公司 10% 以上的收入来源于这些观测数据。为了支持欧洲初创企业和中小企业发展，欧盟委员会发起哥白尼初创公司培育计划，通过提供数据和信息访问服务等来提高哥白尼数据的可用性和方便性，创造新业务和新就业机会来提高公司收益。

环境效益方面，哥白尼数据和服务可用于监测和防治空气污染。基于哥白尼数据开发移动应用程序，跟踪欧洲国家的空气质量、花粉和紫外线辐射。哥白尼计划还为可再生能源行业开发商提供选址服务，如陆地和海上风电场及发电装置的选址。其他受益于哥白尼计划的环境相关领域包括气候变化监测、森林管理、自然灾害和人为灾害管理、农业、旅游和水资源管理。

社会效益方面，哥白尼计划提供花粉浓度监测和扩散路径预测，帮助预防呼吸系统疾病。使用哥白尼近实时数据和产品，大大缩短了灾害事件的响应时间，挽救了数百条生命。此外，联合国教科文组织等国际组织使用哥白尼数据评估对自然和历史遗址的实际及潜在破坏来保护世界文化遗产。欧盟委员会已经制定了支持哥白尼用户的行动计划，并最大限度地发挥该计划的效益。

2. 推动了欧洲地球观测市场的发展

哥白尼计划在全球范围内提供连续、自主、高质量的地球观测数据和服务。哥白尼计划空间部分除了专用的“哨兵”卫星群外，还包括其他共享卫星。因此,哥白尼计划空间部分可以满足哥白尼服务的全方位观测要求。

由于越来越多的商业卫星图像和新空间星座的发展，欧盟空间计划条例（EUSPA Regulation）[①]在预测共享卫星活动未来趋势的基础上，更新优化了共享卫星活动开展和合同签订流程，以实现观测和商业活动的最佳匹配。该条例推动了欧洲中小型空间服务企业加入哥白尼服务供应链，促进业务发展和增长。欧盟委员会建立了共享卫星数据市场，通过培育多个供应商来提升其竞争力，避免依赖单一公司和行业垄断。共享卫星的规范还将改善合同条件，以降低加入新的欧洲数据提供商的障碍并支持新出现的用户需求，这将加强欧盟及其太空经济的战略自主权，促进上游（卫星）和下游（应用）参与者之间的空间数据利用和协同工作。

3. 推动了金融和保险行业的发展

相关报告表明，2021 年，全球地球观测市场带来 28 亿欧元的收入，其中金融和保险行业收入为 1.45 亿欧元。到 2031 年，地球观测为金融和保险行业带来的效益将以 21% 的年均复合增长率增长，预计总收入将达到 9.94 亿欧元。

在金融领域，地球观测数据和衍生产品可用于商品交易，如监测作物种植面积和健康状况，估算产量，预测价格，并最终为交易决策提供信息。哥白尼服务的诸多产品与许多部门（如农业、基础设施、能源）相关，为金融和机构参与者（即投资银行、风险投资公司、私募股权）提供参考。

同时，地球观测对保险公司也很重要。随着气候变暖影响的加深，全球将面临更多极端天气气候事件，个人和公共财产将损失更多。哥白尼服务可为保险公司提供有关风险、损害和损失的分析服务。哥白尼卫星图像

---

① 欧盟空间计划署（European Union Agency for the Space Programme，EUSPA）成立于 2021 年 5 月，旨在通过太空活动为欧盟的经济与民生提供更多机遇。

支持保险理赔员通过比较事件前后拍摄的图像来验证索赔，有效评估损失，以及确定索赔的优先顺序。在农业方面，降雨的季节性、不可预测性，以及生长季节的长期变化可能导致农作物歉收。哥白尼数据产品和服务可以快速识别此类情况，分析因不利生长条件造成的产量趋势。此外，哥白尼服务还可以基于历史数据，为保险公司评估下一次危险发生的可能性以及可能发生的地点。

# 主要参考文献

WMO，2022. WMO 第十八次世界气象大会最终报告 [R]. 气象科技进展（5）.
曹晓钟，2021. 气球探空国内外技术进展与展望 [M]. 北京：气象出版社.
陈胜，刘昌军，李京兵，等，2022. 防洪“四预”数字孪生技术及应用研究 [J]. 中国防汛抗旱，32（6）：1–5，14.
国家统计局，2022. 中国统计年鉴 2022[M]. 北京：中国统计出版社.
韩林生，王祎，2022. 全球海洋观测系统展望及对中国的启示 [J]. 地球科学进展，37（11）：1157–1164.
贾朋群，唐伟，张萌，2022. 数据驱动：查理逊手工 NWP 实践百年后的新引擎 [J]. 气象科技进展，12（6）：2–6.
林献民，许永锞，胡东明，等，2003. 美国多普勒天气雷达网的运作及其保障 [J]. 广东气象（1）：47–48+50–51.
卢乃锰，谷松岩，2016. 气象卫星发展回顾与展望 [J]. 遥感学报，20（5）：832–833.
骆继宾，2008. 美国现行的地基气象观测系统 [J]. 气象（1）：114–117.
徐文海，2020. 在战“疫”中对智慧场馆的思考：兼议“数字孪生”技术应用 [J]. 智能建筑（4）：55–56.
张鹏，杨军，关敏，等，2022. WMO 空间计划与风云气象卫星的国际化发展趋势 [J]. 气象科技进展，12（5）.
张文建，2010. 世界气象组织综合观测系统（WIGOS）[J]. 气象，36（3）：1–8.
《中国气象百科全书》总编委会，2016. 中国气象百科全书：综合卷 [M]. 北京：

气象出版社 .

《中国气象发展报告 2020》编委会，2020. 中国气象发展报告 2020[M]. 北京：气象出版社 .

中国气象局，2022. 气象人才发展规划（2022—2035 年）[R].

中国气象局，2023. 2022 年全国气象高质量发展评估报告 [R].

中国气象局，2023. 全球天气气候与服务 [M]. 北京：气象出版社 .

中国气象局计划财务司，2015. 气象统计年鉴 2015—2021 年 [M]. 北京：气象出版社 .

中国气象局图书馆，2022. 气象科技论文统计分析年度报告 [R].

周天军，陈梓明，邹立维，等，2020. 中国地球气候系统模式的发展及其模拟和预估 [J]. 气象学报，78（3）：332-350.

周天军，邹立维，陈晓龙，2019. 第六次国际耦合模式比较计划（CMIP6）评述 [J]. 气候变化研究进展，15（5）：445-456.

周勇，郭转转，曾沁，等，2022. 论“东数西算”对气象行业的影响 [J]. 数据与计算发展前沿，4（5）：42-49.

Bureau of Meteorology, 2022. Bureau of Meteorology Annual Report 2021 - 22[R/OL]. http://www.bom.gov.au/inside/eiab/reports/ar21-22/annualReport/Annual-Report-2021-22_Full.pdf.

CHANTRY M, CHRISTENSEN H, DUEBEN P, et al, 2021. Opportunities and challenges for machine learning in weather and climate modelling: hard, medium and soft AI[J/OL]. Philosophical Transactions of the Royal Society A, 379(2194), https://doi.org/10.1098/rsta.2020.0083.

CLARA BETANCOURT, TIMO STOMBERG, RIBANA ROSCHER, et al, 2021. AQ-Bench: a benchmark dataset for machine learning on global air quality metrics[J/OL]. Earth System Science Data, 13(6)[2023-10-18]. https://essd.copernicus.org/articles/13/3013/2021/. DOI: 10.5194/essd-13-3013-2021.

CREWS, 2023. Annual Report 2022: How do we keep ourselves safe?[R/OL]. (2023-06-14)[2023-10-18].https://reliefweb.int/report/world/crews-annual-report-2022-howdo-we-keep-ourselves-safe.

Der Deutsche Wetterdienst, 2022. Der Deutsche Wetterdienst-Informationen zu Wetter und Klima aus einer Hand[R/OL]. https://www.dwd.de/SharedDocs/broschueren/DE/presse/kurzportrait.pdf;jsessionid=7E9911B61D1F0A55D8AEF715E9CBD093.live11053?__blob=publicationFile&v=24.

Der Deutsche Wetterdienst, 2023. Zahlen und Fakten zum Deutschen Wetterdienst 2023 [R/OL]. https://www.dwd.de/SharedDocs/downloads/DE/allgemein/zahlen_und_fakten.pdf?__blob=publicationFile&v=21.

ECMWF and atos launch center of excellence in weather & climate modelling[EB/OL]. (2020-10-05)[2023-10-18]. https://www.ecmwf.int/en/about/media-centre/news/2020/ecmwf-and-atos-launch-center-excellence-weather-climate-modelling.

ECMWF Global Data Monitoring Report[R/OL]. https://www.ecmwf.int/en/forecasts/quality-our-forecasts/monitoring-observing-system/ecmwf-global-data-monitoring-report-archive.

ECMWF, 2023. Annual Report 2022[R/OL]. https://annualreport.ecmwf.int/2022.

Environment and Climate Change Canada, 2022. Department of environment departmental results report 2021 to 2022: environment and climate change Canada[R/OL]. https://www.canada.ca/en/environment-climate-change/corporate/transparency/priorities-management/departmental-results-report/2021-2022.html.

ESA, 2023. ESA highlights 2022[R/OL]. https://www.esa.int/About_Us/ESA_Publications/ESA_Highlights_2022.

EUMETSAT, 2023. EUMETSAT annual report 2022[R/OL]. https://www.eumetsat.int/about-us/annual-reports.

GCOS, 2022. The 2022 GCOS implementation plan[R/OL]. https://library.wmo.int/doc_num.php?explnum_id=11317.

IPCC, 2022. AR6 synthesis report: climate change 2023[R/OL]. https://www.ipcc.ch/assessment-report/ar6/.

KAIFENG BI, LINGXI XIE, HENGHENG ZHANG, et al, 2023. Accurate medium-range global weather forecasting with 3d neural networks[J/OL]. Nature, 619, 533 - 538(2023

-07-05)[2023-10-18]. https://www.nature.com/articles/s41586-023-06185-3. DOI: 10.1038/s41586-023-06185-3.

Large-scale machine learning applications for weather and climate[R/OL]. (2021-04-12)[2023-10-18].https://www.ecmwf.int/en/about/media-centre/science-blog/2021/large-scale-machine-learning-applications-weather-and.

Met Office, 2022. Annual report and accounts 2021/22[R/OL]. https://www.metoffice.gov.uk/binaries/content/assets/metofficegovuk/pdf/research/library-and-archive/library/publications/corporate/annual_report_2022mo.pdf.

Météo-France, 2022. Rapport d'activité 2021[R/OL]. https://rapportannuel.meteofrance.fr/sites/default/files/2022-12/RA-2021.pdf.

NATIVI S, MAZZETTI P, CRAGLIA M, 2021. Digital ecosystems for developing digital twins of the earth: the destination earth case[J/OL]. Remote Sens, 13(11), 2119. https://doi.org/10.3390/rs13112119. DOI: 10.3390/rs13112119.

NOAA, 2023. FY24 budget summary[R/OL]. https://www.noaa.gov/sites/default/files/2023-05/NOAA_Blue_Book_2024.pdf.

PETER D. DUEBEN, SEBASTIAN SCHER, JONATHAN A. WEYN, et al, 2020. Weather Bench: A benchmark dataset for data- driven weather forecasting[J/OL]. (2020-08-19)[2023-10-18]. Journal of Advances in Modeling Earth Systems, 12(11). https://doi.org/10.1029/2020MS002203.

Supercomputer facility[EB/OL]. https://www.ecmwf.int/en/computing/our-facilities/supercomputer-facility.

Taking ECMWF's new high-performance computing facility into operation[EB/OL]. (2022-05-09)[2023-10-18]. https://www.ecmwf.int/en/about/media-centre/news/2022/taking-ecmwfs-new-high-performance-computing-facility-operation.

The World Bank, 2019. The power of partnership public and private engagement in hydromet services[R]. Washington: The World Bank.

U.S. supercomputers for weather and climate forecasts get major bump[R/OL]. (2022-06-28)[2023-10-18]. https://www.noaa.gov/news-release/us-supercomputers-for-weather-and-climate-forecasts-get-major-bump.

WMO, 2022. Atlas of mortality and economic losses from weather, climate and water-related hazards[R/OL]. https://public.wmo.int/en/resources/atlas-of-mortality.

WMO, 2022. Early warnings for all: executive action plan 2023-2027[R/OL]. https://library.wmo.int/index.php?lvl=notice_display&id=22154.

WMO, 2022. WMO greenhouse gas bulletin: the state of greenhouse gases in the atmosphere based on global observations through 2021[R/OL]. (2022-10-26) [2023-10-18]. https://library.wmo.int/index.php?lvl=notice_display&id=22149.

YUCHEN ZHANG, MINGSHENG LONG, KAIYUAN CHEN, et al, 2023. Skilful nowcasting of extreme precipitation with nowcastnet[J/OL]. Nature, 619, 526 - 532(2023-07 05) [2023-10-18]. https://www.nature.com/articles/s41586-023-06184-4. DOI: 10.1038/s41586-023-06184-4.

気象庁 , 令和 4 年 . 気象庁業務評価レポート（令和 5 年度版）[R/OL]. https://www.jma.go.jp/jma/kishou/hyouka/hyouka-report/r05report/r05honbun.pdf.

気象庁 , 令和 4 年 . 令和 5 年度気象庁関係予算決定概要 [R/OL].https://www.jma.go.jp/jma/press/2212/23a/05kettei.pdf.

기상청 , 2023. 2022 년 기상연감 [R/OL]. https://www.kma.go.kr/download_01/yearbook_2022.pdf.

# 附录A 部分重要国际气象活动和会议*

**表 1 2022—2023 年气象相关部分国际会议列表（截至 2023 年 5 月）**

| 序号 | 会议名称 | 时间 | 主办国家 / 组织 | 举办地 |
|---|---|---|---|---|
| 1 | 第 102 届美国气象学会年会 | 2022 年 1 月 | 美国气象学会 | 视频会议 |
| 2 | 欧洲航天局部长级会议 | 2022 年 2 月 16 日 | 欧盟 | 法国南部，图卢兹 |
| 3 | 联合国海洋大会 | 2022 年 6 月 27 日至 7 月 1 日 | 联合国 | 葡萄牙，里斯本 |
| 4 | 2022 年欧洲气象学会年会（EMS2022） | 2022 年 9 月 4—9 日 | 欧洲气象学会 | 德国，波恩 |
| 5 | 第 5 届哥白尼气候变化服务（C3S）大会 | 2022 年 9 月 13—15 日 | 欧洲中期天气预报中心 | |
| 6 | ECMWF2022 年度研讨会 | 2022 年 9 月 12—16 日 | 欧洲中期天气预报中心 | |
| 7 | 世界气象组织执行理事会能力发展专家组（CDP）第 5 次工作会议 | 2022 年 9 月 19—23 日 | 世界气象组织 | 视频会议 |
| 8 | 2022 年联合国气候变化大会第 27 次缔约方会议（COP27） | 2022 年 11 月 6—18 日 | | 埃及，沙姆沙伊赫 |
| 9 | 第 3 届 ECMWF-ESA 地球观测和预测机器学习研讨会 | 2022 年 11 月 14—17 日 | 欧洲中期天气预报中心<br>欧洲航天局 | |
| 10 | 第 3 届亚洲气象大会 | 2022 年 11 月 | 中日韩气象学会 | 视频会议 |
| 11 | 第 7 届中亚气象科技国际研讨会 | 2022 年 12 月 7 日 | 中国气象局 | 中国，新疆 |
| 12 | 《生物多样性公约》第 15 次缔约方大会第二阶段高级别会议 | 2022 年 12 月 7—19 日 | | 加拿大，蒙特利尔 |
| 13 | 第 103 届美国气象学会年会 | 2023 年 1 月 | 美国气象学会 | 美国，丹佛 |
| 14 | CEMS 第 2 届全球洪水预报和监测会议 | 2023 年 2 月 8—9 日 | 欧洲中期天气预报中心 | 视频会议 |

* 执笔人员：吕丽莉 杨丹

续表

| 序号 | 会议名称 | 时间 | 主办国家 / 组织 | 举办地 |
|---|---|---|---|---|
| 15 | 哥本哈根气候部长级会议 | 2023 年 3 月<br>20—21 日 | 丹麦<br>COP27 主席国埃及<br>COP28 主席国阿联酋 | 丹麦，哥本哈根 |
| 16 | 主要经济体能源与气候论坛领导人会议 | 2023 年 4 月<br>20 日 | 美国 | 视频会议 |
| 17 | 世界气候研究计划（WCRP）联合科学委员会第 44 届会议（JSC-44） | 2023 年 5 月<br>8—12 日 | WCRP 联合科学委员会 | 比利时，布鲁塞尔 |
| 18 | 第 19 届世界气象大会 | 2023 年 5 月<br>22 日至 6 月 2 日 | 世界气象组织 | 瑞士，日内瓦 |

**表 2 2022—2023 年气象相关部分国际活动列表（截至 2023 年 5 月）**

| 序号 | 活动名称 | 活动时间 | 主办国家 / 组织 | 举办地 |
|---|---|---|---|---|
| 1 | 联合国政府间气候变化专门委员会（IPCC）发布评估报告 | 2022 年 2—10 月 | | |
| 2 | 首届中东和北非气候周 | 2022 年 2 月<br>28 日至 3 月 3 日 | 阿联酋 | 阿联酋，迪拜 |
| 3 | 世界气象日庆典活动 | 2022 年 3 月 23 日 | 世界气象组织 | 瑞士，日内瓦 |
| 4 | 第 11 届世界城市论坛 | 2022 年 6 月<br>26—30 日 | | 波兰，卡托维兹 |
| 5 | 第 14 届海峡论坛 · 第十届海峡两岸民生气象论坛 | 2022 年 7 月 12 日 | 中国气象学会 | 中国，厦门 |
| 6 | 2022 气象与全球服务贸易展（首届气候经济高峰论坛） | 2022 年 8 月<br>31 日至 9 月 5 日 | 世界气象组织<br>中国气象局<br>中国气象服务协会 | 中国，北京 |
| 7 | 世界海洋气象展览会 | 2022 年 10 月<br>11—13 日 | 英国 UKIP 集团 | 法国，巴黎 |
| 8 | 2023 年世界气象日仪式 | 2023 年 3 月 16 日 | 世界气象组织 | 瑞士，日内瓦 |
| 9 | 2023 中国气象现代化建设科技博览会 | 2023 年 3 月<br>29—31 日 | 中国气象局 | 中国，深圳 |
| 10 | WMO 亚洲和西南太平洋区域论坛 | 2023 年 4 月<br>18—20 日 | WMO 公司伙伴关系办公室 | 新加坡 |
| 11 | 亚洲气象水文科技展 | 2023 年 4 月<br>18—20 日 | | 新加坡 |
| 12 | 第 19 届亚洲区域气候监测预测和评估论坛 | 2023 年 5 月<br>8—10 日 | 世界气象组织<br>中国气象局 | 中国，广西 |

# 附录B　主要词汇中英文对照表*

## 综述篇

世界气象组织（World Meteorological Organization，WMO）

世界天气监视网计划（World Weather Watch，WWW）

地球观测组织（Group on Earth Observations，GEO）

全球综合地球观测系统（Global Earth Observation System of Systems，GEOSS）

世界气象组织全球综合观测系统（WMO Integrated Global Observing System，WIGOS）

美国国家海洋大气管理局（National Oceanic and Atmospheric Administration，NOAA）

美国下一代天气雷达（Next Generation Weather Radar，NEXRAD）

全球海洋观测系统（Global Ocean Observing System，GOOS）

欧洲中期天气预报中心（European Centre for Medium-Range Weather Forecasts，ECMWF）

世界天气研究计划（World Weather Research Programme，WWRP）

国家气象水文部门（National Meteorological and Hydrological Service，NMHS）

* 审译：贾宁

数值天气预报（Numerical Weather Prediction，NWP）

综合预报系统（Integrated Forecasting System，IFS）

美国统一预报系统（Unified Forecast System，UFS）

美国国家环境预报中心（National Centers for Environmental Prediction，NCEP）

联合国政府间气候变化专门委员会（Intergovernmental Panel on Climate Change，IPCC）

美国国家大气研究中心（National Center for Atmospheric Research，NCAR）

美国国家天气局（National Weather Service，NWS）

美国国家天气局天气预报台（Weather Forecast Offices，WFO）

联合国气候变化缔约方大会（ Conference of the Parties，COP）

全球气候服务框架（Global Framework for Climate Services，GFCS）

澳大利亚气象局（Bureau of Meteorology Australia，BoM）

天气就绪国家（Weather-Ready Nation，WRN）

世界气象组织信息系统（WMO Information System，WIS）

## 国际组织篇

世界气象组织执行理事会（Executive Council，EC）

全民早期预警倡议（Early Warnings for All，EW4ALL）

气候风险与早期预警系统倡议（Climate Risk and Early Warning Systems，CREWS）

全球多灾种预警系统（Global Multi-hazard Alert System，GMAS）

系统观测融资机制（Systematic Observations Financing Facility，SOFF）

全球减灾和恢复基金（Global Facility for Disaster Reduction and Recovery，

GFDRR）

联合国减少灾害风险办公室（United Nations Office for Disaster Risk Reduction，UNDRR）

全球基本观测网（Global Basic Observing Network，GBON）

全球气候观测系统（Global Climate Observation System，GCOS）

联合国教育、科学及文化组织政府间海洋学委员会（United Nations Educational，Scientific and Cultural Organization Intergovernmental Oceanographic Commission，IOC-UNESCO）

全球资料数据综合处理和预报系统 / WMO 综合处理和预报系统（Global Data Processing and Forecasting System，GDPFS/ WMO Integrated Processing and Prediction System，WIPPS）

联合国开发计划署（United Nations Development Programme，UNDP）

联合国环境规划署（United Nations Environment Programme，UNEP）

小岛屿发展中国家（ Least Developed Country，LDC）

最不发达国家（Small Island Developing States，SIDS）

全球温室气体监视网（Global Greenhouse Gas Watch，G3W）

国家适应计划（National Adaptation Plan，NAP）

绿色气候基金（Green Climate Fund，GCF）

适应气候变化基金（Adaptation Fund，AF）

香港天文台（Hong Kong Observatory，HKO）

澳门气象与地球物理局（Macao Meteorological and Geophysical Bureau；SMG）

联合国粮食及农业组织（Food and Agriculture Organization of the United Nations，FAO）

世界卫生组织（World Health Organization，WHO）

国际民用航空组织（International Civil Aviation Organization，ICAO）

政府间海洋学委员会（WMO–IOC）

全球地球观测数据广播分发系统网络（GEONETCast）

地理空间资讯入口网站（GEOPortal）

世界气候研究计划（World Climate Research Programme，WCRP）

欧洲航天局（European Space Agency，ESA）

欧洲空间运行操作中心（European Space Operations Centre，ESOC）

欧洲空间研究组织（European Space Research Organization，ESRO）

欧洲运载火箭发展组织（European Launcher Development Organization，ELDO）

欧洲空间研究和技术中心（European Space Research and Technology Centre，ESTEC）

欧洲空间研究所（European Space Research Institute，ESRIN）

欧洲空间天文学中心（European Space Astronomy Centre，ESAC）

欧洲气象卫星开发组织（European Organisation for the Exploitation of Meteorological Satellites，EUMETSAT）

美国国家环境卫星、数据和信息服务局（National Environmental Satellite, Data, and Information Service，NESDIS）

美国国家航空航天局（National Aeronautics and Space Administration，NASA）

非洲联盟委员会（the African Union Commission，AUC）

## 国别篇

美国商务部（U.S. Department of Commerce，DOC）

全球预报系统（Global Forecasting System，GFS）

全球集合预报系统（Global Ensemble Forecast System，GEFS）

NOAA 气候预测中心（Climate Prediction Center，CPC）

美国地面自动观测系统（Automated Surface Observing System，ASOS）

美国联邦航空管理局（Federal Aviation Administration，FAA）

美国气候基准站网（US Climate Reference Network，USCRN）

美国国家天气局培训中心（National Weather Service Training Center，NWSTC）

美国国家天气局雷达业务中心（Radar Operations Center，ROC）

美国国家海洋大气管理局气象电台（NOAA Weather Radio，NWR）

美国海洋大气研究办公室（Office of Oceanic and Atmospheric Research，OAR）

英国气象局（Met Office，UKMO）

美国国家强风暴实验室（National Severe Storm Laboratory，NSSL）

英国气象局哈德莱中心（Met Office Hadley Centre，MOHC）

法国气象局（Météo–France）

法国空间天气中心（Centre de météorologie spatiale，CMS）

法国国家气象研究中心（Centre National des Recherches Météorologiques，CNRM）

法国国家气象学院（École Nationale de la Météorologie，ENM）

德国气象局（Deutscher Wetterdienst，DWD）

德国联邦教育和研究部（Bundesministerium für Bildung und Forschung，BMBF）

德国联邦环境、自然保护、核安全和消费者保护部（Bundesministerium für Umwelt，Naturschutz，nukleare Sicherheit und Verbraucherschutz，BMUV）

莱比锡莱布尼茨对流层研究所（Leibniz Institute for Tropospheric Research，TROPOS）

加拿大气象局（Meteorological Service of Canada，MSC）

加拿大环境与气候变化部（Environment and Climate Change Canada，ECCC）

加拿大皇家空军（Royal Canadian Air Force，RCAF）

加拿大气象中心（Canadian Meteorological Centre，CMC）

加拿大气候建模与分析中心（Canadian Centre for Climate Modelling and Analysis，CCCma）

澳大利亚气象局（Bureau of Meteorology，BoM）

澳大利亚国家气象与海洋中心（National Meteorological and Oceanographic Centre，NMOC）

澳大利亚天气与气候研究中心（Centre for Australian Weather and Climate Research，CAWCR）

日本气象厅（Japan Meteorological Agency，JMA）

日本中央气象台（Center Meteorological Observatory，CMO）

日本气象厅地区总部（Regional Headquarters，RHQ）

日本气象厅地方气象局（Local Meteorological Offices，LMO）

日本航空气象服务中心（Aviation Weather Service Centers，AWSC）

日本广播公司（Nippon Hoso Kyokai，NHK）

日本商业气象支持中心（Japan Meteorological Business Support Center，JMBSC）

韩国气象厅（Korea Meteorological Administration，KMA）

韩国中央气象局（Center Meteorological Observatory，CMO）

## 专题篇

大气模式工作组（Atmosphere Model Working Group，AMWG）

美国国家海洋大气管理局开放数据传播计划（NOAA Open Data

Dissemination，NODD）

瑞士数据科学中心（Swiss Data Science Center，SDSC）

美国国家海洋大气管理局科学委员会（NOAA Science Committee，NSC）

美国国防部（United States Department of Defense，DOD）

美国内政部（United States Department of the Interior，DOI）

美国能源部（United States Department of Energy，DOE）

美国国土安全部（United States Department of Homeland Security，DHS）

美国国家科学技术委员会（National Science and Technology Council，NSTC）

第一次世界气候大会（First World Climate Conference，FWCC）

气候政策倡议组织（Climate Policy Initiative，CPI）

英国气候变化委员会（Committee on Climate Chang，CCC）

欧洲全球环境与安全监测计划（Global Monitoring for Environment and Security，GMES）

美国气象学会公报（Bulletin of the American Meteorological Society，BAMS）

欧洲综合碳观测系统（The Integrated Carbon Observation System，ICOS）

欧洲遥感公司协会（European association of Remote Sensing Companies，EARSC）

哥白尼应急管理服务（Copernicus Emergency Management Service，CEMS）

欧盟空间计划管理局（European Union Agency for the Space Program Regulation，EUSPA Regulation）